饲料工业标准汇编

（上册）

（第四版）

中国标准出版社　编

中国标准出版社

北　京

图书在版编目(CIP)数据

饲料工业标准汇编. 上册/中国标准出版社编. —4
版. —北京:中国标准出版社,2014.1(2014.7重印)
ISBN 978-7-5066-7466-9

Ⅰ.①饲… Ⅱ.①中… Ⅲ.①饲料工业-标准-汇编-
中国 Ⅳ.①S816.1

中国版本图书馆 CIP 数据核字(2013)第 310163 号

中国标准出版社出版发行
北京市朝阳区和平里西街甲 2 号(100013)
北京市西城区三里河北街 16 号(100045)

网址 www.spc.net.cn
总编室:(010)64275323 发行中心:(010)51780235
读者服务部:(010)68523946
中国标准出版社秦皇岛印刷厂印刷
各地新华书店经销

*

开本 880×1230 1/16 印张 34.75 字数 1 063 千字
2014 年 1 月第四版 2014 年 7 月第五次印刷

*

定价 178.00 元

第四版出版说明

  本汇编第三版自 2011 年 8 月出版以来,所收录的标准已有部分被代替,且有一部分新的饲料工业标准陆续发布实施,企业和检测部门急需掌握新的标准以指导生产和提高产品质量。为了更好地满足读者需求,本汇编第四版收录了截至 2013 年 12 月底批准发布的现行国家标准 223 项、国家标准化指导性技术文件 2 项及行业标准 66 项,国内相关法律、法规和规章 13 项。与第三版相比,新增制修订标准 54 项法律法规和规章 13 项。

  本汇编分上、中、下三册。上册共收录饲料工业标准 97 项,其中国家标准 44 项,国家标准化指导性技术文件 2 项,行业标准 51 项,其内容包括综合标准、饲料产品、饲料原料三部分。中册共收录饲料工业标准 71 项,其中国家标准 63 项,行业标准 8 项,另有国内相关法律、法规和规章 13 项,其内容包括饲料添加剂以及国内相关法律、法规和规章两部分。下册共收录饲料工业标准 123 项,其中国家标准 116 项,行业标准 7 项,其内容包括检测方法和其他相关标准两部分。

  本汇编适合于广大饲料生产、使用、销售单位和科研机构技术人员,以及饲料质检单位和各级饲料标准化管理部门人员参考使用。

编 者

2014 年 1 月

目　录

综合标准

饲料产品

饲 料 原 料

综合标准

ICS 65.120
B 46

中华人民共和国国家标准

GB/T 10647—2008
代替 GB/T 10647—1989

饲料工业术语

Feed industry terms

2008-06-17 发布

2008-10-01 实施

中华人民共和国国家质量监督检验检疫总局
中国国家标准化管理委员会 发布

3

前　言

本标准代替 GB/T 10647—1989《饲料工业通用术语》。

本标准与 GB/T 10647—1989 相比主要变化如下：

——标准名称改为"饲料工业术语"；

——增加了饲料添加剂、饲料加工工艺术语；

——对饲料营养和饲料原料术语进行了补充，并对部分术语重新定义；

——对饲料产品和饲料质量术语进行了补充，并对部分术语重新定义；

——对饲料质量管理体系和饲料安全管理体系的部分术语作为资料性附录列出，以方便使用和推
广。这部分术语直接引自 GB/T 19000—2000 和 GB/T 22000—2006。

本标准的附录 A 为资料性附录。

本标准由中华人民共和国农业部提出。

本标准由全国饲料工业标准化技术委员会归口。

本标准起草单位：中国饲料工业协会、河南工业大学、国家饲料质量监督检验中心（武汉）、国家饲料
质量监督检验中心（北京）。

本标准主要起草人：沙玉圣、王卫国、辛盛鹏、牟永义、杨清峰、粟胜兰、姚继承、常碧影、佟建明。

饲料工业术语

1 范围

本标准规定了饲料工业常用术语及定义。

本标准适用于饲料行业科研、教学、生产、贸易及管理。

2 饲料营养术语和定义

2.1

饲料　feed

能提供动物所需营养素，促进动物生长、生产和健康，且在合理使用下安全、有效的可饲物质。

2.2

营养素　nutrient

饲料中的构成成分，以某种形态和一定数量帮助维持动物生命。饲料营养素主要包括蛋白质、脂肪、碳水化合物、矿物元素和维生素。

2.3

总能　gross energy；GE

饲料完全燃烧所释放的热量。

2.4

消化能　digestible energy；DE

从饲料总能中减去粪能后的能值，亦称"表观消化能（apparent digestible energy；ADE）"。

2.5

代谢能　metabolizable energy；ME

从饲料总能中减去粪能和尿能（对反刍动物还要减去甲烷能）后的能值，亦称"表观代谢能（apparent metabolizable energy；AME）"。

2.6

净能　net energy；NE

从饲料的代谢能中减去热增耗（heat increment；HI）后的能值。

2.7

理想蛋白质　ideal protein

饲料中各种氨基酸之间的比例与动物营养需要相一致的蛋白质。

2.8

必需氨基酸　essential amino acid

在动物体内不能合成或能合成但不能满足需要，必须通过外源提供的氨基酸。

2.9

非必需氨基酸　nonessential amino acid

动物生命过程必需，但可在动物体内合成，无需从外源提供即能满足动物需要的氨基酸。

2.10

限制性氨基酸　limiting amino acid

饲料中蛋白质供给的氨基酸量与动物的需要量之比值小于1的必需氨基酸，比值最小的必需氨基酸为第一限制性氨基酸，其次为第二限制性氨基酸等。

2.11

  可消化氨基酸 digestible amino acid

  饲料中可为动物消化、吸收的氨基酸。

2.12

  可利用氨基酸 available amino acid

  饲料中可为动物利用的氨基酸。

2.13

  氨基酸平衡 amino acid balance

  饲料中的各种氨基酸之间在数量和比例上与动物特定需要相协调的状态。

2.14

  氨基酸颉颃 amino acid antagonism

  由于饲料中某一种或几种氨基酸的过量而降低动物对另一种或另几种氨基酸利用的现象。

2.15

  必需脂肪酸 essential fatty acid

  在动物体内不能合成或能合成但不能满足需要,必须通过外源提供的脂肪酸。

2.16

  必需矿物元素 essential mineral

  动物生理和代谢过程需要,且必须由外源提供的矿物元素。

2.17

  常量元素 macro-mineral

  正常情况下,占动物体活重大于和等于 0.01% 的矿物元素。

2.18

  微量元素 micro-mineral

  正常情况下,占动物体活重小于 0.01% 的矿物元素。

2.19

  总磷 total phosphorus;TP

  饲料中以无机态和有机态存在的磷的总和。

2.20

  有效磷 available phosphorus;AP

  饲料总磷中可被饲养动物利用的部分。

2.21

  维生素 vitamin

  动物代谢必需且需要量极少的一类低分子有机化合物,以辅酶或催化剂的形式参与体内代谢,缺乏时动物会产生缺乏症。分为水溶性维生素和脂溶性维生素两类。

2.22

  抗营养因子 anti-nutritional factor

  饲料中存在的阻碍营养素消化、吸收和利用的物质。

2.23

  营养需要量 nutrient requirement

  动物在维持正常生理活动、机体健康和达到特定生产性能时对营养素需要的最低数量,也称最低需要量(minimum requirement)。

2.24

  维持需要量 maintenance requirement

  动物维持机体健康和体重不变的营养需要量。

3 饲料原料术语和定义

3.1

单一饲料 single feed

饲料原料 feedstuff(s)

以一种动物、植物、微生物和矿物质为来源，经工业化加工或合成(谷物等籽实类可不经加工)，但不属于饲料添加剂的饲用物质。

3.2

饲料组分 feed ingredient

构成饲料产品的各种单一饲料(饲料原料)或饲料添加剂。

3.3

能量饲料 energy feed

干物质中粗蛋白质含量低于20%，粗纤维含量低于18%，每千克饲料干物质含消化能在1.05 MJ以上的饲料原料。

3.4

蛋白质饲料 protein feed

干物质中粗蛋白质含量等于或高于20%，粗纤维含量低于18%的饲料原料。

3.5

矿物质饲料 mineral feed

可供饲用的天然的、化学合成的或经特殊加工的无机饲料原料或矿物元素的有机络合物原料。

3.6

单细胞蛋白 single-cell protein；SCP

通过工业方法增殖培养酵母、非病原细菌以及单细胞藻类等微生物而获得的菌体蛋白质。

3.7

粗饲料 roughage

天然水分含量在60%以下，干物质中粗纤维含量不低于18%的饲料原料，如农作物秸秆、牧草、稻壳等。

3.8

鱼粉 fish meal

以新鲜的全鱼或鱼品加工过程中所得的鱼杂碎为原料，经或不经脱脂，加工制成的洁净、干燥和粉碎的产品。

3.9

豆饼 soybean cake(expeller)

以大豆为原料，经机械压榨法取油后所得的饼状产品。

3.10

豆粕 soybean meal(solvent)

以大豆为原料，经预榨-溶剂浸提法或直接浸提法取油、脱溶剂、干燥后得到的产品。

3.11

棉籽饼 cottonseed cake(expeller)

以棉籽为原料，经脱壳或部分脱壳后再以压榨法取油后所得的饼状产品。

3.12

棉籽粕 cottonseed meal(solvent)

以棉籽为原料，经脱壳或部分脱壳后再以预榨-浸提法或直接浸提法取油、脱溶剂、干燥后得到的产品。

3.13

菜籽饼 rapeseed cake(expeller)

以油菜籽为原料,经压榨法取油后所得的饼状产品。

3.14

菜籽粕 rapeseed meal(solvent)

以油菜籽为原料,再以预榨-浸提法或直接浸提法取油、脱溶剂、干燥后得到的产品。

3.15

骨粉 bone meal

由洁净、新鲜的动物骨骼经高温高压蒸煮灭菌、脱脂和(或)经脱胶、干燥、粉碎后的产品。

3.16

肉骨粉 meat and bone meal

由洁净、新鲜的动物组织和骨骼(不得含排泄物、胃肠内容物及其他外来物质)经高温高压蒸煮灭菌、干燥、粉碎制成的产品。

3.17

血粉 blood meal

洁净、新鲜的动物血液(不得含有毛发、胃内容物及其他外来物质)经干燥等加工处理制成的产品。

3.18

水解羽毛粉 hydrolyzed feather meal

家禽屠宰所得的羽毛,经清洗、水解处理、干燥、粉碎制成的产品。

3.19

乳清粉 dried whey powder

乳清经脱水干燥后的粉状物。

3.20

蚕蛹粉 silkworm pupa meal

蚕蛹经干燥、粉碎后的产品。

3.21

甜菜渣 dried beet pulp

甜菜提取糖分后的残渣,经干燥制成的产品。

3.22

干粗酒糟 distiller's dried grain;DDG

由酵母发酵的某种谷物或谷物混合物蒸馏提取酒精后剩下的残液中分离出的粗渣,经干燥所得的产品。通常应在该名称前标出最主要的谷物名称,如玉米干粗酒糟。

3.23

干酒糟可溶物 distiller's dried solubles;DDS

由酵母发酵的某种谷物或谷物混合物中蒸馏提取酒精后剩下的残液中分离出的细小可溶性物,经浓缩、干燥后所得的产品。通常应在该名称前标出最主要的谷物名称,如玉米干酒糟可溶物。

3.24

干全酒糟 distiller's dried grain with solubles;DDGS

由酵母发酵的某种谷物或谷物混合物中蒸馏提取酒精后,将剩余的残液中至少四分之三的固形物浓缩、干燥后所得的产品。通常应在该名称前标出最主要的谷物名称,如玉米干全酒糟。

4 饲料添加剂术语和定义

4.1

饲料添加剂　feed additive

为满足特殊需要而在饲料加工、制作、使用过程中添加的少量或者微量物质,包括营养性饲料添加剂和非营养性饲料添加剂。

4.2

营养性饲料添加剂　nutritive feed additive

用于补充饲料营养成分的少量或者微量物质,包括饲料级氨基酸、维生素、微量矿物元素、酶制剂、非蛋白氮等。

4.3

非营养性饲料添加剂　non-nutritive feed additive

为保证或改善饲料品质,促进饲养动物生产,保障动物健康,提高饲料利用率而加入饲料中的少量或微量物质,包括一般饲料添加剂和药物饲料添加剂。

4.4

一般饲料添加剂　common feed additive

为保证或改善饲料品质,提高饲料利用率而加入饲料中的少量或微量物质。

4.5

药物饲料添加剂　medical feed additive

为预防动物疾病或影响动物某种生理、生化功能,而添加到饲料中的一种或几种药物与载体或稀释剂按规定比例配制而成的均匀预混物。

4.6

酶制剂　enzyme preparation

为提高动物对饲料的消化、利用效率或改善动物体内的代谢效能而加入饲料中的酶类物质。

4.7

益生菌　probiotic

直接饲喂微生物　direct-fed microbials

活的微生物制剂,当以恰当剂量摄入时,能产生有益于宿主健康的影响。

4.8

益生素　prebiotics

不能被消化的食物成分,能够通过选择性刺激已定植于结肠的某一种或有限几种菌种的生长和(或)活性来改善宿主的健康。

4.9

合生素　synbiotics

益生菌与益生素的混合物,通过促进饲粮中活的微生物补充剂在宿主胃肠道中的生存和定植来产生对宿主健康有益的影响。

4.10

抗氧化剂　antioxidant

为防止饲料中某些成分被氧化变质而加入饲料的添加剂。

4.11

防腐剂　preservative

为延缓或阻止饲料发酵、腐败而加入饲料的添加剂。

4.12

防霉剂　mould inhibitor

为防止饲料中霉菌繁殖而加入饲料的添加剂。

4.13

调味剂　flavoring agent

为改善饲料适口性、增进动物食欲而加入饲料的添加剂。

4.14

着色剂　colorant

为改善动物产品或饲料的色泽而加入饲料的添加剂。

4.15

粘结剂　binder

为增加粉状饲料成型能力或颗粒饲料抗形态破坏能力而加入饲料的添加剂。

4.16

抗结块剂　anti-caking agent

为保持饲料或饲料原料具有良好的流散性而加入饲料的添加剂。

4.17

非蛋白氮　non-protein nitrogen；NPN

为补充反刍动物瘤胃中微生物繁殖所需氮源，节省真蛋白质资源而加入饲料的非蛋白质态含氮化合物。

4.18

稀释剂　diluent

与高浓度组分混合以降低其浓度的可饲物质。

4.19

载体　carrier

能够接受和承载微量活性成分，改善其分散性，并有良好的化学稳定性和吸附性的可饲物质。

4.20

青贮添加剂　silage additive

为防止青贮饲料腐败、霉变并促进乳酸菌系繁殖，提高饲料营养价值而加入饲料的添加剂。

4.21

除臭剂　de-ordoring additive

为减少动物排泄物中臭味而加入饲料的添加剂。

5　饲料加工工艺术语和定义

5.1

清理　cleaning

用筛选、风选、磁选或其他方法除去饲料中所含杂质。

5.2

筛选　screening

利用饲料之间或饲料与杂质之间几何尺寸的差别，用过筛的方法将饲料分级或去除杂质。

5.3

风选　aspirating

利用饲料之间或饲料与杂质之间悬浮速度的差别，用空气(风力)将饲料分级或去除杂质。

5.4

　　磁选　magnetic separating

　　利用磁力去除饲料中的磁性金属杂质。

5.5

　　包衣　coating

　　给饲料颗粒表面覆盖保护层。

5.6

　　微胶囊化　micro capsulizing

　　给微小活性饲料组分颗粒表面覆盖保护层。

5.7

　　辐射　irradiating

　　将饲料置于特定辐射环境中进行处理。

5.8

　　压饼　wafering

　　将预处理的粗饲料压制成饼状，通常其直径或横截面长度大于厚度。

5.9

　　碾压　rolling

　　压片　flaking

　　利用成对压辊之间的挤压作用改变籽粒状饲料原料的形状和(或)尺寸，可预先进行着水或调质处理。

5.10

　　干法碾压　dry rolling

　　干法压片　dry flaking

　　对未经湿热处理的籽粒状饲料原料直接进行碾压。

5.11

　　汽蒸　steaming

　　用蒸汽直接加热饲料，提高物料的温度和水分，以改变其理化特性。

5.12

　　汽蒸碾压　steam rolling

　　汽蒸压片　steam flaking

　　将籽粒状饲料原料先经蒸汽处理，再进行碾压。

5.13

　　烘烤　toasting

　　将饲料置于火、热气、电或辐射线等加热环境中，进行烘焙、干燥。

5.14

　　微波处理　microwaving

　　将饲料置于微波辐射环境中处理，以改变其理化特性。

5.15

　　爆裂　popping

　　在不加水分的条件下，通过加热或烘炒，使谷物熟化、体积膨大、表面出现裂缝。

5.16

　　脱水　dehydrating

　　用机械方法或加热方法等去除饲料中的水分。

5.17

干燥　drying

去除饲料中的水分或其他液体成分。

5.18

粉碎　grinding

通过撞击、剪切、磨削等机械作用,使饲料颗粒变小。

5.19

微粉碎　micro-grinding

将饲料粉碎至全部通过 0.42 mm 筛孔的粉碎操作。

5.20

超微粉碎　super micro-grinding

将饲料粉碎至 95% 通过 0.15 mm 筛孔的粉碎操作。

5.21

先配料后粉碎　post-grinding

将饲料原料(组分)按配方计量配料(混合)后再粉碎。

5.22

先粉碎后配料　pre-grinding

将饲料原料(组分)分别粉碎后再按配方计量配料与混合。

5.23

一次粉碎工艺　one-step grinding

对饲料只用一道粉碎工序加工的方法。

5.24

二次粉碎工艺　two-step grinding

采用两道粉碎工序,对第一道粉碎机粉碎的饲料筛分,将筛上物送入第二道粉碎机再次粉碎的加工方法。

5.25

循环粉碎工艺　cycle grinding

属二次粉碎工艺的一种,对粉碎机粉碎的饲料筛分,将筛上物继续送至原粉碎机粉碎的加工方法。

5.26

配料　proportioning

根据饲料配方规定的配比,将两种或两种以上的饲料组分依次计量后堆积在一起或置于同一容器内或同时计量配料。

5.27

容积式配料　proportioning by volume

用计量体积的方式配料。

5.28

重量式配料　proportioning by weight

用称重的方式配料。

5.29

分批配料　batch proportioning

配料过程为周期性作业。

5.30

连续配料　continuous proportioning

配料过程为不间断作业。

5.31

自动配料 automatic proportioning

配料过程完全由机电设备自动完成。

5.32

配料周期 period of proportioning

完成一个批次的完整配料过程(包括各组分计量加料、卸料、关闭秤门)所需的时间。

5.33

自动微量配料 automatic micro-proportioning

使用高精度专用机电配料设备对微量组分进行自动配料。

5.34

混合 mixing

将两种或两种以上的饲料组分拌合在一起,使之达到特定的均匀度的过程。

5.35

冲洗 flushing

在加有药物或药物饲料添加剂的饲料生产后,使用特定数量的流动性好的原料(如玉米粉、麸皮等)冲刷混合机及有关生产线设备,以减少药物残留和交叉污染。

5.36

液体添加 liquid addition

将液体组分(如糖蜜、油脂等)定量、均匀地加入固态饲料中。

5.37

载体预处理 preprocessing of carrier

按照载体的质量要求对载体原料进行粉碎、干燥等加工。

5.38

稀释 diluting

将稀释剂与被稀释物混合,降低被稀释物的浓度。

5.39

预混合 premixing

为有利于某种或某些微量饲料组分能均匀分散在配合饲料中,而先将其与载体和(或)稀释剂进行均匀混合。

5.40

制粒 pelleting

将粉状饲料经(或不经)调质,挤出压模模孔,制成颗粒饲料。

5.41

调质 conditioning

通过湿、热处理改善饲料理化性质。

5.42

冷却 cooling

用强制流动的自然空气降低饲料的温度,同时也降低水分。

5.43

碎粒 crumbling

为适应专门的饲养需要,并为降低能耗,将冷却后的较大颗粒饲料轧碎成小颗粒。

5.44

颗粒分级 pellet grading

将成型颗粒饲料中的过大颗粒和细粉筛出,或将经破碎的颗粒依粒度分成若干部分。

5.45

颗粒液体喷涂　liquid spraying for pellets

在颗粒饲料表面喷涂油脂、糖蜜、维生素或其他液体。

5.46

制块　blocking

将饲料原料或混合料压制或浇注成块状饲料。

5.47

压摺片　crimping

使用对辊将物料压制成波形片。

5.48

挤压膨化　extruding

将饲料经螺杆推进、增压、增温处理后挤出模孔,使其骤然降压膨化,制成特定形状的膨化料。

5.49

干法挤压膨化　dry extruding

将饲料不经调质或添加少量水分后进行挤压膨化,一般出模前物料的水分低于18%。

5.50

湿法挤压膨化　wet extruding

将饲料调质后,再进行挤压膨化,一般出模前物料的水分不低于18%。

5.51

挤压膨胀　expanding

将饲料经螺杆增压挤出环形隙口,使其适度降压而膨大,制成不规则物料。通常,挤压膨胀的压力和温度低于挤压膨化。

5.52

气流膨化　air expanding

将物料送入密闭式容器内加压、加热,调质一定时间,当物料由容器排出时,由于骤然降压而膨化,由此可改善物料的理化性质。

5.53

热喷　steam exploding

将原料装入蒸煮罐内,充入蒸汽使压力、温度升高至额定值,对物料调质一定时间,当卸料闸门打开时,物料被高压气流喷入常压接料罐或室,因骤然降压而膨化,由此可改善物料的理化性质。

5.54

熟化　ripening

蒸煮　cooking

在特定设备中对饲料进行特定时间的湿热和(或)加压处理,使淀粉糊化、蛋白质变性和灭菌。

5.55

舍内风干　barn-curing

在室内对粗饲料进行强制通风干燥。

5.56

装罐　canning

对饲料进行加工、包装、密封、灭菌等处理,以便用罐或类似容器保藏。

5.57

浓缩　condensing

通过去除水分或其他液体成分来增加主体组分的浓度。

5.58

脱氟　defluorinating

将矿物性磷源饲料中的氟含量降至安全水平以下。

5.59

脱胚　degerming

全部或部分分离籽实中的胚。

5.60

干法炼制　dry-rendering

将动物组织残余物在开放式夹套加热容器中蒸煮至水分完全去除,再将脱水残渣经压榨排除脂肪。

5.61

氨化　ammoniated；ammoniating

将粗饲料用氨或氨化物进行处理,改善其品质,提高其利用率。

5.62

青贮　ensiling

将青绿植物切碎,放入容器内压实排气,在缺氧条件下进行乳酸发酵,以供长期储存。

5.63

蒸发　evaporating

通过汽化或蒸馏得到浓缩物质的过程。

5.64

发酵　fermenting

应用酵母、霉菌或细菌在受控制的有氧或厌氧环境条件下,增殖菌体、分解物料或形成特定代谢产物的过程。

5.65

糊化　gelatinizing

通过水、热和压力的复合作用,有时是机械力的作用,使淀粉颗粒完全膨胀破坏的过程。

5.66

均质　homogenizing

将颗粒破碎并分裂成均匀分布的足够小的球粒,使其能长时间保持乳化状态。

5.67

水解　hydrolyzing

复杂的分子在催化剂的作用下,与水进行化学反应,分解成为更简单的分子。

5.68

压榨　pressing

压制　pressed

用压力将饲料压实、成型或将饲料中的液体挤出。

6　饲料产品术语和定义

6.1

配合饲料　formula feed

根据饲养动物的营养需要,将多种饲料原料和饲料添加剂按饲料配方经工业化加工的饲料。

6.2

浓缩饲料　concentrate

主要由蛋白质饲料、矿物质饲料和饲料添加剂按一定比例配制的均匀混合物,与能量饲料按规定比例配合即可制成配合饲料。

6.3

精料补充料　concentrate supplement

为补充以饲喂粗饲料、青饲料、青贮饲料等为主的草食动物的营养,而用多种饲料原料和饲料添加剂按一定比例配制的均匀混合物。

6.4

添加剂预混合饲料　additive premix

由两种(类)或两种(类)以上饲料添加剂与载体或稀释剂按一定比例配制的均匀混合物,是复合预混合饲料、微量元素预混合饲料、维生素预混合饲料的统称。

6.5

复合预混合饲料　compound premix

由微量元素、维生素、氨基酸中任何两类或两类以上的组分与其他饲料添加剂及载体和(或)稀释剂按一定比例配制的均匀混合物。

6.6

微量元素预混合饲料　trace mineral premix

由两种或两种以上微量元素与载体和(或)稀释剂按一定比例配制的均匀混合物。

6.7

维生素预混合饲料　vitamin premix

由两种或两种以上维生素与载体和(或)稀释剂按一定比例配制的均匀混合物。

6.8

液体饲料　liquid feed

可作饲料原料用或可直接饲喂动物的流体物质。

6.9

粉状饲料　mash feed

将多种饲料原料经清理、粉碎、配料和混合工序加工而成的粉状产品。

6.10

颗粒饲料　pelleted feed
硬颗粒饲料　hard pellet

将粉状饲料经调质、挤出压模模孔制成的规则粒状饲料产品。

6.11

软颗粒饲料　soft pellet

有较高液体组分含量的颗粒饲料,需要立即除去粉末和冷却。

6.12

碎粒饲料　crumbles

将颗粒饲料破碎、筛分得到的不规则小粒状饲料产品。

6.13

块状饲料　block

将饲料压制或经化学硬化凝集而成,足以保持块状固体形态的饲料产品。

6.14

膨化颗粒饲料　extruded feed

经调质、增压挤出模孔和骤然降压过程制成的规则膨松颗粒饲料。

6.15

膨胀饲料　expanded feed

经调质、增压挤出环形隙口和适度降压过程制成的不规则膨松饲料。

6.16

沉性颗粒饲料　sinking pellet

因密度较大而在水中发生沉降的颗粒饲料。

6.17

浮性颗粒饲料　floating pellet

因密度较小而可漂浮在水面或悬浮在水中的颗粒饲料。

6.18

片状饲料　flake

由籽粒状谷物或豆类经（或不经）调质、用压辊轧制而成的薄片。

6.19

加药饲料　medicated feed

为满足特殊要求而加有药物饲料添加剂的饲料。

7　饲料质量术语和定义

7.1

水分　moisture

饲料在 103 ℃±2 ℃烘至恒重所失去的游离水等物质。

7.2

干物质　dry matter;DM

从饲料中扣除水分后的物质。

7.3

粗蛋白质　crude protein;CP

饲料中含氮量乘以 6.25。

7.4

真蛋白质　true protein

粗蛋白质中由氨基酸构成的蛋白质部分。

7.5

粗脂肪　ether extract;EE;crude fat

饲料中可溶于石油醚或乙醚的物质的总称，包括脂肪、类脂等。

7.6

粗灰分　crude ash

饲料经 550 ℃灼烧后的残渣。

7.7

粗纤维　crude fiber;CF

饲料经稀酸、稀碱处理后剩下的不溶性有机物，包括纤维素、半纤维素、木质素等。

7.8

无氮浸出物　nitrogen free extract;NFE

饲料中可溶于水或稀酸的碳水化合物。通常由干物质总量减去粗蛋白质、粗脂肪、粗纤维和粗灰分后所得。

7.9

感官指标　sensory index

对饲料原料或饲料产品的色泽、气味、外观、霉变和掺杂等指标所作的规定。

7.10

营养指标 nutritive index

对饲料原料或饲料产品的营养成分含量或营养价值所作的规定。

7.11

卫生指标 hygienic index

为保证动物健康和动物产品对人的安全性及避免环境污染,对饲料中有毒、有害物质及病原微生物等规定的允许量。

7.12

加工质量指标 processing quality index

对饲料原料或饲料产品加工过程中所发生的物理或化学变化所作的规定,如粒度、混合均匀度、糊化度等。

7.13

磁性金属杂质 magnetic metal impurity

混入饲料的危害饲料质量、加工设备和动物健康的磁性金属物。

7.14

粒度 particle size

饲料原料、饲料添加剂或饲料产品的粗细程度。

7.15

混合均匀度 mixing uniformity

饲料产品中各组分分布的均匀程度。

7.16

自动分级 segregation

已混合均匀的饲料产品在贮运过程中引起混合均匀度降低的现象。

7.17

颗粒饲料粉化率 percentage of powdered pellets

在特定测试条件下,颗粒饲料的粉末质量占试样总质量的百分比。

7.18

颗粒饲料水中稳定性 water durability of pellets

在特定测试条件下,颗粒饲料在水中抗溶蚀的能力。

7.19

颗粒饲料硬度 hardness of pellet

在特定测试条件下,颗粒饲料对所受外压力引起变形的抵抗能力。

7.20

有毒有害物质 toxic and harmful substance

饲料中所含有的直接或间接影响动物机体健康、动物产品质量,危害人体健康及污染环境的物质。

7.21

交叉污染 cross contamination

在加工、运输、贮藏过程中不同饲料原料或产品之间,或饲料与周围环境中的其他物质发生的相互污染。

7.22

常规分析 proximate analysis
概略分析 proximate analysis

用常规方法测定饲料中的水分、粗蛋白质、粗脂肪、粗灰分、粗纤维和用差值法计算无氮浸出物含量的方法。

7.23

风干样品　air dried sample

将饲料样品经风干、晾晒或在 65 ℃±2 ℃恒温下烘干后，在室内回潮，使其水分达到相对平衡的样品。

7.24

绝干样品　absolute dry sample

在 103 ℃±2 ℃烘至恒重后的饲料样品。

7.25

实验室样品　laboratory sample

从一批样品中缩分抽取的、代表其质量状况的、为送往实验室做分析检验或其他测试的样品。

7.26

试样　test sample

将实验室样品通过分样器或手工分样，必要时经磨样后的有代表性的样品。

7.27

试料　test portion

从试样（或实验室样品）取得的有代表性的物料。

7.28

保质期　shelf life

在规定的贮存条件下，能保证饲料产品质量的期限。在此期限内，产品的成分、外观等应符合标准的要求。

7.29

产品成分分析保证值　guaranteed values of analyzed composition of product

生产者根据规定的保证值项目，对其产品成分必须作出的明示承诺和保证，保证在保质期内，采用规定的分析方法均能分析得到符合标准要求的产品成分值。

7.30

不合格产品　defective product

质量达不到所执行的产品标准或标签规定的产品。

8　其他术语和定义

8.1

生物学利用率　bioavailability

饲料中某种营养素在动物体内被消化、吸收和利用的程度。

8.2

日粮　ration

单个饲养动物在一昼夜（24 h）内按所需营养确定的应采食的饲料总量。

8.3

日粮配合　ration formulation

根据动物营养需要和各种饲料的特性，将多种饲料原料和饲料添加剂科学搭配组成日粮的过程。

8.4

饲粮　diet

按日粮中各种饲料组分的比例配制的饲料。

8.5

蛋白能量比　protein-calorie ratio

饲料的粗蛋白质（g/kg）与代谢能（MJ/kg）的比值。

8.6

能量蛋白比 **calorie-protein ratio**

饲料中消化能(kJ/kg)与粗蛋白质(%)的比值。

8.7

饲料转化比 **feed conversion ratio；FCR**

饲料报酬 **feed reward**

消耗单位风干饲料质量与所得到的动物产品质量的比值。

8.8

国际雏鸡单位 **international chick unit；ICU**

以 0.025 μg 结晶维生素 D_3 对雏鸡所产生的作用为一个国际雏鸡单位。

8.9

饲料标签 **feed label**

以文字、图形、符号说明饲料内容的一切附签及其他说明物。

附　录　A
（资料性附录）
饲料质量与安全管理体系部分术语

A.1

质量　quality

一组固有特性满足要求的程度。

注1：术语"质量"可使用形容词如差、好或优秀来修饰。

注2："固有的"（其反义是"赋予的"）就是指在某事或某物中本来就有的，尤其是那种永久的特性。

［GB/T 19000—2000，定义 3.1.1］

A.2

要求　requirement

明示的、通常隐含的或必须履行的需求或期望。

注1："通常隐含"是指组织、顾客和其他相关方的惯例或一般做法，所考虑的需求或期望是不言而喻的。

注2：特定要求可使用修饰词表示，如产品要求、质量管理要求、顾客要求。

注3：规定要求是经明示的要求，如在文件中阐明。

注4：要求可由不同的相关方提出。

［GB/T 19000—2000，定义 3.1.2］

A.3

顾客满意　customer satisfaction

顾客对其要求已被满足的程度的感受。

注1：顾客抱怨是一种满意程度低的最常见的表达方式，但没有抱怨并不一定表明顾客很满意。

注2：即使规定的顾客要求符合顾客的愿望并得到满足，也不一定确保顾客很满意。

［GB/T 19000—2000，定义 3.1.4］

A.4

质量管理体系　quality management system

在质量方面指挥和控制组织的管理体系。

［GB/T 19000—2000，定义 3.2.3］

A.5

质量方针　quality policy

由组织的最高管理者正式发布的该组织总的质量宗旨和方向。

注1：通常质量方针与组织的总方针相一致并为制定质量目标提供框架。

注2：本标准中提出的质量管理原则可以作为制定质量方针的基础。

［GB/T 19000—2000，定义 3.2.4］

A.6

质量目标　quality objective

在质量方面所追求的目的。

注1：质量目标通常依据组织的质量方针制定。

注2：通常对组织的相关职能和层次分别规定质量目标。

［GB/T 19000—2000，定义 3.2.5］

A.7

质量管理　quality management

在质量方面指挥和控制组织的协调的活动。

注：在质量方面的指挥和控制活动,通常包括制定质量方针和质量目标以及质量策划、质量控制、质量保证和质量改进。

［GB/T 19000—2000,定义 3.2.8］

A.8

质量策划　quality planning

质量管理的一部分,致力于制定质量目标并规定必要的运行过程和相关资源以实现质量目标。

注：编制质量计划可以是质量策划的一部分。

［GB/T 19000—2000,定义 3.2.9］

A.9

质量控制　quality contorl

质量管理的一部分,致力于满足质量要求。

［GB/T 19000—2000,定义 3.2.10］

A.10

质量保证　quality assurance

质量管理的一部分,致力于提供质量要求会得到满足的信任。

［GB/T 19000—2000,定义 3.2.11］

A.11

质量改进　quality improvement

质量管理的一部分,致力于增强满足质量要求的能力。

注：要求可以是有关任何方面的,如有效性、效率或可追溯性。

［GB/T 19000—2000,定义 3.2.12］

A.12

持续改进　continual improvement

增强满足要求的能力的循环活动。

注：制定改进目标和寻求改进机会的过程是一个持续过程,该过程使用审核发现和审核结论、数据分析、管理评审或其他方法,其结果通常导致纠正措施或预防措施。

［GB/T 19000—2000,定义 3.2.13］

A.13

可追溯性　traceability

追溯所考虑对象的历史、应用情况或所处场所的能力。

注：当考虑产品时,可追溯性可涉及到：
　　——原材料和零部件的来源;
　　——加工过程的历史;
　　——产品交付后的分布和场所。

［GB/T 19000—2000,定义 3.5.4］

A.14

预防措施　preventive action

为消除潜在不合格或其他潜在不期望情况的原因所采取的措施。

注1：一个潜在不合格可以有若干个原因。

注2：采取预防措施是为了防止发生,而采取纠正措施是为了防止再发生。

［GB/T 19000—2000,定义 3.6.4］

A.15

纠正措施　corrective action

为消除已发现的不合格或其他不期望情况的原因所采取的措施。

注1：一个不合格可以有若干个原因。

注 2：采取纠正措施是为了防止再发生，而采取预防措施是为了防止发生。

注 3：纠正和纠正措施是有区别的。

[GB/T 19000—2000,定义 3.6.5]

A. 16

质量手册 quality manual

规定组织质量管理体系的文件。

注：为了适应组织的规模和复杂程度，质量手册在其详略程度和编排格式方面可以不同。

[GB/T 19000—2000,定义 3.7.4]

A. 17

质量计划 quality plan

对特定的项目、产品、过程或合同，规定由谁及何时应使用哪些程序和相关资源的文件。

注 1：这些程序通常包括所涉及的那些质量管理过程和产品实现过程。

注 2：通常，质量计划引用质量手册的部分内容或程序文件。

注 3：质量计划通常是质量策划的结果之一。

[GB/T 19000—2000,定义 3.7.5]

A. 18

食品安全 food safety

食品在按照预期用途进行制备和(或)食用时，不会对消费者造成伤害的概念。

注：食品安全与食品安全危害的发生有关，但不包括与人类健康相关的其他方面，如营养不良。

[GB/T 22000—2006,定义 3.1]

A. 19

食品链 food chain

从初级生产直至消费的各环节和操作的顺序，涉及食品及其辅料的生产、加工、分销、贮存和处理。

注 1：食品链包括食源性动物的饲料生产和用于生产食品的动物的饲料生产。

注 2：食品链也包括与食品接触材料或原材料的生产。

[GB/T 22000—2006,定义 3.2]

A. 20

食品安全危害 food safety hazard

食品中所含有的对健康有潜在不良影响的生物、化学或物理的因素或食品存在状况。

注 1：术语"危害"不应和"风险"混淆。对食品安全而言，"风险"是食品暴露于特定危害时，对健康产生不良影响的
概率(如生病)与影响的严重程度(如死亡、住院、缺勤等)之间构成的函数。风险在 ISO/IEC 导则 51 中定义
为伤害发生的概率与其严重程度的组合。

注 2：食品安全危害包括过敏原。

注 3：对饲料和饲料配料而言，相关食品安全危害是指可能存在或出现于饲料和饲料配料中，再通过动物消费饲料
转移至食品中，并由此可能导致人类不良健康后果的因素。对饲料和食品的间接操作(如包装材料、清洁剂
等的生产者)而言，相关食品安全危害是指所提供产品和(或)服务的预期用途，可能直接或间接转移到食
品中，并由此可能造成人类不良健康后果的因素。

[GB/T 22000—2006,定义 3.3]

A. 21

食品安全方针 food safety policy

由组织的最高管理者正式发布的该组织总的食品安全宗旨和方向。

[GB/T 22000—2006,定义 3.4]

A.22

控制措施　control measure

〈食品安全〉能够用于防止或消除食品安全危害或将其降低到可接受水平的行动或活动。

[GB/T 22000—2006,定义3.7]

A.23

前提方案　prerequisite program；PRP

前提条件　prerequisite

〈食品安全〉在整个食品链中为保持卫生环境所必需的基本条件和活动,以适合生产、处理和提供安全终产品和人类消费的安全食品。

> 注:前提方案决定于组织在食品链中的位置及类型,等同术语如:良好农业规范(GAP)、良好兽医规范(GVP)、良好操作规范(GMP)、良好卫生规范(GHP)、良好生产规范(GPP)、良好分销规范(GDP)、良好贸易规范(GTP)。

[GB/T 22000—2006,定义3.8]

A.24

操作性前提方案　operational prerequisite program；operational PRP

为减少食品安全危害在产品或产品加工环境中引入和(或)污染或扩散的可能性,通过危害分析确定基本的前提方案。

[GB/T 22000—2006,定义3.9]

A.25

关键控制点　critical control point；CCP

〈食品安全〉能够进行控制,并且该控制对防止、消除食品安全危害或将其降低到可接受水平所必需的某一步骤。

[GB/T 22000—2006,定义3.10]

A.26

关键限值　critical limit；CL

区分可接收和不可接收的判定值。

> 注:设定关键限值保证关键控制点(CCP)受控。当超出或违反关键限值时,受影响产品应视为潜在不安全产品。

[GB/T 22000—2006,定义3.11]

参 考 文 献

[1] GB/T 19000—2000/ISO 9000:2000 质量管理体系 基础和术语
[2] GB/T 22000—2006/ISO 22000:2005 食品安全管理体系 食品链中各类组织的要求

中 文 索 引

英 文 索 引

ICS 65.120
B 46

中华人民共和国国家标准

GB 10648—2013
代替 GB 10648—1999

饲 料 标 签

Feed label

2013-10-10 发布

2014-07-01 实施

中华人民共和国国家质量监督检验检疫总局
中国国家标准化管理委员会 发 布

前　言

本标准的全部技术内容为强制性。

本标准按照 GB/T 1.1—2009 给出的规则起草。

本标准代替 GB 10648—1999《饲料标签》。

本标准与 GB 10648—1999 相比，主要技术内容差异如下：

——修订完善了标准的适用范围（见第 1 章）。

——增加了饲料、饲料原料、饲料添加剂等术语的定义（见 3.2～3.15）；修改了药物饲料添加剂的定义（见 3.18）；删除了"保质期"的术语和定义；用"净含量"代替"净重"（见 3.17），并规定了净含量的标示要求（见 5.7）。

——增加了标签中不得标示具有预防或者治疗动物疾病作用的内容的规定（见 4.4）。

——增加了产品名称应采用通用名称的要求，并规定了各类饲料的通用名称的表述方式和标示要求（见 5.2）。

——规定了产品成分分析保证值应符合产品所执行的标准的要求（见 5.3.1）。

——将饲料产品成分分析保证值项目分为"饲料和饲料原料产品成分分析保证值项目"和"饲料添加剂产品成分分析保证值项目"两部分；将饲料添加剂产品分为"矿物质微量元素饲料添加剂、酶制剂饲料添加剂、微生物饲料添加剂、混合型饲料添加剂、其他饲料添加剂"；对饲料和饲料原料产品成分分析保证值项目、饲料添加剂产品成分分析保证值项目进行了修订、补充和完善；增加了饲料原料产品成分分析保证值项目为《饲料原料目录》中强制性标识项目的规定；增加了液态饲料添加剂、液态添加剂预混合饲料不需标示水分的规定；增加了执行企业标准的饲料添加剂和进口饲料添加剂应标明卫生指标的规定（见表 1、表 2）。

——修订、补充和完善了原料组成应标明的内容（见 5.4）。

——增加了饲料添加剂、微量元素预混合饲料和维生素预混合饲料应标明推荐用量及注意事项的规定（见 5.6）。

——规定了进口产品的中文标签标明的生产日期应与原产地标签上标明的生产日期一致（见 5.8.2）。

——保质期增加了一种表示方法，并要求进口产品的中文标签标明的保质期应与原产地标签上标明的保质期一致（见 5.9）。

——将贮存条件及方法单独作为一条列出（见 5.10）。

——用"许可证明文件编号"代替"生产许可证和产品批准文号"（见 5.11）。

——增加了动物源性饲料（见 5.13.1）、委托加工产品（见 5.13.3）、定制产品（见 5.13.4）、进口产品（见 5.13.5）和转基因产品（见 5.13.6）的特殊标示规定。

——补充规定了标签不得被遮掩，应在不打开包装的情况下，能看到完整的标签内容（见 6.2）。

——附录 A 增加了酶制剂饲料添加剂和微生物饲料添加剂产品成分分析保证值的计量单位。

本标准由全国饲料工业标准化技术委员会（SAC/T 76）归口。

本标准起草单位：中国饲料工业协会、全国饲料工业标准化技术委员会秘书处。

本标准主要起草人：王黎文、沙玉圣、粟胜兰、武玉波、杨清峰、李祥明、严建刚。

本标准所代替标准的历次版本发布情况为：

——GB 10648—1988、GB 10648—1993、GB 10648—1999。

饲 料 标 签

1 范围

本标准规定了饲料、饲料添加剂和饲料原料标签标示的基本原则、基本内容和基本要求。

本标准适用于商品饲料、饲料添加剂和饲料原料(包括进口产品),不包括可饲用原粮、药物饲料添加剂和养殖者自行配制使用的饲料。

2 规范性引用文件

下列文件对于本文件的应用是必不可少的。凡是注日期的引用文件,仅注日期的版本适用于本文件。凡是不注日期的引用文件,其最新版本(包括所有的修改单)适用于本文件。

GB/T 10647 饲料工业术语

GB 13078 饲料卫生标准

3 术语和定义

GB/T 10647 中界定的以及下列术语和定义适用于本文件。

3.1

饲料标签 feed label

以文字、符号、数字、图形说明饲料、饲料添加剂和饲料原料内容的一切附签或其他说明物。

3.2

饲料原料 feed material

来源于动物、植物、微生物或者矿物质,用于加工制作饲料但不属于饲料添加剂的饲用物质。

3.3

饲料 feed

经工业化加工、制作的供动物食用的产品,包括单一饲料、添加剂预混合饲料、浓缩饲料、配合饲料和精料补充料。

3.4

单一饲料 single feed

来源于一种动物、植物、微生物或者矿物质,用于饲料产品生产的饲料。

3.5

添加剂预混合饲料 feed additive premix

由两种(类)或者两种(类)以上营养性饲料添加剂为主,与载体或者稀释剂按照一定比例配制的饲料,包括复合预混合饲料、微量元素预混合饲料、维生素预混合饲料。

3.6

复合预混合饲料 premix

以矿物质微量元素、维生素、氨基酸中任何两类或两类以上的营养性饲料添加剂为主,与其他饲料添加剂、载体和(或)稀释剂按一定比例配制的均匀混合物,其中营养性饲料添加剂的含量能够满足其适用动物特定生理阶段的基本营养需求,在配合饲料、精料补充料或动物饮用水中的添加量不低于 0.1%且不高于 10%。

3.7

维生素预混合饲料　vitamin premix

两种或两种以上维生素与载体和(或)稀释剂按一定比例配制的均匀混合物,其中维生素含量应满足其适用动物特定生理阶段的维生素需求,在配合饲料、精料补充料或动物饮用水中的添加量不低于0.01％且不高于10％。

3.8

微量元素预混合饲料　trace mineral premix

两种或两种以上矿物质微量元素与载体和(或)稀释剂按一定比例配制的均匀混合物,其中矿物质微量元素含量能够满足其适用动物特定生理阶段的微量元素需求,在配合饲料、精料补充料或动物饮用水中的添加量不低于0.1％且不高于10％。

3.9

浓缩饲料　concentrate feed

主要由蛋白质、矿物质和饲料添加剂按照一定比例配制的饲料。

3.10

配合饲料　formula feed;complete feed

根据养殖动物营养需要,将多种饲料原料和饲料添加剂按照一定比例配制的饲料。

3.11

精料补充料　supplementary concentrate

为补充草食动物的营养,将多种饲料原料和饲料添加剂按照一定比例配制的饲料。

3.12

饲料添加剂　feed additive

在饲料加工、制作、使用过程中添加的少量或者微量物质,包括营养性饲料添加剂和一般饲料添加剂。

3.13

混合型饲料添加剂　feed additive blender

由一种或一种以上饲料添加剂与载体或稀释剂按一定比例混合,但不属于添加剂预混合饲料的饲料添加剂产品。

3.14

许可证明文件　official approval document

新饲料、新饲料添加剂证书,饲料、饲料添加剂进口登记证,饲料、饲料添加剂生产许可证以及饲料添加剂、添加剂预混合饲料产品批准文号的统称。

3.15

通用名称　common name

能反映饲料、饲料添加剂和饲料原料的真实属性并符合相关法律法规和标准规定的产品名称。

3.16

产品成分分析保证值　guaranteed analysis of product

在产品保质期内采用规定的分析方法能得到的、符合标准要求的产品成分值。

3.17

净含量　net content

去除包装容器和其他所有包装材料后内装物的量。

3.18

药物饲料添加剂　medical feed additive

为预防、治疗动物疾病而掺入载体或者稀释剂的兽药的预混合物质。

4 基本原则

4.1 标示的内容应符合国家相关法律法规和标准的规定。

4.2 标示的内容应真实、科学、准确。

4.3 标示内容的表述应通俗易懂。不得使用虚假、夸大或容易引起误解的表述,不得以欺骗性表述误导消费者。

4.4 不得标示具有预防或者治疗动物疾病作用的内容。但饲料中添加药物饲料添加剂的,可以对所添加的药物饲料添加剂的作用加以说明。

5 应标示的基本内容

5.1 卫生要求

饲料、饲料添加剂和饲料原料应符合相应卫生要求。饲料和饲料原料应标有"本产品符合饲料卫生标准"字样,以明示产品符合 GB 13078 的规定。

5.2 产品名称

5.2.1 产品名称应采用通用名称。

5.2.2 饲料添加剂应标注"饲料添加剂"字样,其通用名称应与《饲料添加剂品种目录》中的通用名称一致。饲料原料应标注"饲料原料"字样,其通用名称应与《饲料原料目录》中的原料名称一致。新饲料、新饲料添加剂和进口饲料、进口饲料添加剂的通用名称应与农业部相关公告的名称一致。

5.2.3 混合型饲料添加剂的通用名称表述为"混合型饲料添加剂＋《饲料添加剂品种目录》中规定的产品名称或类别",如"混合型饲料添加剂 乙氧基喹啉"、"混合型饲料添加剂 抗氧化剂"。如果产品涉及多个类别,应逐一标明;如果产品类别为"其他",应直接标明产品的通用名称。

5.2.4 饲料(单一饲料除外)的通用名称应以配合饲料、浓缩饲料、精料补充料、复合预混合饲料、微量元素预混合饲料或维生素预混合饲料中的一种表示,并标明饲喂对象。可在通用名称前(或后)标示膨化、颗粒、粉状、块状、液体、浮性等物理状态或加工方法。

5.2.5 在标明通用名称的同时,可标明商品名称,但应放在通用名称之后,字号不得大于通用名称。

5.3 产品成分分析保证值

5.3.1 产品成分分析保证值应符合产品所执行的标准的要求。

5.3.2 饲料和饲料原料产品成分分析保证值项目的标示要求,见表1。

表 1 饲料和饲料原料产品成分分析保证值项目的标示要求

序号	产品类别	产品成分分析保证值项目	备注
1	配合饲料	粗蛋白质、粗纤维、粗灰分、钙、总磷、氯化钠、水分、氨基酸	水产配合饲料还应标明粗脂肪,可以不标明氯化钠和钙
2	浓缩饲料	粗蛋白质、粗纤维、粗灰分、钙、总磷、氯化钠、水分、氨基酸	
3	精料补充料	粗蛋白质、粗纤维、粗灰分、钙、总磷、氯化钠、水分、氨基酸	
4	复合预混合饲料	微量元素、维生素和(或)氨基酸及其他有效成分、水分	

表 1（续）

序号	产品类别	产品成分分析保证值项目	备注
5	微量元素预混合饲料	微量元素、水分	
6	维生素预混合饲料	维生素、水分	
7	饲料原料	《饲料原料目录》规定的强制性标识项目	

序号 1、2、3、4、5、6 产品成分分析保证值项目中氨基酸、维生素及微量元素的具体种类应与产品所执行的质量标准一致。

液态添加剂预混合饲料不需标示水分。

5.3.3 饲料添加剂产品成分分析保证值项目的标示要求，见表 2。

表 2 饲料添加剂产品成分分析保证值项目的标示要求

序号	产品类别	产品成分分析保证值项目	备注
1	矿物质微量元素饲料添加剂	有效成分、水分、粒（细）度	若无粒（细）度要求时，可以不标
2	酶制剂饲料添加剂	有效成分、水分	
3	微生物饲料添加剂	有效成分、水分	
4	混合型饲料添加剂	有效成分、水分	
5	其他饲料添加剂	有效成分、水分	

执行企业标准的饲料添加剂产品和进口饲料添加剂产品，其产品成分分析保证值项目还应标示卫生指标。

液态饲料添加剂不需标示水分。

5.4 原料组成

5.4.1 配合饲料、浓缩饲料、精料补充料应标明主要饲料原料名称和（或）类别、饲料添加剂名称和（或）类别；添加剂预混合饲料、混合型饲料添加剂应标明饲料添加剂名称、载体和（或）稀释剂名称；饲料添加剂若使用了载体和（或）稀释剂的，应标明载体和（或）稀释剂的名称。

5.4.2 饲料原料名称和类别应与《饲料原料目录》一致；饲料添加剂名称和类别应与《饲料添加剂品种目录》一致。

5.4.3 动物源性蛋白质饲料、植物性油脂、动物性油脂若添加了抗氧化剂，还应标明抗氧化剂的名称。

5.5 产品标准编号

5.5.1 饲料和饲料添加剂产品应标明产品所执行的产品标准编号。

5.5.2 实行进口登记管理的产品，应标明进口产品复核检验报告的编号；不实行进口登记管理的产品可不标示此项。

5.6 使用说明

配合饲料、精料补充料应标明饲喂阶段。浓缩饲料、复合预混合饲料应标明添加比例或推荐配方及注意事项。饲料添加剂、微量元素预混合饲料和维生素预混合饲料应标明推荐用量及注意事项。

5.7 净含量

5.7.1 包装类产品应标明产品包装单位的净含量;罐装车运输的产品应标明运输单位的净含量。

5.7.2 固态产品应使用质量标示;液态产品、半固态或粘性产品可用体积或质量标示。

5.7.3 以质量标示时,净含量不足 1 kg 的,以克(g)作为计量单位;净含量超过 1 kg(含 1 kg)的,以千克(kg)作为计量单位。以体积标示时,净含量不足 1 L 的,以毫升(mL 或 ml)作为计量单位;净含量超过 1 L(含 1 L)的,以升(L 或 l)作为计量单位。

5.8 生产日期

5.8.1 应标明完整的年、月、日。

5.8.2 进口产品中文标签标明的生产日期应与原产地标签上标明的生产日期一致。

5.9 保质期

5.9.1 用"保质期为____天(日)或____月或___年"或"保质期至:____年___月___日"表示。

5.9.2 进口产品中文标签标明的保质期应与原产地标签上标明的保质期一致。

5.10 贮存条件及方法

应标明贮存条件及贮存方法。

5.11 行政许可证明文件编号

实行行政许可管理的饲料和饲料添加剂产品应标明行政许可证明文件编号。

5.12 生产者、经营者的名称和地址

5.12.1 实行行政许可管理的饲料和饲料添加剂产品,应标明与行政许可证明文件一致的生产者名称、注册地址、生产地址及其邮政编码、联系方式;不实行行政许可管理的,应标明与营业执照一致的生产者名称、注册地址、生产地址及其邮政编码、联系方式。

5.12.2 集团公司的分公司或生产基地,除标明上述相关信息外,还应标明集团公司的名称、地址和联系方式。

5.12.3 进口产品应标明与进口产品登记证一致的生产厂家名称,以及与营业执照一致的在中国境内依法登记注册的销售机构或代理机构名称、地址、邮政编码和联系方式等。

5.13 其他

5.13.1 动物源性饲料

5.13.1.1 动物源性饲料应标明源动物名称。

5.13.1.2 乳和乳制品之外的动物源性饲料应标明"本产品不得饲喂反刍动物"字样。

5.13.2 加入药物饲料添加剂的饲料产品

5.13.2.1 应在产品名称下方以醒目字体标明"本产品加入药物饲料添加剂"字样。

5.13.2.2 应标明所添加药物饲料添加剂的通用名称。

5.13.2.3 应标明本产品中药物饲料添加剂的有效成分含量、休药期及注意事项。

5.13.3 委托加工产品

除标明本章规定的基本内容外,还应标明委托企业的名称、注册地址和生产许可证编号。

5.13.4 定制产品

5.13.4.1 应标明"定制产品"字样。

5.13.4.2 除标明本章规定的基本内容外,还应标明定制企业的名称、地址和生产许可证编号。

5.13.4.3 定制产品可不标示产品批准文号。

5.13.5 进口产品

进口产品应用中文标明原产国名或地区名。

5.13.6 转基因产品

转基因产品的标示应符合相关法律法规的要求。

5.13.7 其他内容

可以标明必要的其他内容,如:产品批号、有效期内的质量认证标志等。

6 基本要求

6.1 印制材料应结实耐用;文字、符号、数字、图形清晰醒目,易于辨认。

6.2 不得与包装物分离或被遮掩;应在不打开包装的情况下,能看到完整的标签内容。

6.3 罐装车运输产品的标签随发货单一起传送。

6.4 应使用规范的汉字,可以同时使用有对应关系的汉语拼音及其他文字。

6.5 应采用国家法定计量单位。产品成分分析保证值常用计量单位参见附录 A。

6.6 一个标签只能标示一个产品。

附　录　A

（资料性附录）

产品成分分析保证值常用计量单位

A.1　饲料产品成分分析保证值计量单位

A.1.1　粗蛋白质、粗纤维、粗脂肪、粗灰分、总磷、钙、氯化钠、水分、氨基酸的含量，以百分含量（％）表示。

A.1.2　微量元素的含量，以每千克（升）饲料中含有某元素的质量表示，如：g/kg、mg/kg、μg/kg，或 g/L、mg/L、μg/L。

A.1.3　药物饲料添加剂和维生素含量，以每千克（升）饲料中含药物或维生素的质量，或以表示生物效价的国际单位（IU）表示，如：g/kg、mg/kg、μg/kg、IU/kg，或 g/L、mg/L、μg/L、IU/L。

A.2　饲料添加剂产品成分分析保证值计量单位

A.2.1　酶制剂饲料添加剂的含量，以每千克（升）产品中含酶活性单位表示，或以每克（毫升）产品中含酶活性单位表示，如：U/kg、U/L，或 U/g、U/mL。

A.2.2　微生物饲料添加剂的含量，以每千克（升）产品中含微生物的菌落数或个数表示，或以每克（毫升）产品中含微生物的菌落数或个数表示，如：CFU/kg、个/kg、CFU/L、个/L，或 CFU/g、个/g、CFU/mL、个/mL。

前　　言

本标准所有技术内容均为强制性。

本标准是对 GB 13078—1991《饲料卫生标准》的修订和补充。

本标准与 GB 13078—1991 的主要技术内容差异是：

——根据饲料产品的客观需要,增加了铬在饲料、饲料添加剂中的允许量指标。

——补充规定了饲料添加剂及猪、禽添加剂预混合饲料和浓缩饲料,牛、羊精料补充料产品中的砷允许量指标,砷在磷酸盐产品中的允许量由每千克 10 mg 修订为 20 mg。

——补充规定了铅在鸭配合饲料,牛精料补充料,鸡、猪浓缩饲料,骨粉,肉骨粉,鸡、猪复合预混料中的允许量指标。

——氟在磷酸氢钙产品中的允许量由每千克 2 000 mg 修订为 1 800 mg;补充规定了氟在骨粉,肉骨粉,鸭配合饲料,牛精料补充料,猪、禽添加剂预混合饲料,产蛋鸡,猪、禽浓缩饲料产品中的允许量指标。

——补充规定了霉菌在豆饼(粕),菜籽饼(粕),鱼粉,肉骨粉,猪、鸡、鸭配合饲料,猪、鸡浓缩饲料,牛精料补充料产品中的允许量指标。

——黄曲霉毒素 B_1 卫生指标中,将肉用仔鸡配合饲料分为前期和后期料两种,其允许量指标分别修订为每千克饲料中 10 μg 和 20 μg;补充规定了黄曲霉毒素 B_1 在棉籽饼(粕),菜籽饼(粕),豆粕,仔猪、种猪配合饲料及浓缩饲料,雏鸡配合饲料,雏鸡、仔鸡、生长鸡、产蛋鸡浓缩饲料,鸭配合饲料及浓缩饲料,鹌鹑配合饲料及浓缩饲料,牛精料补充料产品中的允许量指标。

——补充规定了各项卫生指标的试验方法。

本标准自实施之日起代替 GB 13078—1991。

本标准由全国饲料工业标准化技术委员会提出并归口。

本标准起草单位:国家饲料质量监督检验中心(武汉)、江西省饲料工业标准化技术委员会、国家饲料质量监督检验中心(北京)、华中农业大学、中国农业科学院畜牧研究所、无锡轻工业大学、中国兽药监察所、上海农业科学院畜牧兽医研究所、西北农业大学兽医系、全国饲料工业标准化技术委员会秘书处等。

本标准起草人如下:

"砷允许量"修订起草人:姚继承、艾地云、杨林。

"铅允许量"修订起草人:徐国茂、伦景良、涂建。

"氟允许量"修订起草人:李丽蓓、张辉、张瑜。

"霉菌允许量"修订起草人:陈必芳、许齐放。

"黄曲霉毒素 B_1 允许量"修订起草人:于炎湖、齐德生、黄炳堂、易俊东、刘耘。

"铬允许量"制定起草人:雷祖玉、秦昉。

本标准由郑喜梅负责汇总。

本标准委托全国饲料工业标准化技术委员会秘书处负责解释。

中华人民共和国国家标准

GB 13078—2001

饲料卫生标准

代替 GB 13078—1991

Hygienical standard for feeds

1 范围

本标准规定了饲料、饲料添加剂产品中有害物质及微生物的允许量及其试验方法。

本标准适用于表1中所列各种饲料和饲料添加剂产品。

2 引用标准

下列标准所包含的条文,通过在本标准中引用而构成为本标准的条文。本标准出版时,所示版本均为有效。所有标准都会被修订,使用本标准的各方应探讨使用下列标准最新版本的可能性。

GB/T 8381—1987 饲料中黄曲霉素 B_1 的测定方法(neq ISO 6651:1987)

GB/T 13079—1999 饲料中总砷的测定

GB/T 13080—1991 饲料中铅的测定方法

GB/T 13081—1991 饲料中汞的测定方法

GB/T 13082—1991 饲料中镉的测定方法

GB/T 13083—1991 饲料中氟的测定方法

GB/T 13084—1991 饲料中氰化物的测定方法

GB/T 13085—1991 饲料中亚硝酸盐的测定方法

GB/T 13086—1991 饲料中游离棉酚的测定方法

GB/T 13087—1991 饲料中异硫氰酸酯的测定方法

GB/T 13088—1991 饲料中铬的测定方法

GB/T 13089—1991 饲料中恶唑烷硫酮的测定方法

GB/T 13090—1999 饲料中六六六、滴滴涕的测定

GB/T 13091—1991 饲料中沙门氏菌的检验方法

GB/T 13092—1991 饲料中霉菌的检验方法

GB/T 13093—1991 饲料中细菌总数的测定方法

GB/T 17480—1998 饲料中黄曲霉毒素 B_1 的测定 酶联免疫吸附法(eqv AOAC 方法)

HG 2636—1994 饲料级磷酸氢钙

3 要求

饲料、饲料添加剂的卫生指标及试验方法见表1。

表 1　饲料、饲料添加剂卫生指标

序号	卫生指标项目	产品名称	指标	试验方法	备注
1	砷（以总砷计）的允许量（每千克产品中）mg	石粉	≤2.0	GB/T 13079	不包括国家主管部门批准使用的有机砷制剂中的砷含量
		硫酸亚铁、硫酸镁			
		磷酸盐	≤20.0		
		沸石粉、膨润土、麦饭石	≤10.0		
		硫酸铜、硫酸锰、硫酸锌、碘化钾、碘酸钙、氯化钴	≤5.0		
		氧化锌	≤10.0		
		鱼粉、肉粉、肉骨粉	≤10.0		
		家禽、猪配合饲料	≤2.0		
		牛、羊精料补充料			
		猪、家禽浓缩饲料	≤10.0		以在配合饲料中20％的添加量计
		猪、家禽添加剂预混合饲料			以在配合饲料中1％的添加量计
2	铅（以 Pb 计）的允许量（每千克产品中）mg	生长鸭、产蛋鸭、肉鸭配合饲料鸡配合饲料、猪配合饲料	≤5	GB/T 13080	
		奶牛、肉牛精料补充料	≤8		
		产蛋鸡、肉用仔鸡浓缩饲料仔猪、生长肥育猪浓缩饲料	≤13		以在配合饲料中20％的添加量计
		骨粉、肉骨粉、鱼粉、石粉	≤10		
		磷酸盐	≤30		
		产蛋鸡、肉用仔鸡复合预混合饲料仔猪、生长肥育猪复合预混合饲料	≤40		以在配合饲料中1％的添加量计
3	氟（以 F 计）的允许量（每千克产品中）mg	鱼粉	≤500	GB/T 13083	高氟饲料用 HG 2636—1994 中4.4条
		石粉	≤2 000		
		磷酸盐	≤1 800	HG 2636	
		肉用仔鸡、生长鸡配合饲料	≤250		
		产蛋鸡配合饲料	≤350		
		猪配合饲料	≤100		
		骨粉、肉骨粉	≤1 800	GB/T 13083	
		生长鸭、肉鸭配合饲料	≤200		
		产蛋鸭配合饲料	≤250		
		牛（奶牛、肉牛）精料补充料	≤50		
		猪、禽添加剂预混合饲料	≤1 000		以在配合饲料中1％的添加量计
		猪、禽浓缩饲料	按添加比例折算后，与相应猪、禽配合饲料规定值相同	GB/T 13083	

表 1（续）

序号	卫生指标项目	产品名称	指标	试验方法	备注
4	霉菌的允许量（每克产品中） 霉菌总数×10^3 个	玉米	<40	GB/T 13092	限量饲用： 40～100 禁用：>100
		小麦麸、米糠			限量饲用： 40～80 禁用：>80
		豆饼（粕）、棉籽饼（粕）、菜籽饼（粕）	<50		限量饲用： 50～100 禁用：>100
		鱼粉、肉骨粉	<20		限量饲用： 20～50 禁用：>50
		鸭配合饲料	<35		
		猪、鸡配合饲料 猪、鸡浓缩饲料 奶、肉牛精料补充料	<45		
5	黄曲霉毒素 B_1 允许量（每千克产品中） μg	玉米 花生饼（粕）、棉籽饼（粕）、菜籽饼（粕）	≤50	GB/T 17480 或 GB/T 8381	
		豆粕	≤30		
		仔猪配合饲料及浓缩饲料	≤10		
		生长肥育猪、种猪配合饲料及浓缩饲料	≤20		
		肉用仔鸡前期、雏鸡配合饲料及浓缩饲料	≤10		
		肉用仔鸡后期、生长鸡、产蛋鸡配合饲料及浓缩饲料	≤20		
		肉用仔鸭前期、雏鸭配合饲料及浓缩饲料	≤10		
		肉用仔鸭后期、生长鸭、产蛋鸭配合饲料及浓缩饲料	≤15		
		鹌鹑配合饲料及浓缩饲料	≤20		
		奶牛精料补充料	≤10		
		肉牛精料补充料	≤50		
6	铬（以 Cr 计）的允许量（每千克产品中） mg	皮革蛋白粉	≤200	GB/T 13088	
		鸡、猪配合饲料	≤10		

表1(续)

序号	卫生指标项目	产品名称	指标	试验方法	备注
7	汞(以 Hg 计)的允许量(每千克产品中) mg	鱼粉	≤0.5	GB/T 13081	
		石粉	≤0.1		
		鸡配合饲料,猪配合饲料			
8	镉(以 Cd 计)的允许量(每千克产品中) mg	米糠	≤1.0	GB/T 13082	
		鱼粉	≤2.0		
		石粉	≤0.75		
		鸡配合饲料,猪配合饲料	≤0.5		
9	氰化物(以 HCN 计)的允许量(每千克产品中) mg	木薯干	≤100	GB/T 13084	
		胡麻饼、粕	≤350		
		鸡配合饲料,猪配合饲料	≤50		
10	亚硝酸盐(以 NaNO₂ 计)的允许量(每千克产品中) mg	鱼粉	≤60	GB/T 13085	
		鸡配合饲料,猪配合饲料	≤15		
11	游离棉酚的允许量(每千克产品中) mg	棉籽饼、粕	≤1 200	GB/T 13086	
		肉用仔鸡、生长鸡配合饲料	≤100		
		产蛋鸡配合饲料	≤20		
		生长肥育猪配合饲料	≤60		
12	异硫氰酸酯(以丙烯基异硫氰酸酯计)的允许量(每千克产品中) mg	菜籽饼、粕	≤4 000	GB/T 13087	
		鸡配合饲料 生长肥育猪配合饲料	≤500		
13	恶唑烷硫酮的允许量(每千克产品中) mg	肉用仔鸡、生长鸡配合饲料	≤1 000	GB/T 13089	
		产蛋鸡配合饲料	≤500		
14	六六六的允许量(每千克产品中) mg	米糠 小麦麸 大豆饼、粕 鱼粉	≤0.05	GB/T 13090	
		肉用仔鸡、生长鸡配合饲料 产蛋鸡配合饲料	≤0.3		
		生长肥育猪配合饲料	≤0.4		
15	滴滴涕的允许量(每千克产品中) mg	米糠 小麦麸 大豆饼、粕 鱼粉	≤0.02	GB/T 13090	
		鸡配合饲料,猪配合饲料	≤0.2		

表 1（完）

序号	卫生指标项目	产品名称	指标	试验方法	备注
16	沙门氏杆菌	饲料	不得检出	GB/T 13091	
17	细菌总数的允许量（每克产品中） 细菌总数×10⁶ 个	鱼粉	＜2	GB/T 13093	限量饲用:2～5 禁用:＞5

注
1 所列允许量均为以干物质含量为 88％ 的饲料为基础计算。
2 浓缩饲料、添加剂预混合饲料添加比例与本标准备注不同时,其卫生指标允许量可进行折算。

GB 13078—2001《饲料卫生标准》第 1 号修改单

本修改单经国家标准化管理委员会于 2003 年 11 月 11 日以国标委农轻函[2003]97 号文批准,自 2004 年 4 月 1 日起实施。

1. 表 1 中序号"1(砷)"中的产品名称栏分为四种,其中"添加有机胂的饲料产品"为新增补的一种,并对其总砷允许量指标作了规定。

2. 删除表 1 中序号"1(砷)"、"2(铅)"、"3(氟)"项的备注栏的内容。

3. 表 1 序号"3(氟)"中磷酸盐试验方法改为 GB/T 13083;猪禽浓缩饲料指标中的规定在表述上略作改动。

4. 将表 1 末栏的注 1、2 更改为:[a] 系指国家主管部门批准允许使用的有机胂制剂,其用法与用量遵循相关文件的规定。添加有机胂制剂的饲料产品应在标签上标示出有机胂准确含量(按实际添加量计算)。

修改后的表 1 中序号 1(砷)、2(铅)、3(氟)项及末栏的注如下:

表 1 饲料、饲料添加剂卫生指标

序号	项 目	产 品 名 称		指标	试验方法	备注
1	砷（以总砷计）的允许量（每千克产品中）/mg	矿物饲料	石粉	≤2.0	GB/T 13079	
			磷酸盐	≤20.0		
			沸石粉、膨润土、麦饭石	≤10.0		
		饲料添加剂	硫酸亚铁、硫酸镁	≤2.0		
			硫酸铜、硫酸锰、硫酸锌、碘化钾、碘酸钙、氯化钴	≤5.0		
			氧化锌	≤10.0		
		饲料产品	鱼粉、肉粉、肉骨粉	≤10.0		
			猪、家禽配合饲料	≤2.0		
			牛、羊精料补充料	≤10.0		
			猪、家禽浓缩饲料			
			猪、家禽添加剂预混合饲料			
		添加有机胂的饲料产品[a]	猪、家禽配合饲料	不大于 2 mg 与添加的有机胂制剂标示值计算得出的砷含量之和		
			猪、家禽浓缩饲料	按添加比例折算后,应不大于相应猪、家禽配合饲料的允许量		
			猪、家禽添加剂预混合饲料			

表 1（续）

序号	项 目	产 品 名 称	指标	试验方法	备注
2	铅（以 Pb 计）的允许量（每千克产品中）/mg	⋮	⋮	GB/T 13080	
		产蛋鸡、肉用仔鸡浓缩饲料	≤13		
		仔猪、生长肥育猪浓缩饲料			
		⋮	⋮		
		产蛋鸡、肉用仔鸡复合预混合饲料	≤40		
		仔猪、生长肥育猪复合预混合饲料			
3	氟（以 F 计）的允许量（每千克产品中）/mg	鱼粉	≤500	GB/T 13083	
		石粉	≤2 000		
		磷酸盐	≤1 800		
		⋮	⋮		
		猪、禽浓缩饲料	按添加比例折算后，应不大于相应猪、禽配合饲料的允许量		
		⋮			

　　a　系指国家主管部门批准允许使用的有机胂制剂,其用法与用量遵循相关文件的规定。添加有机胂制剂的产品应在标签上标示出有机胂准确含量（按实际添加量计算）。

ICS 65.120
B 46

中华人民共和国国家标准

GB 13078.1—2006

饲料卫生标准
饲料中亚硝酸盐允许量

Hygienical standard for feed—
Limited content of nitrite in feeds

2006-02-13 发布
2006-07-01 实施

中华人民共和国国家质量监督检验检疫总局
中国国家标准化管理委员会 发布

前　言

本标准是对 GB 13078—2001《饲料卫生标准》中"亚硝酸盐允许量"的涵盖产品的补充。

本标准所规定的指标主要是根据德国、英国和前苏联的有关标准,并考虑我国的饲料资源情况而制定的。

本标准由中华人民共和国农业部提出。

本标准由全国饲料工业标准化技术委员会归口。

本标准起草单位:华中农业大学。

本标准主要起草人:于炎湖、齐德生、易俊东、黄炳堂。

饲料卫生标准
饲料中亚硝酸盐允许量

1 范围

本标准规定了表1中饲料产品和饲料原料中亚硝酸盐的允许量指标和试验方法。

本标准适用于表1中所列各种饲料产品和饲料原料。

2 规范性引用文件

下列文件中的条款通过本标准的引用而成为本标准的条款。凡是注日期的引用文件,其随后所有的修改单(不包括勘误的内容)或修订版均不适用于本标准,然而,鼓励根据本标准达成协议的各方研究是否可使用这些文件的最新版本。凡是不注日期的引用文件,其最新版本适用于本标准。

GB/T 13085 饲料中亚硝酸盐的测定 比色法

GB/T 14699.1 饲料 采样

3 要求

饲料中亚硝酸盐允许量的指标见表1。

表 1 饲料中亚硝酸盐允许量

产品名称	每千克产品中亚硝酸盐 (以 NaNO$_2$ 计)的允许量/mg	试验方法
鸭配合饲料	≤15	
鸡、鸭、猪浓缩饲料	≤20	
牛(奶牛、肉牛)精料补充料	≤20	
玉米	≤10	GB/T 13085
饼粕类、麦麸、次粉、米糠	≤20	
草粉	≤25	
鱼粉、肉粉、肉骨粉	≤30	

4 试验方法

4.1 饲料采样

按 GB/T 14699.1 执行。

4.2 亚硝酸盐的测定

按 GB/T 13085 执行。

ICS 65.120
B 46

中华人民共和国国家标准

GB 13078.2—2006

饲料卫生标准 饲料中赭曲霉毒素 A
和玉米赤霉烯酮的允许量

Hygienical standard for feeds—
Toleration of ochratoxin A and zearalenone in feeds

2006-02-13 发布   2006-07-01 实施

中华人民共和国国家质量监督检验检疫总局
中国国家标准化管理委员会 发 布

前　言

本标准参考国内外有关标准、文献报道，经调研后制定。

本标准是对 GB 13078—2001《饲料卫生标准》中有害物项目及其允许量的补充。

本标准由全国饲料工业标准化技术委员会提出。

本标准由全国饲料工业标准化技术委员会归口。

本标准由江苏省微生物研究所负责起草。

本标准主要起草人：宓晓黎、李利东、袁建兴、丁贵平、成恒嵩。

饲料卫生标准 饲料中赭曲霉毒素A和玉米赤霉烯酮的允许量

1 范围

本标准规定了饲料中玉米赤霉烯酮(ZEN)和赭曲霉毒素 A(OA)的允许量。

本标准适用于配合饲料和玉米。

2 规范性引用文件

下列文件中的条款通过本标准的引用而成为本标准的条款。凡是注日期的引用文件,其随后所有的修改单(不包括勘误的内容)或修订版均不适用于本标准,然而,鼓励根据本标准达成协议的各方研究是否可使用这些文件的最新版本。凡是不注日期的引用文件,其最新版本适用于本标准。

GB/T 19539 饲料中赭曲霉毒素 A 的测定

GB/T 19540 饲料中玉米赤霉烯酮的测定

3 允许量

赭曲霉毒素 A 和玉米赤霉烯酮的允许量见表 1。

表 1

项 目	适用范围	允许量/(μg/kg)
赭曲霉毒素 A	配合饲料,玉米	≤100
玉米赤霉烯酮	配合饲料,玉米	≤500

4 检验方法

饲料中赭曲霉毒素 A 检验方法按 GB/T 19539 的测定方法的规定执行。

饲料中玉米赤霉烯酮检验方法按 GB/T 19540 的测定方法的规定执行。

ICS 65. 120
B 46

中华人民共和国国家标准

GB 13078.3—2007

配合饲料中脱氧雪腐镰刀菌烯醇的允许量

Tolerance limits for deoxynivalenol in formula feed

2007-02-16 发布　　　　　　　　　　　　2007-03-01 实施

中华人民共和国国家质量监督检验检疫总局
中国国家标准化管理委员会　发布

前　　言

本标准由中华人民共和国农业部提出。

本标准由全国饲料工业标准化技术委员会归口。

本标准由农业部饲料质量监督检验测试中心(沈阳)负责起草。

本标准主要起草人：陈莹莹、曹东、董永亮、刘再胜、张明、田晓玲。

引　言

　　本标准参考了联合国粮食及农业组织 1997 年 64 号食品和营养文件中,美国和加拿大的食品和饲料中脱氧雪腐镰刀菌烯醇的限量标准、我国发布的《谷物中脱氧雪腐镰刀菌烯醇的限量标准》以及我国目前饲料质量状况,确定了我国部分饲料中脱氧雪腐镰刀菌烯醇的允许量。

配合饲料中脱氧雪腐镰刀菌烯醇的
允许量

1 范围

本标准规定了配合饲料中脱氧雪腐镰刀菌烯醇(呕吐毒素 vomit toxin)的允许量。

本标准适用于猪配合饲料、牛配合饲料、泌乳期动物配合饲料及禽配合饲料。

2 规范性引用文件

下列文件中的条款通过本标准的引用而成为本标准的条款。凡是注日期的引用文件,其随后所有的修改单(不包括勘误的内容)或修订版均不适用于本标准,然而,鼓励根据本标准达成协议的各方研究是否可使用这些文件的最新版本。凡是不注日期的引用文件,其最新版本适用于本标准。

GB/T 8381.6 配合饲料中脱氧雪腐镰刀菌烯醇的测定 薄层色谱法

3 允许量

脱氧雪腐镰刀菌烯醇(呕吐毒素 vomit toxin)的允许量见表 1。

表 1
单位为毫克每千克

序号	适 用 范 围	允许量	检验方法
1	猪配合饲料	≤1	
2	犊牛配合饲料	≤1	
3	泌乳期动物配合饲料	≤1	按 GB/T 8381.6 执行
4	牛配合饲料	≤5	
5	家禽配合饲料	≤5	

ICS 65.120
B 46

中华人民共和国国家标准

GB/T 16764—2006
代替 GB/T 16764—1997

配合饲料企业卫生规范

Hygienic specification for formula feed enterprises

2006-12-20 发布

2007-03-01 实施

中华人民共和国国家质量监督检验检疫总局
中国国家标准化管理委员会 发布

前　言

本标准是对 GB/T 16764—1997《配合饲料企业卫生规范》的修订。

本标准与 GB/T 16764—1997 的差异如下：

——增加了"对所有购进的原料,特别是药物饲料添加剂,必须有正确可追踪的文件资料"的要求；

——增加了"饲料、饲料添加剂、尤其是动物源性饲料原料运输工具应定期清洗和消毒"的要求；

——规定了非噪声工作地点噪声声级的卫生限值；

——提出了"根据实际需要和使用方便的原则设置辅助用室"的要求；

——提出了"应建立数据记录系统,以保证有足够数据记录以追踪产品生产全过程"的要求；

——增加了"生产含有药物饲料添加剂的产品应根据的药物添加剂的类型、特点进行排序生产"的要求；

——删去原标准中关于防爆、防火等非卫生方面的要求。

本标准自实施之日起,代替 GB/T 16764—1997。

本标准由全国饲料工业标准化技术委员会提出并归口。

本标准起草单位:国家饲料质量监督检验中心(武汉)、中国饲料工业协会。

本标准主要起草人:杨林、胡广东、杨海鹏、粟胜兰、李燕松、何一帆。

配合饲料企业卫生规范

1 范围

本标准对配合饲料企业的厂房设计与各项卫生设施、周边环境等提出了要求,对生产车间的粉尘浓度和噪声进行了限定;规定了原料采购、储存、运输以及成品管理的卫生要求等。

本标准适用于配合饲料、浓缩饲料、精料补充料的工厂设计、生产管理以及饲料加工、贮存、运输和营销等。

2 规范性引用文件

下列文件中的条款通过本标准的引用而成为本标准的条款。凡是注日期的引用文件,其随后所有的修改单(不包括勘误的内容)或修订版均不适用于本标准,然而,鼓励根据本标准达成协议的各方研究是否可使用这些文件的最新版本。凡是不注日期的引用文件,其最新版本适用于本标准。

GB/T 8946 塑料编织袋

GB/T 8947 复合塑料编织袋

GB 10648 饲料标签

GB 13078 饲料卫生标准

饲料添加剂品种目录(中华人民共和国农业部公告第 658 号)

饲料药物添加剂使用规范(中华人民共和国农业部公告第 168 号)

禁止在饲料和动物饮用水中使用的药物品种目录(中华人民共和国农业部公告第 176 号)

食品动物禁用的兽药及其他化合物清单(中华人民共和国农业部公告第 193 号)

3 饲料原料采购、运输、贮存的卫生要求

3.1 采购

3.1.1 采购的饲料原料的卫生指标应符合 GB 13078 或产品标准中的有关规定。

3.1.2 采购的饲料添加剂应符合中华人民共和国农业部公告《饲料添加剂品种目录》的规定,饲料添加剂的使用应符合中华人民共和国农业部公告《饲料药物添加剂使用规范》的规定。

3.1.3 采购的药物不得违反中华人民共和国农业部公告《禁止在饲料和动物饮用水中使用的药物品种目录》及中华人民共和国农业部公告《食品动物禁用的兽药及其他化合物清单》中的有关规定。

所有购进的原料,特别是药物饲料添加剂,必须有产品标签。应该保存具有书面追溯或监管过程作用的文件材料,包括:接收的配料类型、收货日期、承运人、供应商、卸载指令、货包数量、货号、质量意见和接收人员签字等。

3.2 运输

3.2.1 用于包装、盛放原料的包装袋和包装容器,必须无毒、干燥、洁净。

3.2.2 运输工具应干燥、洁净,并有防雨、防污染措施。不得将原料与有毒、有害物品混装、混运。饲料、饲料添加剂、尤其是动物源性饲料原料运输工具应定期清洗和消毒。

3.3 贮存

3.3.1 饲料原料及饲料添加剂应贮存在阴凉、通风、干燥、洁净,并有防虫、防鼠、防鸟设施的仓库内。同一仓库内的不同饲料原料应分别存放,并挂标识牌,避免混杂。

3.3.2 饲料添加剂、饲料药物添加剂应单独存放,并应挂明显的标识牌。

3.3.3 饲料原料存放在室外场地时,场地必须高于地面,干燥,并且必须有防雨设施和防止霉烂变质措施。

3.3.4 各类饲料原料及饲料添加剂应严格按照国家标准的要求贮存,不应与农药、化肥等有可能造成污染的物品贮存于同一场所。

4 工厂设计与设施的卫生要求

4.1 选址

工厂必须设置在无有害气体、烟雾、灰尘和其他污染源的地区。

4.2 厂区和道路

厂区主要道路及进入厂区的主干道应铺设适于车辆通行的硬质路面(沥青或混凝土路面)。路面平坦,无积水。厂区应有良好的排水系统。厂区内非生产区域应绿化。

4.3 厂房与设施

4.3.1 厂房与设施的设计要便于卫生管理,便于清洗、整理。要按配合饲料、浓缩饲料生产工艺合理布局。

4.3.2 厂房与设施应具备日常保养的措施。

4.3.3 厂房内应有足够的加工场地和充足的光照,以保证生产正常运转。并应留有对设备进行日常维修、清理的进出口。

4.3.4 厂房与设施应有防鼠、防鸟、防虫害的有效措施。

4.3.5 原料仓库或存放地、生产车间、包装车间、成品仓库的地面应具有良好的防潮性能,应进行日常保洁。地面不应堆有垃圾、废弃物、废水及杂乱堆放的设备等物品。

4.3.6 企业应设有能满足生产正常运转的化验室。

4.4 生产车间的要求

4.4.1 生产车间内工人作业区的粉尘浓度应不大于 $10\ mg/m^3$,排放大气的粉尘浓度不大于 $150\ mg/m^3$。

4.4.2 生产车间作业区噪声标准为85dB,每个工作日接触噪声时间不同,允许噪声标准见表1。

表 1 作业区噪声声级的卫生限值

每个工作日接触噪声时间/h	8	4	2	1
允许噪声/dB	85	88	91	94
注:最高不得超过 115 dB。				

生产性噪声传播至非噪声作业区的噪声声级的卫生限制不得超过表2的规定。

表 2 非噪声作业区噪声声级的卫生限值

地点名称	卫生限值/dB(A)	工效限值/dB(A)
噪声车间办公室	75	
非噪声车间办公室	60	不得超过 55
会议室	60	
计算机室、精密加工室	70	

4.4.3 车间内必须具有通风、照明设施。

4.5 工厂的建筑布局

工厂的建筑物及其他生产设施、生活设施的选址、设计与建造应满足饲料原料及成品有条理的接收和贮存,并在其加工过程中得以进行有控制的流通。

根据实际需要和使用方便的原则设置辅助用室,包括工作场所办公室、生产卫生室(浴室、存衣室、盥洗室、洗衣房),生活室(休息室、厕所),妇女卫生室。生产区应与生活区隔开。废弃物临时存放点应远离生产区。

5 工厂的卫生管理

5.1 措施

工厂应根据本标准的要求,制定卫生管理规定。

5.2 维修、保养

厂房、设备、排水系统和其他机械设施,必须保持良好的状态,发现问题时应及时检修,正常情况下,每年至少进行一次全面检修。

5.3 清理

5.3.1 每天工作结束后应清扫生产场地。

5.3.2 为防止加入药物添加剂的饲料产品生产过程中的交叉污染,在生产不同加入药物添加剂的饲料产品时,对所用的生产设备、工具、容器应进行彻底清理。

5.3.3 厕所、浴室等公共场所,应经常清扫,保持清洁。

5.4 废弃物处理

5.4.1 厂房通道及周围场地应保持清洁,不得堆放杂物。

5.4.2 生产场地和其他工作场地的废弃物必须随时清除,并及时清理出厂,废弃物容器及其存放地应及时清洗。

5.5 除虫灭害

厂区周围应定期或在必要时进行除虫灭害,防止害虫孳生。

5.6 危险品管理

工厂必须设置专用的危险品库,存放杀虫剂和一切有毒、有害物品,这些物品必须贴有醒目的有毒标记,并应制定各种危险品的使用规则。使用危险品须经专门部门批准,并有专门人员严格监督使用,严禁污染饲料。

5.7 其他

厂内禁止饲养家禽、家畜。禁止动物进入生产区。

6 生产过程中的卫生管理

6.1 所用饲料原料和饲料添加剂应符合 3.1 的规定,投产前应严格检验,不合格原料不得投产。

6.2 生产中使用饲料添加剂的品种和用量,应符合国家有关饲料添加剂的使用规定。生产质量控制必须保证生产的饲料始终符合饲养动物的质量要求。应建立数据记录综合系统,以保证生产的全过程都符合产品配方的要求。应有足够数据记录以追踪产品生产全过程。

6.3 生产含有药物饲料添加剂的产品应根据药物添加剂的类型、特点进行排序生产。

7 成品包装、贮存、运输的卫生要求

7.1 包装卫生要求

7.1.1 包装分类

7.1.1.1 贮存、运输包装(车、仓、罐、桶等):必须符合坚固耐久的要求及具有可重复使用的价值。

7.1.1.2 销售包装:具有保障产品的安全和保护产品的作用。

7.1.2 包装材料

7.1.2.1 贮存、运输包装材料:大批量直接供应用户的散装料运输和贮存应选用金属罐等大容器为包装材料。小批量的观赏动物等的配合饲料,已有销售包装时,可选用硬质箱等为外包装材料。

7.1.2.2 销售包装材料:选用的销售包装材料应符合保障产品的安全和保护产品的要求。若选用塑料编织袋应符合 GB/T 8946 的要求。若选用复合编织袋应符合 GB/T 8947 的要求。

7.1.2.3 包装材料的卫生要求:一切包装材料都必须符合有关卫生标准的规定,不应带有任何污染源,并保证包装材料不应与产品发生任何物理和化学作用而损坏产品。

7.1.3 包装标志

包装标志必须符合 GB 10648 饲料标签的规定。

7.2 贮存卫生要求

7.2.1 贮存仓库和设备

7.2.1.1 仓库:仓库应牢固安全,不漏雨、不潮湿,门窗齐全,能通风、能密闭;有防潮、防虫、防鼠、防鸟设施;有一定空间,便于机械作业;库内不准堆放化肥、农药、易腐蚀、有毒有害等与配合饲料无关的物资。

7.2.1.2 器具、仪器设备:配备清扫、运输、整理等仓用工具和材料;配备测温设备、测湿设备、通风设备及准确的衡器;配备抽样工具。散装立筒仓应配备除尘、清理设备。

7.2.1.3 仓库内外清洁卫生要求:仓库内保持清洁卫生,所有物品放置有序。仓外 3m 内无垃圾、无杂草、无积水;器材、工具、检测用具、机械设备等应保持清洁无虫害。

7.2.1.4 清仓消毒:新建仓库在使用前应彻底清扫和密闭消毒,旧仓库要轮流清扫和消毒。

7.2.2 成品管理

入库饲料必须持有产品合格证。产品各项指标必须与产品标签相符合。

入库饲料不得带有活的害虫或有毒有害物质。

入库饲料须根据生产报表核实其品种、规格、数量后验收,并做好入库记录,填写卡片,做到账目、卡片、实物三相符。

饲料的贮存堆放应考虑安全,防止霉变。

饲料仓库要有标牌。配合饲料堆垛要有标牌卡片,标明产品品种、规模、等级、生产日期、入库日期、入库数量、出库数量等。

在饲料的贮存期间,应注意温、湿度的变化,定期进行抽样检测,并将检测结果登记入卡片。

7.3 运输卫生要求

7.3.1 运输安全卫生要求

运输工具应干燥、清洁,无异味,无传染性病虫害,并有防雨、防潮、防污染设施。

饲料不得与有毒、有害、有辐射等物品混装、混运。

7.3.2 运输标志

饲料的运输要随带装运清单。装运清单必须填清所运产品名称、规格型号、数量、目的地及接收单位(人)。标签必须随附包装上。

8　卫生与质量检验管理

8.1　企业必须设置与生产能力相适应的卫生质量检验机构,检验人员应持有国家有关部门颁发的有效证书。

8.2　检验室应具备检、化验工作所需要的仪器、设备。

8.3　检验室应按标准检验方法进行原料和产品检验,凡不符合标准的原料不准投产,不符合标准的产品一律不得出厂。

8.4　计量仪器和设备必须定期检定,确保精度。

8.5　各项原始记录保存 3 年,备查。

前　　言

颗粒饲料通用技术条件是评价畜禽颗粒饲料加工质量的依据,它不仅可以反映颗粒的物理质量,还可评价制粒系统工作的优劣。

本标准中粉化率测定方法采用了美国农业工程学会标准 ASAE S 269.4《饼块饲料、颗粒饲料和碎粒饲料的定义及其比重、耐久性和含水量的测定方法》中 5.2 的规定。

本标准由中华人民共和国国内贸易部提出。

本标准由全国饲料工业标准化技术委员会归口。

本标准起草单位:无锡轻工大学、北京市饲料研究所。

本标准主要起草人:盛亚白、程宏典、谢正军、盛红。

中华人民共和国国家标准

GB/T 16765—1997

颗粒饲料通用技术条件

General specification for feed pellets

1 范围

本标准规定了肉鸡、蛋鸭、仔猪、兔颗粒饲料加工质量的主要指标。

本标准适用于加工、销售的肉鸡、蛋鸭、仔猪、兔颗粒饲料。

2 引用标准

下列标准所包含的条文,通过在本标准中引用而构成为本标准的条文。本标准出版时,所示版本均为有效。所有标准都会被修订,使用本标准的各方应探讨使用下列标准最新版本的可能性。

GB/T 6004—85 试验筛用金属丝编织方孔网

GB 6435—86 饲料水分的测定方法

GB 10647—89 饲料工业通用术语

GB 10648—93 饲料标签

GB 13078—91 饲料卫生标准

GB/T 14699.1—93 饲料采样方法

3 定义

本标准采用下列定义。

3.1 含粉率

颗粒饲料中所含粉料(2.0 mm 筛下物)质量占其总质量的百分比。

3.2 粉化率

见 GB 10647。

4 技术要求

4.1 感官性状

颗粒色泽均匀,无发霉变质及异嗅。

4.2 水分

按相应的配合饲料标准执行。

4.3 加工指标(见表 1)

4.4 卫生指标

按 GB 13078 规定执行。

国家技术监督局 1997-03-31 批准　　　　　　　　　　　　　　1997-10-01 实施

表 1

饲料种类	直径(d) mm	长度(l) mm	含粉率 %	粉化率 %
肉鸡料≤	5.0			
蛋鸭料≤	8.0	2.0 d	4.0[1]	10.0[1]
仔猪料≤	5.0			
兔料≤	6.0			

注：测定含粉率及粉化率通常是在颗粒冷却后立即测定。颗粒温度与环境温度之差应在 5℃ 以内。

1) 为厂内成品库取样测定数值。

5 试验方法

5.1 试样及制备

按 GB/T 14699 执行。应注意不使颗粒破碎,取样约 1.2 kg。

5.2 水分测定

按 GB 6435 执行。

5.3 直径与长度测定

5.3.1 工具

游标卡尺。

5.3.2 步骤

从样品中随机选取 5 粒,用游标卡尺逐个测定直径;取 20 粒,逐个测定长度。

5.3.3 结果计算

分别计算颗粒直径与长度的平均值,所得结果应表示至一位小数。

5.4 含粉率及粉化率测定

5.4.1 仪器设备

标准筛一套(GB 6004);

顶击式标准筛振筛机(频率 220 次/min,行程 25 mm);

粉化仪(双箱体式);

天平(感量 0.1 g)。

5.4.2 含粉率测定步骤及计算

5.4.2.1 将样品(5.1)用四分法分为两份,每份约 600 g(m_1),放于 2.0 mm 的筛格内,在振筛机上筛理 5 min 或用手工筛(每分钟 110~120 次,往复范围 10 cm),将筛下物称量(m_2)。

5.4.2.2 含粉率按式(1)计算:

$$\Phi_1 = \frac{m_2}{m_1} \times 100 \qquad\qquad\qquad\qquad\qquad (1)$$

式中：Φ_1——含粉率,%;

m_2——2.0 mm 筛下物质量,g;

m_1——样品质量,g。

5.4.2.3 允许差:两次测定结果之差不大于 1%,以其算术平均值报告结果,数值表示至一位小数。

5.4.3 粉化率测定步骤及计算

5.4.3.1 测定步骤:将样品(5.1)用四分法分为两份,每份约 600 g,放于规定筛孔的筛格(按表 2 选用)内,在振筛机上预筛 5 min,也可用手工筛(同 5.4.2.1),从筛上物中分别称取样品 500 g(m_3)两份。各装入粉化仪的两个回转箱内,盖紧箱盖,开动机器,使箱体回转 500 转,停机后取出样品,放于规定筛孔的筛格内(见表2),在振筛机上筛理5 min,或用手工筛(同5.4.2.1),将筛下物称量(m_4)(如同时需测含粉率则可在预筛时,用2.0 mm及规定筛孔的筛格相叠使用)。

表2 不同颗粒直径规定用筛孔尺寸   mm

颗粒直径	2.5	3.0	3.5	4.0	4.5	5.0	6.0	8.0
筛孔尺寸	2.0	2.8	2.8	3.35	4.0	4.0	5.6	6.7

5.4.3.2 粉化率按式(2)计算:

$$\Phi_2 = \frac{m_4}{m_3} \times 100 \qquad\qquad\cdots\cdots\cdots\cdots\cdots\cdots(2)$$

式中:Φ_2——粉化率,%;

    m_4——回转后筛下物质量,g;

    m_3——回转前样品质量,g。

5.4.3.3 允许差:两次测定结果之差不大于1%,以其算术平均值报告结果,数值表示至一位小数。

6 监测与仲裁判定各项指标合格与否的分析允许误差规定

6.1 水分

按相应配合饲料标准执行。

6.2 含粉率及粉化率判定合格界限

含粉率及粉化率判定合格界限见表3。

表3 含粉率及粉化率判定合格的界限

项 目	标准规定值	分析允许误差 (绝对误差)	判定合格的界限
含粉率	≤4.0	1.5	≤5.5
粉化率	≤10.0	1.5	≤11.5

注:表中分析允许误差为不同实验室,不同操作者试验结果之间差值。

7 检验规则

7.1 感官性状、水分、直径、长度、含粉率、粉化率为出厂检验项目。

7.2 在保证产品质量的前提下,生产厂可以根据工艺、设备、原料等变化情况,自行确定出厂检验的批量。

8 判定规则

对判定产品是否合格的指标,如检验中有一项指标不符合标准,应重新取样复验,复验结果中有一项不合格者即判定为不合格。

9 标签、包装、运输、贮存

9.1 标签

按GB 10648执行

9.2 包装、运输、贮存

按相应配合饲料国家标准或行业标准执行。

ICS 65.120
B 46

中华人民共和国国家标准

GB/T 18823—2010
代替 GB/T 18823—2002

饲料检测结果判定的允许误差

Permitted tolerants for judgement of testing results in feeds

2011-01-14 发布

2011-07-01 实施

中华人民共和国国家质量监督检验检疫总局
中国国家标准化管理委员会 发布

前　言

本标准按照 GB/T 1.1—2009 给出的规则起草。

本标准代替 GB/T 18823—2002《饲料检测结果判定的允许误差》。

本标准与 GB/T 18823—2002 相比，主要技术差异如下：

——增加第 2 章"规范性引用文件"；

——将原标准表格中"营养指标"与"卫生指标"栏目改为"标准规定值"；

——将原标准表格中"允许误差"栏目中的"＋"、"－"、"±"符号均删去，其相关含义在新增加的
"4　判定方法与规则"中加以说明；

——在第 3 章中增加中性洗涤纤维、盐酸不溶性灰分/砂分、肉碱、锡、有机磷杀虫剂、氨基甲酸酯类
杀虫剂、拟除虫菊酯类杀虫剂、霉菌毒素、苯并(a)芘、多氯联苯、酸价、过氧化值、挥发性盐基
氮等 13 个测定项目的允许误差值；

——将原标准中测定项目"钙、镁"与"总磷"两个栏目合并为一个栏目"钙、镁、总磷"；

——将原标准中测定项目"赖氨酸、蛋氨酸"更改为"除色氨酸外的其他氨基酸"；

——将原标准中某些"测定项目"在表格中的排列顺序作了调整；

——将原标准中测定项目"砷(以总砷计)"更改为"砷(以 As 计)"；

——将氨基酸、维生素 A、镉和钙、镁、总磷的允许误差值作了调整；

——增加第 4 章"判定方法与规则"。

本标准由全国饲料工业标准化技术委员会(SAC/TC 76)提出并归口。

本标准起草单位：华中农业大学。

本标准主要起草人：于炎湖、齐德生、张妮娅、易俊东、黄炳堂。

本标准所代替标准的历次版本发布情况为：

——GB/T 18823—2002。

饲料检测结果判定的允许误差

1 范围

本标准规定了在饲料检测时对检测结果判定的允许误差值。

本标准适用于对饲料检测结果的判定。

2 规范性引用文件

下列文件对于本文件的应用是必不可少的。凡是注日期的引用文件,仅注日期的版本适用于本文件。凡是不注日期的引用文件,其最新版本(包括所有修改单)适用于本文件。

GB/T 8170 数值修约规则与极限数值的表示和判定

3 要求

饲料营养成分与卫生指标检测结果判定的允许误差见表1~表5。

表 1 饲料中一般营养指标检测结果判定的允许误差

测定项目	标准规定值 %	允许误差 (绝对误差) %	测定项目	标准规定值 %	允许误差 (绝对误差) %
水 分	<5	0.2	粗脂肪	<2	0.2
	5~10	0.3		2~3	0.3
	>10~15	0.4		>3~4	0.4
	>15~20	0.5		>4~6	0.5
	>20~30	0.6		>6~9	0.6
	>30~40	0.8		>9~12	0.7
	>40	1.0		>12~15	0.8
粗蛋白质	<5	0.3		>15	1.0
	5~10	0.4	粗纤维	<3	0.4
	>10~15	0.6		3~5	0.6
	>15~20	0.8		>5~7	0.8
	>20~25	1.0		>7~9	1.0
	>25~30	1.1		>9~12	1.2
	>30~40	1.2		>12~15	1.4
	>40~50	1.3		>15	1.6
	>50~60	1.4	粗灰分	<5	0.1
	>60~70	1.5		5~7	0.2
	>70	1.6		>7~9	0.3

表 1（续）

测定项目	标准规定值 %	允许误差（绝对误差）%	测定项目	标准规定值 %	允许误差（绝对误差）%
粗灰分	>9～11	0.4	中性洗涤纤维	10～20	1.5
	>11～13	0.5		>20～30	2.0
	>13～16	0.6		>30	2.5
	>16～20	0.7	盐酸不溶性灰分/砂分	<0.5	0.1
	>20	0.8		0.5～2	0.2
钙、镁、总磷	<0.1	0.01		>2～5	0.4
	0.1～0.3	0.05		>5～10	0.6
	>0.3～0.5	0.1		>10～15	1.0
	>0.5～1	0.15		>15	1.5
	>1～2	0.2	色氨酸	<0.2	0.04
	>2～3	0.3		0.2～0.5	0.06
	>3～4	0.4		>0.5～1	0.10
	>4～5	0.6		>1～2	0.15
	>5～10	0.9		>2～3	0.20
	>10～15	1.2		>3	0.30
	>15	1.5	除色氨酸外的其他氨基酸	<0.2	0.04
食盐	<0.3	0.05		0.2～0.5	0.08
	0.3～1	0.1		>0.5～1	0.12
	>1～2	0.2		>1～2	0.20
	>2～3	0.3		>2～3	0.30
	>3～4	0.4		>3～4	0.40
	>4～5	0.5		>4～5	0.50
	>5	0.6		>5～8	0.70
中性洗涤纤维	<10	1.2		>8	1.0

表 2　饲料中维生素含量检测结果判定的允许误差

测定项目	标准规定值 mg/kg 或 IU/kg	允许误差（相对误差）%	测定项目	标准规定值 mg/kg 或 IU/kg	允许误差（相对误差）%
维生素 A[a]	<5 000	50	维生素 A[a]	>1 000 000～10 000 000	10
	5 000～10 000	40		>10 000 000	5
	>10 000～100 000	30	维生素 D₂、维生素 D₃[a]	<1 000	50
	>100 000～500 000	20		1 000～10 000	40
	>500 000～1 000 000	15		>10 000～100 000	30

表 2（续）

测定项目	标准规定值 mg/kg 或 IU/kg	允许误差 （相对误差） %	测定项目	标准规定值 mg/kg 或 IU/kg	允许误差 （相对误差） %
维生素 D$_2$、 维生素 D$_3$ [a]	>100 000～800 000	20	维生素 B$_{12}$	>5～8	20
	>800 000	15		>8	15
维生素 E [a]	<50	50	烟酸	<50	40
	50～500	40		50～500	30
	>500～5 000	30		>500～5 000	20
	>5 000～10 000	20		>5 000～15 000	15
	>10 000	10		>15 000	10
维生素 K	<5	50	泛酸	<40	40
	5～50	40		40～400	30
	>50～500	30		>400～4 000	20
	>500～1 000	20		>4 000～8 000	15
	>1 000	10		>8 000	10
维生素 C	<500	40	叶酸	<5	40
	500～5 000	30		5～50	30
	>5 000～10 000	20		>50～500	20
	>10 000～50 000	15		>500～1 000	15
	>50 000	10		>1 000	10
维生素 B$_1$	<5	40	生物素	<2	50
	5～50	30		2～20	40
	>50～500	20		>20～200	30
	>500～2 000	15		>200～500	20
	>2 000	10		>500	15
维生素 B$_2$	<10	40	氯化胆碱	<1 000	40
	10～100	30		1 000～10 000	30
	>100～1 000	20		>10 000～40 000	20
	>1 000～4 000	15		>40 000～80 000	15
	>4 000	10		>80 000	10
维生素 B$_6$	<10	40	肉碱	<200	40
	10～100	30		200～500	35
	>100～1 000	20		>500～1 000	30
	>1 000～2 000	15		>1 000～5 000	25
	>2 000	10		>5 000～10 000	20
维生素 B$_{12}$	<0.5	50		>10 000～50 000	15
	0.5～2	40		>50 000	10
	>2～5	30			

[a] 标准规定值单位为 IU/kg，其他测定项目的标准规定值单位为 mg/kg。

表 3　饲料中微量元素含量检测结果判定的允许误差

测定项目	标准规定值 mg/kg	允许误差 （相对误差） %	测定项目	标准规定值 mg/kg	允许误差 （相对误差） %
铁	<100	35	锰	>1 500～5 000	20
	100～500	30		>5 000～10 000	15
	>500～2 000	25		>10 000	10
	>2 000～8 000	20	碘	<2	45
	>8 000～15 000	15		2～20	40
	>15 000	10		>20～50	35
铜	<50	35		>50～100	30
	50～400	30		>100～200	20
	>400～2 000	25		>200	15
	>2 000～8 000	20	钴	<2	45
	>8 000～20 000	15		2～20	40
	>20 000	10		>20～50	35
锌	<100	40		>50～100	30
	100～500	35		>100～200	20
	>500～2 000	30		>200	15
	>2 000～8 000	25	硒	<0.5	50
	>8 000～15 000	20		0.5～5	40
	>15 000～25 000	15		>5～10	35
	>25 000	10		>10～30	30
锰	<100	35		>30～50	20
	100～500	30		>50	15
	>500～1 500	25			

表 4　饲料卫生指标检测结果判定的允许误差（Ⅰ）

测定项目	标准规定值 mg/kg	允许误差（绝对误差） mg/kg	测定项目	标准规定值 mg/kg	允许误差（绝对误差） mg/kg
铅 （以 Pb 计）	<5	1.0	铅 （以 Pb 计）	>40～60	2.8
	5～8	1.2		>60～80	3.2
	>8～12	1.5		>80	3.5
	>12～15	1.8	砷 （以 As 计）	<2	0.3
	>15～20	2.0		2～3	0.4
	>20～30	2.2		>3～5	0.6
	>30～40	2.4		>5～8	0.8

表 4（续）

测定项目	标准规定值 mg/kg	允许误差（绝对误差） mg/kg	测定项目	标准规定值 mg/kg	允许误差（绝对误差） mg/kg
砷（以 As 计）	>8～11	1.0	氟（以 F 计）	50～100	20
	>11～15	1.2		>100～200	30
	>15～20	1.4		>200～300	35
	>20～30	1.7		>300～400	40
	>30～40	2.0		>400～500	50
	>40	2.2		>500～800	80
镉（以 Cd 计）	<0.3	0.1		>800～1 200	100
	0.3～0.5	0.2		>1 200～1 700	140
	>0.5～1	0.3		>1 700～2 400	190
	>1～2	0.4		>2 400	240
	>2～3	0.5	氰化物(以 HCN 计)	<50	8
	>3～8	0.6		50～100	10
	>8～15	0.8		>100～200	20
	>15	1.0		>200～300	30
汞（以 Hg 计）	<0.1	0.04		>300	35
	0.1～0.2	0.05	亚硝酸钠(以 NaNO_2 计)	<2	0.5
	>0.2～0.4	0.08		2～5	1.0
	>0.4～0.6	0.10		>5～10	2.0
	>0.6	0.12		>10～15	3.0
铬（以 Cr 计）	<10	2		>15～30	5.0
	10～20	4		>30～60	7.0
	>20～40	8		>60～90	9.0
	>40～60	12		>90	10.0
	>60～80	16	游离棉酚	<50	8
	>80～120	22		50～100	15
	>120～200	28		>100～200	25
	>200	32		>200～300	40
锡（以 Sn 计）	<20	8		>300～400	60
	20～50	15		>400～600	80
	>50～150	20		>600～900	100
	>150～250	30		>900～1 200	110
	>250	40		>1 200	120
氟（以 F 计）	<50	10			

表 4（续）

测定项目	标准规定值 mg/kg	允许误差（绝对误差） mg/kg	测定项目	标准规定值 mg/kg	允许误差（绝对误差） mg/kg
异硫氰酸酯（以丙烯基异硫氰酸酯计）	<100	20	六六六	<0.05	0.02
	100～300	40		0.05～0.1	0.03
	>300～500	80		>0.1～0.3	0.05
	>500～1 000	120		>0.3～0.5	0.08
	>1 000～2 000	160		>0.5～1.0	0.15
	>2 000～3 000	240		>1.0～1.5	0.23
	>3 000～4 000	320		>1.5～2.0	0.30
	>4 000	400		>2.0	0.35
噁唑烷硫酮	<500	80	滴滴涕	<0.05	0.01
	500～1 000	120		0.05～0.1	0.02
	>1 000～2 000	180		>0.1～0.2	0.04
	>2 000～3 000	260		>0.2～0.5	0.08
	>3 000～4 000	340		>0.5～0.8	0.12
	>4 000～5 000	420		>0.8～1.2	0.16
	>5 000～6 000	500		>1.20	0.20
	>6 000	580			

表 5　饲料卫生指标检测结果判定的允许误差（Ⅱ）

测定项目	标准规定值 mg/kg	允许误差（相对误差） %	测定项目	标准规定值 mg/kg	允许误差（相对误差） %
有机磷杀虫剂	<0.2	35	氨基甲酸酯类杀虫剂	>3	5
	0.2～0.5	30	拟除虫菊酯类杀虫剂	<0.2	40
	>0.5～1	25		0.2～0.5	35
	>1～2	20		>0.5～1	30
	>2～3	15		>1～3	25
	>3～5	10		>3～5	20
	>5	5		>5～10	10
氨基甲酸酯类杀虫剂	<0.1	40		>10	5
	0.1～0.3	35	霉菌毒素	<0.01	35
	>0.3～0.5	30		0.01～0.05	30
	>0.5～1	25		>0.05～0.1	25
	>1～2	20		>0.1～0.5	20
	>2～3	10			

表 5（续）

测定项目	标准规定值 mg/kg	允许误差 （相对误差） %	测定项目	标准规定值 mg/kg	允许误差 （相对误差） %
霉菌毒素	>0.5~1	15	酸价[b]	>11~15	15
	>1~2	10		>15~20	10
	>2	5		>20	5
苯并(a)芘[a]	<4	30	挥发性盐基氮[c]	<110	35
	4~6	25		110~130	30
	>6~8	20		>130~150	25
	>8~10	15		>150~170	20
	>10	10		>170~190	15
多氯联苯	<0.5	30		>190	10
	0.5~2	25	过氧化值[d]	<5	35
	>2~3	20		5~8	30
	>3~5	15		>8~10	25
	>5	10		>10~12	20
酸价[b]	<3	30		>12~15	15
	3~7	25		>15	10
	>7~11	20			

　　[a] 标准规定值单位为 μg/kg。
　　[b] 标准规定值单位为 mg/g。
　　[c] 标准规定值单位为 mg/100 g。
　　[d] 标准规定值单位为 mmol/kg。

4 判定方法与规则

4.1　在判定饲料产品某测定项目的检测结果是否合格时,应按该测定项目的保证值在第 3 章相应表格的标准规定值范围中查出对应的允许误差值。

4.2　当饲料产品某测定项目的保证值正好处在本标准规定值分档的界限值时,应按该测定项目保证值数值所在的档次来查出对应的允许误差值。例如,某产品粗蛋白质保证值(%)为">20"时,"20"是处在">15~20"档次,此时允许误差值应取与">15~20"相对应的"0.8%",而不取与">20~25"相对应的"1.0%"。

4.3　如果在饲料产品某测定项目的保证值中仅规定有下限值(最低含量)时,在产品保证值上减去相应的允许误差值后进行判定。

4.4　如果在饲料产品某测定项目的保证值中仅规定有上限值(最高含量)时,在产品保证值上加上相应的允许误差值后进行判定。

4.5　如果在饲料产品某测定项目的保证值中同时规定有下限值和上限值时,对下限值的判定按 4.3 进行,对上限值的判定按 4.4 进行。

示例：

某配合饲料产品食盐含量的保证值为 0.3%～0.8%。

查表 1，食盐含量保证值的下限值 0.3% 和上限值 0.8% 均处于表格中标准规定值的"0.3～1"档次，其对应的允许误差值均为 0.1%。

计算：

判定合格的下限值为 0.3%－0.1%＝0.2%；

判定合格的上限值为 0.8%＋0.1%＝0.9%。

4.6 本标准中所列的允许误差有绝对误差与相对误差两种表示方式。当允许误差用相对误差表示时（如表 2、表 3 和表 5），其计算示例如下。

示例：

某仔猪代乳料产品中锌的最高限量为 200 mg/kg。

查表 3，锌含量标准规定值在 100 mg/kg～500 mg/kg 时，相对应的允许误差（相对误差）为 35%。

计算：

判定合格的上限值为 200＋（200×35%）＝270（mg/kg）。

4.7 数值修约按照 GB/T 8170 执行。产品项目检测结果与保证值的比较按 GB/T 8170 中的"修约值比较法"执行。

ICS 65.060
B 90

中华人民共和国国家标准

GB/T 18695—2012
代替 GB/T 18695—2002

饲料加工设备　术语

Feed processing equipment—Terms

2012-12-31 发布

2013-07-01 实施

中华人民共和国国家质量监督检验检疫总局
中国国家标准化管理委员会　发　布

前　言

本标准依据 GB/T 1.1—2009 给出的规则起草。

本标准替代 GB/T 18695—2002《饲料加工设备术语》；

本标准与 GB/T 18695—2002 的主要变化如下：

——修改了接收与清理设备术语，将原一章内容分为两章，并增加了 31 条术语和定义（见第 2、3 章）；

——修改了粉碎设备术语，将原一章内容分为两章，并增加了 10 条术语和定义（见第 4、5 章）；

——修改了配料与混合设备术语，将原一章内容分为两章，并增加了 13 条术语和定义（见第 6、7 章）；

——修改了成型及后处理设备术语，将原一章内容分为三章，并增加了 29 条术语和定义（见第 8、9、10 章）；

——将原包装设备的标题名称改为产品包装及码垛设备，并增加了 2 条术语和定义（见第 11 章）；

——删除了附录 A。

本标准由中国机械工业联合会提出。

本标准由全国饲料机械标准化技术委员会（SAC/TC 384）归口。

本标准起草单位：河南工业大学、江苏正昌集团有限公司。

本标准主要起草人：王卫国、于翠萍、郝波、管军军、刘珍、赵庚福。

本标准所代替标准的历次版本发布情况为：

——GB/T 18695—2002。

饲料加工设备　术语

1　范围

本标准规定了饲料加工设备常用术语及定义。

本标准适用于饲料加工设备的科研、教学、设计、制造、贸易、使用及管理。

2　接收与储运设备

2.1

下料坑　gravity dump

用于接纳饲料原料并能够均匀地向后续设备供料的带栅筛的斗槽形设施。

2.2

汽车衡　truck scale

承载器与道路相连接，适用于称量汽车、马车、人力车等各种公路运输车辆（铁路运输车辆除外）的衡器。

［GB/T 14250—2008，定义 3.3.4.2］

2.3

电子汽车衡　electronic truck scale

装有电子称重传感器和电子显示装置的汽车衡。

2.4

轨道衡　rail-weighbridge

具有轨道和承载器，用于称量铁路车辆的衡器。

［GB/T 14250—2008，定义 3.3.4.3］

2.5

电子轨道衡　electronic rail-weighbridge

装有电子称重传感器和电子显示装置的轨道衡。

2.6

平台秤　platform scale

承载器的上平面形似一个平台的各种秤的总称。该秤的最大称量通常不大于 1 t，习惯上又叫台秤。

［GB/T 14250—2008，定义 3.3.4.14］

2.7

平房仓　warehouse

用于储存饲料原料、饲料添加剂或成品等且满足储存功能要求的单层房式建筑物。依主要结构材料的不同有钢结构平房仓和混合结构平房仓。

2.8

立筒仓　silo

贮存散装饲料原料的直立容器。其平面为圆形、方形、矩形、多边形或其他的几何形。依据结构材料的不同有钢板立筒仓、钢筋混凝土立筒仓、砖砌立筒仓等。

2.9

螺旋钢板立筒仓　spiral steel silo

利浦筒仓　lipp silo

钢板立筒仓的一种,筒壁为由标准宽度的钢带用专用螺旋卷边机卷制成螺旋体。

2.10

装配式钢板立筒仓　assembled steel silo

钢板立筒仓的一种,筒壁由标准尺寸的矩形波纹钢板和加强钢筋用高强度螺栓装配而成。

2.11

料仓　bin

指在饲料厂车间内设置的各种工作仓,包括待粉碎仓、配料仓、待制粒仓、待打包仓等。

2.12

缓冲斗　surge bin

用在瞬时排料量大的设备之后与需要连续均匀给料的设备之前,以保证前后设备连续生产的小型仓斗。

2.13

贮罐　tank

用于接收贮存液态原料的罐形容器。

2.14

斗式提升机　bucket elevator

以畚斗为承载构件,以带或链做牵引构件,由低位向高位输送物料的连续输送机。

2.15

自清斗式提升机　self-cleaning bucket elevator

机座底部为圆弧形、底轮与机壳底部间隙可调,并带有吹扫装置的斗式提升机。

2.16

刮板输送机　chain conveyor;scraper conveyor

物料在料槽中借助牵引构件上的的刮板搬运的输送机。

2.17

自清式刮板输送机　self-cleaning chain conveyor

采用 U 形机槽或平底机槽,带有清扫刮板,且排料机构、机头、机尾、链条等采用特殊防传带污染、防残留设计的刮板输送机。

2.18

螺旋输送机　screw conveyor

借助旋转的螺旋叶片,或者靠带内螺旋而自身又能旋转的料槽连续输送物料的输送机。

2.19

带式输送机　belt conveyor

以输送带作为承载和牵引件或只作承载件的输送机。

2.20

固定带式输送机　fixed belt conveyor;stationary belt conveyor

按指定线路固定安装的带式输送机。

2.21

移动带式输送机　movable belt conveyor

具有行走机构可以移动的带式输送机。

2.22

气力输送系统　pneumatic conveying system;pneumatic handling system

利用高压高速气流在管道中输送物料的系统。通常由喂料器、接料器、输送管道、离心卸料器、高压风机、脉冲布袋除尘器、压缩空气系统等组成。

2.23

除尘风网 **dust collecting system；exhaust system**

利用风机产生的负压通过管路对各扬尘点进行吸尘，以控制设备和工作场所粉尘浓度的系统。通常由设备吸尘罩、风管、离心除尘器、脉冲布袋除尘器、中、低压风机、压缩空气系统等组成。

2.24

集中风网 **central exhaust system**

用一台风机对两个或两个以上的扬尘点（设备）进行吸尘控制的风网。

2.25

独立风网 **individual exhaust system**

只有一个吸尘点或进风口的除尘风网。

2.26

分配器 **distributor**

利用可旋转或可摆动的导料管将物料分配给对应的料仓或设备的机械。

2.27

料位器 **level sensor；level indicator**

显示料仓或设备中物料料位的器件。

3 清理与分级设备

3.1

筛选设备 **screening equipment**

将物料按粒径大小分级的各种机械的总称。

3.2

圆筒初清筛 **drum sieve for preliminary cleaning**

筛体为卧式圆筒，绕筒轴线旋转的筛选设备。物料由筛筒内穿过筛孔排出，大杂被阻留在筛筒内，从排杂口排出。

3.3

双层圆筒初清筛 **double drum sieve for preliminary cleaning**

筛体为卧式双层圆筒，绕筒轴线旋转的筛选设备。物料穿过内层筛筒，从外层筛面上排出，大杂被阻留在内层筛筒内，从大杂口排出，小杂则穿过内层和外层筛筒，从小杂出口排出。

3.4

锥筒筛 **conical sieve**

筛体为卧式锥形圆筒的筛选设备，含杂物料从小端进入，物料穿过筛孔排出筒外。大杂被阻留在筒体内，从排杂口排出。

3.5

栅筛 **latticed sieve；screen grid**

用金属棒或金属片制成的栅状或网状筛格，安装于下料坑或投料口上，防止大杂或大块物料进入。

3.6

粉料清理筛 **meal ingredient cleaning sieve**

用于清理粉料中的大杂和结块料的筛选设备。物料由进料端进入固定的卧式筛筒内，筒内的旋转打板可打碎结块料，帮助物料流动，刷子用于清理筛面。物料穿过筛孔排出，大杂或未被打碎的结块料被阻留于筛筒内，从排杂口排出。

3.7

平面回转筛　roto-screen separator

筛体为倾斜式,作水平回转运动或水平回转运动与往复运动相结合的复合运动的筛选设备。用于清理物料中的杂质或物料分级。

3.8

振动分级筛　vibrating grader

筛体为倾斜式,由振动电机或偏心机构传动,做往复运动的筛选设备。用于饲料分级或清理。

3.9

三维振动分级筛　three dimension vibrating grader

筛体为单层或多层倾斜平面,由多个弹簧支撑,由立式振动电机驱动,做三维震动的筛选设备,用于饲料原料、成品和添加剂的分级。

3.10

投料口振动筛　intake vibrating sieve

筛体为单层筛网,振动电机驱动,激振频率可调,顶部有投料口,底部出料口与配料秤进料管或其他设备相连的筛选设备,用于清除粉状少量组份或添加剂中的杂质或结块料。

3.11

细粉滚筒筛　drum sieve for fine powder

筛体为网状滚筒,用于筛除超微粉碎后或挤压膨化机之前的微粉中的纤维状轻杂,以防堵塞挤压膨化机模孔或保证成品粒度的筛选设备。

3.12

磁选设备　magnetic separating equipment

用于去除磁性金属杂质的各种机械的总称。

3.13

粉状饲料检验筛　mash sieve

用于清除粉状饲料中的结块、成球等过大尺寸物料的筛选设备。

3.14

圆筒形粉状饲料检验筛　drum mash sieve

筒形筛体用编织筛制成,绕筒轴线旋转的粉状饲料检验筛。

3.15

磁栅　cascade magnet

由特定形状的磁铁栅状排列而成的磁选设备,通常安装于设备进口处或物料流管中,用于吸附其中的磁性杂质。

3.16

永磁滚筒　rotary permanent magnetic separator

内装有磁铁的卧式旋转滚筒,靠动力驱动或靠物料流冲击驱动,能自动排除从物料中吸出的磁性金属杂质的磁选设备。

3.17

电磁滚筒　rotary electric magnetic separator

内装有电磁铁的卧式旋转滚筒,靠动力驱动旋转,能自动排除从物料中吸出的磁性金属杂质的磁选设备。

3.18

篦式磁选器　magnetic comb

由永久磁环按栅状布置的磁选设备,常安装于粉碎机和制粒机进料口处,以防止磁性金属杂质进入。

3.19

永磁筒 pipe permanent magnet

由磁铁组成的立式圆柱芯体和外筒壁同心安装构成的圆筒形磁选设备。

3.20

板式磁选器 inclined plane magnet

工作磁极排列为平板状且倾斜安置的磁选设备。

3.21

带式磁选器 belt magnetic separator

采用可调速输送带和磁性滚筒相组合的磁选设备,能自动排除从物料中吸出的磁性金属杂质。

3.22

气动自清式磁选器 pneumatic self-cleaning magnet

磁选腔体采用不锈钢制造,中间磁体呈六角形布置,物料由进料口进入,流经六角形磁体进行磁选。吸附的磁性杂质,由气缸推动磁体外罩进行快速清理。

3.23

比重去石机 specific gravity stoner

利用物料与杂质的比重及悬浮速度的差别,借助气流和筛面运动分离并肩石(形状、大小与粮粒或饲料粒相似的石子)的机械。

3.24

吹式比重去石机 pressure type gravity stoner

自带风机,在正压状态下进行工作的比重去石机。

3.25

吸式比重去石机 suction type gravity stoner

在负压状态下进行工作的比重去石机。

4 喂料设备

4.1

喂料器 feeder

均匀可调地将物料喂入作业机械的设备。

4.2

螺旋喂料器 screw feeder

主要通过调节输送螺旋的转速来实现定量喂料的设备。

4.3

叶轮喂料器 rotary cup feeder;impeller feeder

主要通过调节叶轮转速来实现定量喂料的设备。

4.4

带式喂料器 belt feeder

通过调节输送带上物料层的厚度和输送带的线速度来实现定量喂料的设备。

4.5

振动喂料器 vibrating feeder

通过调节物料进入振动输送槽的流量、振动槽的振幅和频率实现定量喂料的设备。

4.6

活底减重喂料器 alive bottom loss weight feeder

由一个底部装有称量传感器和排料装置的立式装料筒组成,可测出排料口排出物料的流量。

5 粉碎设备

5.1

粉碎机 grinder

用于减小物料尺寸的设备。

5.2

锤片粉碎机 hammer mill

以安装在高速旋转的转子上的锤片和控制粒径的筛片为主要工作部件的粉碎机。

5.3

锤片式普通粉碎机 common hammer mill

通常用于将物料粉碎至全通过 8 mm 孔径筛孔,0.42 mm 孔径筛孔筛上留存率大于 20% 的锤片粉碎机。

5.4

卧式锤片粉碎机 horizontal hammer mill

粉碎机转子轴为水平放置的锤片粉碎机。

5.5

单轴卧式锤片粉碎机 single shaft horizontal hammer mill

仅有一个转子的卧式锤片粉碎机。

5.6

双轴卧式锤片粉碎机 double shaft horizontal hammer mill

具有两个转子的卧式锤片粉碎机。

5.7

振筛卧式锤片粉碎机 screen-vibrating horizontal hammer mill

筛片为可振动的卧式锤片粉碎机。

5.8

剪式卧式锤片粉碎机 scissor-style horizontal hammer mill

在粉碎室内安装有组合定锤,与高速旋转的锤片之间形成对物料的剪切作用,增加撞击作用的卧式锤片粉碎机。

5.9

剪式振筛卧式锤片粉碎机 screen-vibrating scissor-style horizontal hammer mill

在粉碎机室内安装有组合定锤、可振动筛片,以增加对物料的撞击、剪切作用,提高过筛效率的卧式锤片粉碎机。

5.10

宽体卧式锤片粉碎机 wider horizontal hammer mill

粉碎转子的宽度与直径的比值大于等于 0.8 的卧式锤片粉碎机。

5.11

水滴形卧式锤片粉碎机 drop type horizontal hammer mill

粉碎室的轴向轮廓为水滴形状的卧式锤片粉碎机。该形状有利于破坏粉碎室内的物料环流层,提高粉碎效率。

5.12

单轴立式锤片粉碎机 single shaft vertical hammer mill

具有一个转子的立式锤片粉碎机。

5.13

双轴立式锤片粉碎机 **double shaft vertical hammer mill**

具有两个转子的立式锤片粉碎机。

5.14

不停机换筛锤片粉碎机 **hammer mill on which screens can be exchanged without stopping the main motor**

能够在不停机状态下手工和自动更换粉碎筛片的锤片粉碎机。

5.15

自动换筛锤片粉碎机 **automatic screen exchange hammer mill**

能够在不停机状态下自动更换粉碎筛片的锤片粉碎机。

5.16

对辊式粉碎机 **roller mill**

利用一对相向旋转并有速差的磨辊,将通过两辊之间的物料粉碎的设备。

5.17

多辊式粉碎机 **multi-roller mill**

利用多对相向旋转的磨辊,将通过磨辊间的物料粉碎的设备。

5.18

爪式粉碎机 **impact-peg mill**

利用安装于定齿盘和动齿盘上的撞击齿将物料粉碎的设备。

5.19

无筛粉碎机 **no-screen grinder**

不装筛片的粉碎机,物料粒度靠转子转速或风选控制。

5.20

微粉碎机 **fine grinder**

可将物料粉碎至80%通过0.42 mm筛孔,0.20 mm筛孔筛上留存率大于5%的粉碎机。

5.21

锤片式微粉碎机 **hammer type fine grinder**

以锤片为主要工作部件的微粉碎机,按主轴的安装形式分为立式锤片微粉碎机和卧式锤片微粉碎机。

5.22

超微粉碎机 **ultra-fine pulverizer**

可将物料粉碎至95%通过200 μm或更细筛孔的粉碎机,按主轴的安装形式分为立式超微粉碎机和卧式超微粉碎机。

5.23

立轴锤式超微粉碎机 **vertical hammer type ultra- fine pulverizer**

粉碎转子主轴为立式安装,以锤刀、齿圈为主要粉碎粉部件,以内置的分级悬筐(叶轮)和吸风系统为粒度控制部件的超微粉碎机。

5.24

卧轴锤式超微粉碎机 **horizontal hammer type ultra-fine pulverizer**

粉碎转子主轴为卧式安装,以锤刀、齿圈为主要粉碎粉部件,以外置的分级机和吸风系统为粒度控制部件的超微粉碎机。

5.25

微细分级机 **fine grader**

采用风选装置对物料按规定粒度要求进行分离的设备。

5.26

碎饼机　cake crusher

用于破碎植物油饼等饼状原料的设备。

5.27

辊式矿物粗破碎机　mineral coarse crusher

采用对辊或多辊对矿物原料粗粉碎的设备,粉碎辊采用齿辊和(或)光辊。

6　配料设备

6.1

配料仓　proportioning bin

存放各种待配料组分的料仓。

6.2

配料秤　batch scale

将多种物料按规定配比称量的衡器。

6.3

螺旋配料器　screw proportioner

以输送螺旋为主要工作部件,通过改变输送螺旋的转速来实现定量配料的设备。

6.4

叶轮配料器　impeller proportioner

以旋转叶轮为主要工作部件,通过调节叶轮转速来实现定量配料的设备。

6.5

秤车　scale car

在可移动的机械或电子台秤(磅秤)上设有承重料斗的装置。

6.6

机械式配料秤　mechanical batch scale

由承重料斗、机械杠杆系统、砝码等计量装置构成的配料秤。

6.7

电子配料秤　load cell batch scale

由承重料斗、称重传感器、数字转换显示等系统构成的配料秤。

6.8

机电配料秤　mechanical-electronic batch scale

以机械杠杆和称量传感器作为衡量机构的配料秤。

6.9

微量配料秤　micro weigh scale

用于对微量饲料组分进行配料的配料秤。

6.10

皮带配料秤　batching belt weigher

由皮带、给料装置和整个称量系统组成,以完成物料计量、物料配比量调节和物料的储存和缓冲任务的配料装置。

6.11

冲击流量计　impact flow meter

一种由检测体、负荷传感器、信号放大器、数据处理等系统组成的物料流计量装置。

6.12

液体配料秤   liquid weighing scale

用于对液态饲料组分进行配料的配料秤。

7   混合设备

7.1

混合机   mixer

将两种或两种以上物料混合均匀的设备。

7.2

卧式螺带混合机   horizontal ribbon mixer

用装于水平旋转轴上的旋向相反、直径不同的螺带进行搅拌作业的混合机。

7.3

单轴卧式螺带混合机   single-shaft horizontal ribbon mixer

仅有一个螺旋转子的卧式螺带混合机。

7.4

双轴卧式螺带混合机   duble-shaft horizontal ribbon mixer

装有两个平行的螺旋转子的卧式螺带混合机。

7.5

桨叶混合机   paddle mixer

用装于转轴上的桨叶进行搅拌作业的混合机。

7.6

卧式桨叶混合机   horizontal paddle mixer

搅拌转子为水平放置的桨叶混合机。

7.7

立式桨叶混合机   vertical paddle mixer

搅拌转子为垂直放置的桨叶混合机。

7.8

单轴卧式双层桨叶混合机   single shaft horizontal double-layer paddle mixer

在水平转轴上固定的桨叶杆上装有上下两层桨叶的混合机。

7.9

双轴卧式桨叶混合机   duble-shaft horizontal paddle mixer

具有两个搅拌转子的卧式桨叶混合机。

7.10

糖蜜混合机   horizontal molasses mixer

将液态糖蜜及其他液体组分与固体饲料混合均匀的设备。通常为桨叶式混合机的一种。

7.11

立式行星混合机   vertical planetary mixer

搅拌转子为垂直安装,既自转又绕设备中轴线公转的混合机。

7.12

立式螺旋混合机   vertical screw mixer

用立式螺旋向上输送物料,在机内形成对流、扩散等混合作用的混合机。

7.13

V 型混合机   V-type mixer

用 V 型回转筒进行混合作业的设备。

7.14

转鼓式混合机 rotary drum mixer

用一个或两个安装于水平转轴上的鼓形容器进行混合作业的设备,主要用于预混合。

7.15

连续式混合机 continuous mixer

能够使物料连续均匀进入和排出,并在此期间实现均匀混合的混合机。

7.16

自清式混合机 self-cleaning mixer

采用了压缩空气喷吹装置或可翻转混合机壳结构或特殊排料门结构,能够实现自清洁的混合机。

7.17

犁刀式混合机 colter mixer

以装有搅拌犁刀的转子进行搅拌作业的混合机。

7.18

液体混合机 liquid mixer

可将不同液体组份或主液体组份与添加剂搅拌均匀的混合机。

8 调质及热处理设备

8.1

调质器 conditioner;preconditioner

对粉状饲料加入蒸汽或液体成分并进行混合处理一定时间,改变其物理或化学性质,以利于成型作业或提高饲料卫生质量的设备。

8.2

单轴桨叶式调质器 single-shaft paddle conditioner

在调质器腔室内仅有一个桨叶式搅拌转子的饲料调质器。

8.3

单层单轴桨叶式调质器 one-layer single shaft paddle conditioner

指水平置放的单级单轴桨叶式调质器。

8.4

双层单轴桨叶式调质器 two-layer single shaft paddle conditioner

由上下两个单层单轴桨叶式饲料调质器组成的调质器。

8.5

三层单轴桨叶式调质器 three-layer single shaft paddle conditioner

由上、中、下三个单层单轴桨叶式饲料调质器组成的调质器。

8.6

双轴桨叶式调质器 double-shaft paddle feed conditioner

在同一腔室内采用两个桨叶式搅拌转子作为主要工作部件的调质器。

8.7

异径差速双轴桨叶式调质器 double-shaft paddle feed conditioner with different diameters and different rotate speeds;DDC conditioner

两个搅拌转子的直径不同,转速不等的双轴桨叶式饲料调质器。

8.8

同径等速双轴桨叶式调质器 double-shaft paddle conditioner with equal diameter and rotate speed

两个搅拌转子的直径相同,转速相等的双轴桨叶式调质器。

8.9

釜式调质器 vertical conditioning tank

一种立式调质器,内有搅拌转子,蒸汽与物料在调质器内搅拌混合,使物料的温度和水分升高,理化性质得到改善。

8.10

熟化罐 ripener

制粒前对物料进行较长时间的调质处理的一种罐式设备。

8.11

螺旋保持器 screw retentioner

螺旋均质器 screw homogenizer

采用低转速大直径螺旋转子为工作部件,使进入的调质后的物料进一步混合,水分和热量吸收均化,理化性质改善的调质器。

8.12

热甲调质器 conditioner with heating jacket

在调质机筒外加装有蒸汽加热夹套或电加热夹套等装置,实现保温、增温、强化调质效果,同时有利于清理调质机筒内壁粘附的物料的调质器。

8.13

调质杀菌机 sterilizing conditioner

利用直接加热或间接加热手段,使物料增湿、升温并在高温下保持足够的时间实现杀菌目标,同时强化调质的设备。

9 成型设备

9.1

制粒机 pellet mill

将粉状饲料压制成颗粒饲料的设备。

9.2

平模制粒机 pellet mill with flat die

采用水平圆盘式压模为成形模具,以挤压原理工作的制粒机。

9.3

环模制粒机 pellet mill with ring-type die

采用环状压模为成形模具,以挤压原理工作的制粒机。

9.4

膨胀机 expander

采用挤压螺杆为主要工作部件,以环形隙口出料装置为主要特征,对物料进行调质,增压挤出和适度降压膨胀,制成不规则物料的设备。

9.5

挤压膨化机 extruder

采用挤压螺杆为主要工作部件,以特定孔型的出料模板为主要特征,对物料进行调质(或不调质),增压挤出和骤然降压膨化,制取膨化物料的设备。

9.6

单螺杆挤压膨化机 single screw extruder

在挤压腔内采用一根挤压螺杆来完成作业的挤压膨化机。

9.7

双螺杆挤压膨化机　twin-screw extruder

在挤压腔内采用两根挤压螺杆来完成作业的挤压膨化机。

9.8

干法挤压膨化机　dry extruder

不带蒸汽调质器,饲料进入挤压系统前不经预调质的挤压膨化机。

9.9

湿法挤压膨化机　wet extruder

带蒸汽调质器,饲料进入挤压系统前经预调质的挤压膨化机。

9.10

饲料原料挤压膨化机　feedstuff extruder

专用于对单一饲料原料或几种混合饲料原料,如全脂大豆、玉米等谷物、各种饼粕等进行挤压膨化预处理,其出产产品主要作为生产其他饲料原料或配合饲料的组份的挤压膨化机。

9.11

螺旋挤出制粒机　spiral squeeze pellet mill

采用输送螺杆为主要挤压工作部件,以特定孔型的出料模板为成型工具,制作颗粒饲料的制粒机。

9.12

软颗粒制粒机　soft pellet mill

用于加工高水分或高油脂含量的颗粒饲料的螺旋挤出制粒机。

9.13

对辊式压片机　flaking roller

利用一对相向旋转的压辊,将通过两辊之间的经或未经蒸汽蒸制的粒状谷物压制成薄片的设备。

9.14

挤压式制块机　block presser

使用特制的成型模具,将加入的饲料用活塞压制成型的间歇式作业设备。

9.15

浇注式制块机　block casting machine

将液化的饲料注入特制的成型模具,使其固化、成型的间歇式作业设备。

9.16

牧草压块机　pasture cuber mill

以开有方形模孔的环状压模为成型模具,以挤压原理工作的专用于压制牧草、秸秆块的制粒机。

10　成型后处理设备

10.1

颗粒后熟化器　pellet post-cooker

用于对从制粒机制出的湿热颗粒添加或不添加蒸汽,保温一定时间,使其进一步熟化的设备。

10.2

颗粒稳定器　pellet stabilizer

用于对从制粒机制出的湿热颗粒保温一定时间,使其进一步熟化,提高颗粒饲料水中稳定性的设备。

10.3

立式箱型颗粒稳定器　vertical box-type pellet stabilizer

该设备为立式箱形结构,通常内部或箱壁夹层中布置有加热装置,底部为排料机构,颗粒饲料在高温高湿环境中自上而下流动,保持一定时间,可提高颗粒饲料的水中稳定性。

10.4

颗粒冷却器 **pellet cooler**

用强制流动空气对颗粒饲料进行降温降湿的设备。

10.5

立式双筒颗粒冷却器 **vertical double column pellet cooler**

主要由一个中间风道相连的两个立式筒体构成的颗粒冷却器。颗粒饲料依重力从筒体上部下落的过程中,与横穿的气流接触而得到降温和降湿。

10.6

立式旋转颗粒冷却器 **vertical rotary pellet cooler**

主要由立式圆筒壳体和多层冲孔翻板转子组成的颗粒冷却器。颗粒饲料在翻板的作用下自上而下运动,与由下而上的气流接触而得到降温和降湿。

10.7

带式颗粒冷却器 **horizontal pellet cooler**

由卧式箱形壳体和内部输送网带组成的颗粒冷却器,饲料在网带的水平输送过程中,与垂直穿过的气流接触而得到降温和降湿。可分为单层、双层和多层几种形式。

10.8

立式级联颗粒冷却器 **vertical cascade pellet cooler**

由标准高度的立式冷却箱,进料装置和排料装置组成的颗粒冷却器。物料在依靠重力自上而下运动的过程中,与横穿其中的强制气流接触而得到冷却。冷却箱节数可根据产量大小选择。

10.9

立式逆流颗粒冷却器 **counter-flow pellet cooler**

立式箱形颗粒冷却器。其中物料自上而下运动,强制流动的冷却空气自下而上穿过物料,使物料得到降温和降湿。

10.10

滚筒冷却机 **drum cooler**

采用旋转滚筒,筒内壁设导料叶片,以强制气流为冷却介质的冷却机。

10.11

辊式颗粒破碎机 **roller crumbler**

主要由一对或多对相向旋转的辊子组成。颗粒饲料通过成对轧辊间隙时被破碎成碎粒饲料。

10.12

颗粒分级筛 **pellet grader**

对成型后的颗粒料或碎粒饲料进行分级的筛选设备,目的是获得粒度合格的颗粒饲料。

10.13

液体喷涂机 **liquid coater**

对颗粒饲料或碎粒饲料表面喷涂液体组分的设备。

10.14

滚筒式液体喷涂机 **drum liquid coater**

由混合滚筒和喷射装置组成的液体喷涂机。

10.15

转盘式液体喷涂机 **rotor liquid coater**

由高速旋转的盘式液体喷涂装置和混合螺旋组成的液体喷涂机。

10.16

立筒式液体喷涂机 **vertical drum liquid coater**

由安装于立式筒体内的转盘式匀料装置、环状喷油装置和混合螺旋组成的液体喷涂机。

10.17

    真空液体喷涂机 vacuum liquid coater

具有抽真空、调节机内压力和喷涂液体装置的液体喷涂机,可分为立式和卧式两种形式。

10.18

    干燥机 dryer

用干燥介质降低物料中水分的设备的总称。

10.19

    滚筒干燥机 drum dryer

采用旋转或静止的圆筒,内设桨叶角度可调的搅拌转子,以热风为干燥介质的干燥机。

10.20

    真空滚筒干燥机 vacuum drum dryer

在真空条件下对物料进行干燥的滚筒形干燥机。

10.21

    带式干燥机 belt dryer

由卧式箱形壳体和内部输送冲孔板履带或网带组成的颗粒干燥机,饲料在水平输送过程中,与垂直穿过的热气流接触而得到降湿。可分为单层、双层和多层几种型式。

10.22

    固定网带式干燥机 fixed belt dryer

采用固定式网带承载并输送物料的带式颗粒干燥机。一个闭环网带中仅上层网带承载物料。可分为单层、双层和多层几种型式。

10.23

    翻转冲孔板带式干燥机 belt dryer with swing punched plates

采用多块可翻转冲孔板搭接承载并输送物料的带式颗粒干燥机。一个闭环输送带的上、下部分均为工作面,可承载并干燥物料。可分为双层、四层等几种型式。

10.24

    卧式干燥/冷却机 horizontal dryer/cooler

内部通常有两层输送网带,上层进行干燥,下层进行冷却的设备。

10.25

    立式逆流干燥机 vertical counter-flow dryer

立式箱体中物料自上而下运动,强制流动的热空气自下而上穿过物料,使物料降低水分。

10.26

    颗粒稳定干燥机 pellet stabilizing and drying machine

由立式箱型稳定器和网带式干燥机上下组合而成,可实现成型后颗粒的进一步熟化、稳定和干燥的组合设备。

10.27

    颗粒稳定冷却机 pellet stabilizing and cooling machine

由立式箱型颗粒稳定器和立式逆流颗粒冷却器上下组合而成的设备。

11 成品包装及码垛设备

11.1

    包装机械 packaging machinery

能完成全部或部分包装过程的机器,包装过程包括套袋、称量、灌包、缝(封)等主要工序。

11. 2

定量包装秤 **quantitative packaging scale**

能按照设定的包装规格完成称量、灌包、缝(封)口作业的设备。

11. 3

电子定量包装秤 **electronic quantitative packaging scale**

采用电子传感器作为计量元件并用计算机控制作业的定量包装秤。

11. 4

半自动定量包装秤 **semi-automatic quantitative packaging scale**

需人工套袋,但能自动完成称量、灌包、缝口作业的包装秤。

11. 5

自动定量包装秤 **automatic quantitative packaging scale**

套袋、称量、灌包、缝口全部自动化的定量包装秤。

11. 6

缝口机 **sack sewing machine**

使用缝线对盛装物料后的包装袋缝口的机械。

11. 7

便携式缝口机 **portable bag closer**

可由人携带,在任意处对盛装物料后的包装袋缝口的机械。

11. 8

封口机 **sealing machine**

在包装容器内盛装物料后,对容器进行封口的机器。

11. 9

热压封口机 **heat sealing machine**

用热封合的方法封闭包装容器的机器。

11. 10

码垛机 **stacking machine**

将定量包装后的饲料容器(如纸箱、编织袋、桶等)按一定排列规则和数量分层码放在托盘上的设备。

11. 11

智能码垛机 **intelligent stacking machine**

能够按照计算机指令将定量包装后的饲料容器(如纸箱、编织袋、桶等)按一定排列规则和数量自动分层码放在托盘上的设备。

参 考 文 献

[1]　GB/T 10647—2008　饲料工业术语

[2]　GB/T 14250—2008　衡器术语

[3]　GB/T 25698—2010　饲料加工工艺术语

[4]　GB/T 24352—2009　饲料加工设备图形符号

[5]　JJF 1181—2007　衡器计量名称术语和定义

[6]　GB/T 8874—2008　粮油通用技术、设备名词术语

[7]　GB/T 14521.1—1993　运输机械术语　运输机械类型

汉语拼音索引

英文对应词索引

A

B

C

D

E

F

G

H

I

L

M

N

V

W

ICS 65.120
B 46

中华人民共和国国家标准

GB 21693—2008

配合饲料中 T-2 毒素的允许量

Tolerance limits for T-2 toxin in formula feed

2008-04-09 发布 　　　　　　　　　　　　　　2008-07-01 实施

中华人民共和国国家质量监督检验检疫总局
中国国家标准化管理委员会　发 布

前　言

本标准参考了联合国粮食及农业组织 1997 年 64 号食品和营养文件推荐的加拿大食品和饲料中 T-2 毒素的限量标准和我国目前饲料质量状况,确定了我国部分饲料中 T-2 毒素的允许量。

本标准由中华人民共和国农业部提出。

本标准由全国饲料工业标准化技术委员会归口。

本标准由农业部饲料质量监督检验测试中心(沈阳)负责起草。

本标准主要起草人:陈莹莹、曹东、董永亮、刘再胜、张明、吴萍。

本标准首次发布。

配合饲料中 T-2 毒素的允许量

1 范围

本标准规定了配合饲料中 T-2 毒素的允许量。

本标准适用于猪配合饲料、禽配合饲料。

2 规范性引用文件

下列文件中的条款通过本标准的引用而成为本标准的条款。凡是注日期的引用文件，其随后所有的修改单（不包括勘误的内容）或修订版均不适用于本标准，然而，鼓励根据本标准达成协议的各方研究是否可使用这些文件的最新版本。凡是不注日期的引用文件，其最新版本适用于本标准。

GB/T 8381.4—2005 配合饲料中 T-2 毒素的测定 薄层色谱法

3 允许量

T-2 毒素的允许量见表 1。

表 1

序号	适用范围	允许量/(mg/kg)	检验方法
1	猪配合饲料	≤1	按 GB/T 8381.4—2005 执行
2	禽配合饲料	≤1	

ICS 67.040
X 00

中华人民共和国国家标准

GB/T 22005—2009/ISO 22005:2007

饲料和食品链的可追溯性
体系设计与实施的通用原则和基本要求

Traceability in the feed and food chain—
General principles and basic requirements for system design and implementation

(ISO 22005:2007,IDT)

2009-09-30 发布   2010-03-01 实施

中华人民共和国国家质量监督检验检疫总局
中国国家标准化管理委员会   发布

前　言

本标准等同采用国际标准 ISO 22005:2007《饲料和食品链的可追溯性　体系设计与实施的通用原则和基本要求》(英文版)。在技术内容上完全相同,仅将国际标准的引言作为本标准引言。

本标准由中国标准化研究院提出。

本标准由全国食品安全管理技术标准化技术委员会(SAC/TC 313)归口。

本标准起草单位:中国标准化研究院、山东省标准化研究院、中国合格评定国家认可中心、国家认监委认证认可技术研究所、国家农业信息化工程技术研究中心、中国物品编码中心。

本标准主要起草人:刘文、刘俊华、刘丽梅、吴晶、王菁、刘克、杨丽、杨信廷、张瑶、李素彩。

引　言

可追溯体系是一种帮助饲料和食品链中的组织实现管理体系所确定目标的有用工具。

可追溯体系的选择受法规、产品特性和消费者期望的影响。

可追溯体系的复杂性依产品特点和所要达到的目标而不同。

组织实施可追溯体系取决于：

——组织和产品本身的技术局限（即：原材料的性质、批次的大小、收集和运输过程、加工和包装方法等）；

——应用此体系的成本效益。

可追溯体系单独应用不足以满足食品安全性的要求。

饲料和食品链的可追溯性
体系设计与实施的通用原则和基本要求

1 范围

本标准规定了设计和实施饲料和食品链可追溯体系的原则和基本要求。

本标准适用于饲料和食品链中任一阶段的可追溯体系的实施。

本标准尽量具备灵活性以使饲料和食品组织实现其确定的目标。

可追溯体系是协助组织遵循其制定目标的一种技术工具，必要时用于确定产品或其相关成分的来历和地点。

2 规范性引用文件

下列文件中的条款通过本标准的引用而成为本标准的条款。凡是注日期的引用文件，其随后所有的修改单（不包括勘误的内容）或修订版均不适用于本标准，然而，鼓励根据本标准达成协议的各方研究是否可使用这些文件的最新版本。凡是不注日期的引用文件，其最新版本适用于本标准。

GB/T 22000—2006 食品安全管理体系 食品链中各类组织的要求（ISO 22000:2005,IDT）

3 术语和定义

GB/T 22000—2006 确立的以及下列术语和定义适用于本标准。

3.1

产品 product

过程的结果。

[GB/T 19000—2008，定义 3.4.2]。

注：产品可能包含包装材料。

3.2

过程 process

一组将输入转化为输出的相互关联或相互作用的活动。

[GB/T 19000—2008，定义 3.4.1]。

注 1：一个过程的输入通常是其他过程的输出。

注 2：组织（3.10）为了增值通常对过程进行策划并使其在受控条件下运行。

注 3：对形成的产品（3.1）是否合格不易或不能经济地进行验证的过程，通常称之为"特殊过程"。

3.3

批次 lot

相似条件下生产和（或）加工的或包装的某一产品单元的集合。

注 1：批次由组织按照预先建立的参数确定。

注 2：一批次产品也可缩为一个单一的单元产品。

3.4

批次标识 lot identification

对某一批次指定唯一标识的过程。

3.5

位置　location

从初级生产直至最终消费过程中，生产、加工、分销、贮存及处理的场所。

3.6

可追溯性　traceability

追踪饲料或食品在整个生产、加工和分销的特定阶段流动的能力。

注1：改编自参考文献[3]。

注2：流动会涉及饲料和食品原料的来源、加工历史或分销。

注3：宜避免使用"文件可追溯性"、"计算机可追溯性"或"商业可追溯性"等术语。

3.7

饲料和食品链　feed and food chain

从初级生产直至最终消费的各环节和操作的顺序，涉及饲料和食品的生产、加工、分销和处理。

注：食品链包括食源性动物的饲料生产和用于生产食品的动物的饲料生产。

3.8

物料流向　flow of materials

在饲料和食品链任一点上物料的流向。

3.9

物料　materials

饲料和食品，饲料和食品配料及包装材料。

3.10

组织　organization

职责、权限和相互关系得到安排的一组人员及设施。

［GB/T 19000—2008，定义3.3.1］。

注1：安排通常是有序的。

注2：组织可以是公有的或私有的。

3.11

数据　data

记录的信息。

3.12

可追溯体系　traceability system

能够维护关于产品及其成分在整个或部分生产与使用链上所期望获取信息的全部数据和作业。

4　可追溯性的原则和目标

4.1　总则

可追溯体系宜能够证明产品的来历和（或）确定产品在饲料和食品链中的位置。可追溯体系有助于查找不符合的原因，并且在必要时提高撤回和（或）召回产品的能力。可追溯体系能够提高组织对信息的合理使用和信息的可靠性，并能够提高组织的效率和生产力。

从技术和经济角度考虑，可追溯体系宜能够实现要达到的目标（见4.3）。

产品的移动能将饲料和食品原料来源、加工历史或分销相联接，饲料和食品链中的每一组织至少宜对其前一步和后一步溯源给予说明。这种饲料和食品中的溯源可根据相关组织之间达成的协议应用在饲料和食品链中的更多部分。

4.2　原则

可追溯体系宜：

——可验证；

——连贯合理应用；

——注重结果；

——成本经济；

——可实用；

——符合适用的法规政策；

——符合预期的准确度要求。

4.3 目标

在建立饲料和食品链可追溯体系时,应识别要达到的特定目标。这些目标宜考虑 4.2 中确定的原则,以下是目标的示例：

a) 支持食品安全和(或)质量目标；

b) 满足顾客要求；

c) 确定产品的来历或来源；

d) 便于产品的撤回和(或)召回；

e) 识别饲料和食品链中的责任组织；

f) 便于验证有关产品的特定信息；

g) 与利益相关方和消费者沟通信息；

h) 适用时,满足当地、区域、国家或国际法规或政策；

i) 提高组织的效率、生产力和盈利能力。

5 设计

5.1 一般设计考虑事项

可追溯体系是一种工具,宜在更大的管理体系背景下进行设计。

可追溯体系的选择取决于不同要求、技术可行性和经济可接受性之间的平衡。

可追溯体系宜可验证。

根据要实现的目标,应对可追溯体系的每个要素进行逐个考虑和判断。

在设计可追溯体系时应考虑以下内容：

a) 目标；

b) 有关可追溯的法规和政策要求；

c) 产品和(或)成分；

d) 在食品和饲料链中所处的位置；

e) 物料流向；

f) 信息要求；

g) 程序；

h) 文件；

i) 饲料和食品链组织的衔接。

5.2 目标的选择

组织应识别其可追溯体系的目标(见 4.3)。

5.3 法规政策要求

组织应识别其可追溯体系需要满足的相关法规和政策要求。

5.4 产品和(或)组成成分

组织应识别其可追溯体系目标中的产品和(或)成分。

5.5 设计步骤

5.5.1 在饲料和食品链中的位置

组织至少应通过识别他们的供应方和顾客来确定其在食品链中的位置。

5.5.2 物料的流向

以满足可追溯性目标要求的方式,组织应确定和证明其所控制的物料流向。

5.5.3 信息要求

为实现可追溯目标,组织应明确以下信息:

——从其供应方获得的信息;

——从产品和加工来历中搜集的信息;

——向顾客和供应方提供的信息。

注:可追溯体系要求的信息受到其目标和组织在饲料和食品链中位置的影响。

5.6 程序建立

程序一般与物料流向和相关信息流向所形成的文件有关,包括文件的保持和验证。组织应建立的程序至少包括:

a) 产品定义;

b) 批次定义及其识别;

c) 物料流向文件和包括记录保持媒介在内的信息;

d) 数据管理和记录规则;

e) 信息检索规则。

在建立和实施可追溯体系时,有必要考虑组织现有的操作和管理体系。

需要时,管理可追溯信息的程序应包括物料和产品信息流向的记录和链接方法。

应在可追溯体系中建立不符合项的处理程序,这些程序宜包括纠正和纠正措施。

5.7 文件要求

组织应决定为实现可追溯体系目标所需的文件。

适宜的文件至少应包括:

——饲料和食品链中相关步骤描述;

——追溯数据管理的职责描述;

——记载了可追溯性活动和制造工艺、流程、追溯验证和审核结果的书面或记录信息;

——用于对不符合可追溯体系的相关项的管理的文件;

——记录保持时间。

关于文件控制管理,见 GB/T 22000—2006 中 4.2.2。

关于记录管理,见 GB/T 22000—2006 中 4.2.3。

关于识别可追溯体系的目标,见 GB/T 22000—2006 中 7.9。

5.8 饲料和食品链组织的衔接

如果一个组织同其他组织一起参加可追溯体系,应对设计要素(见 5.1)进行协调。当每个组织确定了直接上游来源方和直接随后接受方,饲料和食品链中的链接就建立了。当饲料和食品链可追溯性声明用于商业目的时,做出声明的组织应识别在饲料和食品链中的相关步骤并通过验证信息加以支持。

注:当被追溯的各部分不间断连接起来时,就能形成链式的可追溯体系。

6 实施

6.1 总则

组织应通过委派管理职责和提供资源证实其实施可追溯体系的承诺。

根据可追溯体系的设计和建立,组织应实施 6.2～6.6 中规定的步骤。

每一组织均可选择适当的工具,以进行追踪、记录和沟通信息。

6.2 可追溯计划

每一组织都应建立可追溯计划,该计划可以是更大的管理体系的一部分。此可追溯计划应包括已识别的所有要求。

6.3 职责

组织应规定其员工的任务与职责,并向其传达。

6.4 培训计划

组织应开发和实施培训计划。能够影响可追溯体系的人员应获得充分的培训与信息。

这些人员应能证实具有正确实施可追溯体系的能力。

6.5 监视

组织应建立可追溯体系的监视方案。

6.6 关键绩效指标

组织应建立关键绩效指标,以测量可追溯体系的有效性。

7 内部审核

组织应按照策划的时间间隔实施内部审核,以评价可追溯体系满足所设定目标的有效性。

8 评审

组织应按照预定的时间间隔,或是在目标和(或)产品或过程发生变化的时候评审可追溯体系。基于评审,组织应采取适当的纠正措施与预防措施,并考虑确立持续改进的过程。

评审应包括但不限于:

——可追溯的测试结果;

——可追溯的审核发现;

——产品或过程的变更;

——由饲料和食品链中其他组织提供的与可追溯相关的信息;

——与可追溯相关的纠正措施;

——与可追溯相关的顾客的反馈,包括投诉;

——影响可追溯的新的或修订了的法规;

——新的统计评价方法。

参 考 文 献

[1]　GB/T 19000—2008　质量管理体系　基础和术语(ISO 9000:2005,IDT)

[2]　GB/T 19011　质量和(或)环境管理体系审核指南(GB/T 19011—2003,ISO 19011:2002,IDT)

[3]　Codex Alimentarius:"Principles for traceability/Product tracing as a tool within a food inspection and certification system"(CAC/GL 60—2006)

ICS 65.120
B 46

中华人民共和国国家标准

GB/T 22144—2008

天然矿物质饲料通则

General rules of natural mineral feed

2008-06-27 发布　　　　　　　　　　　　　　　**2008-10-01 实施**

中华人民共和国国家质量监督检验检疫总局
中国国家标准化管理委员会　发布

前　言

本标准由中华人民共和国农业部提出。

本标准由全国饲料工业标准化技术委员会归口。

本标准负责起草单位：北京市饲料工业协会天然物添加剂委员会。

本标准参加起草单位：中国农业科学院北京畜牧兽医研究所、国家饲料质量监督检验中心（北京）、北京挑战农业科技有限公司、中国农业科学院饲料研究所、中国农业大学、北京农学院。

本标准主要起草人：谢仲权、张军民、董焕程、郑喜梅、徐俊宝、王清兰、韦海涛。

天然矿物质饲料通则

1 范围

本标准规定了天然矿物质饲料的定义、技术要求、试验方法、检验规则及标签、包装、运输和贮存。

本标准适用于天然矿物质饲料。

2 规范性引用文件

下列文件中的条款通过本标准的引用而成为本标准的条款。凡是注日期的引用文件，其随后所有的修改单(不包括勘误的内容)或修订版均不适用于本标准，然而，鼓励根据本标准达成协议的各方研究是否可使用这些文件的最新版本。凡是不注日期的引用文件，其最新版本适用于本标准。

GB/T 6003.1 金属丝编织网试验筛

GB/T 6435 饲料中水分和其他挥发性物质含量的测定

GB 10648 饲料标签

GB 13078 饲料卫生标准

GB/T 13079 饲料中总砷的测定

GB/T 13080 饲料中铅的测定 原子吸收光谱法

GB/T 13081 饲料中汞的测定

GB/T 13082 饲料中镉的测定方法

GB/T 13083 饲料中氟的测定 离子选择性电极法

GB/T 14699.1 饲料 采样

GB/T 16764 配合饲料企业卫生规范

3 术语和定义

下列术语和定义适用于本标准。

3.1

天然矿物质 natural mineral

在地质作用下形成的具有相对固定化学成分和结构的天然物质。

3.2

天然矿物质饲料 natural mineral feed

为满足饲料营养或饲料加工的需要，以可饲用的天然矿物质为原料，经物理加工制得的、在饲料中不以补充矿物元素为主要目的、具有一定功能和作用的物质。

4 要求

4.1 生产企业卫生规范

天然矿物质饲料的生产企业，应符合和遵守 GB/T 16764 的规定。

4.2 技术要求

4.2.1 感官：色泽一致，无结块，无异味，无异物。

4.2.2 粉碎粒度：符合产品标准规定。

4.2.3 水分:符合产品标准规定。

4.3 理化成分指标

天然矿物质饲料产品标准中应规定主要成分及含量。

4.4 卫生指标

天然矿物质饲料卫生指标,应符合 GB 13078 中的有关要求和表 1 的规定。

表 1 卫生指标

序 号	项 目	指标/(mg/kg)
1	砷(以总砷计)	≤10.0
2	铅(以 Pb 计)	≤30.0
3	汞(以 Hg 计)	≤0.10
4	镉(以 Cd 计)	≤0.75
5	氟(以 F 计)	≤1 000

5 试验方法

5.1 感官测定

采用目测及嗅觉检验。

5.2 粒度测定

5.2.1 方法提要

用筛分法测定筛下物含量。

5.2.2 仪器、设备

试验筛:符合 GB/T 6003.1 中 R40/3 系列的要求,ϕ200 mm×500 mm/900/μm。

5.2.3 分析步骤

称取 50 g 试样(准确至 0.1 g)。置于试验筛中进行筛分,将筛下物称重(称准至 0.1 g)。

5.2.4 分析结果的表述

粒度 ω(以质量分数计,数值以％表示)按式(1)计算:

$$\omega = \frac{m_1}{m} \times 100$$ ················(1)

式中:

m_1——筛下物的质量,单位为克(g);

m——试样质量,单位为克(g)。

计算结果表示至小数点后一位。

5.2.5 允许差

取平行测定结果的算术平均值为测定结果。平行测定结果的绝对差值不大于 0.5％。

5.3 水分测定

按 GB/T 6435 饲料中水分和其他挥发性物质含量的测定中饲料中水分测定的规定执行。

5.4 主要成分测定

按产品标准中规定的方法进行。

5.5 卫生指标测定

5.5.1 总砷的测定

按 GB/T 13079 执行。

5.5.2 铅的测定

按 GB/T 13080 执行。

5.5.3 汞的测定

按 GB/T 13081 执行。

5.5.4 镉的测定

按 GB/T 13082 执行。

5.5.5 氟的测定

按 GB/T 13083 执行。

6 检验规则

6.1 组批

生产厂家以具有同样工艺条件、批号、规格且经包装的产品为一个批次。

6.2 采样

按 GB/T 14699.1 的规定执行。

6.3 检验

6.3.1 出厂检验

生产企业质检部门应根据本标准规定,选择能快速、准确地反映产品质量的项目,一般为感官指标、水分、粒度等。

每批产品应由生产企业质检部门进行出厂检验,检验合格后,方可签发合格证。

6.3.2 型式检验

本标准规定之各项指标为型式检验项目,有下列情况之一时,应进行型式检验:

a) 审发生产许可证、产品批准文号时;

b) 法定质检部门提出要求时;

c) 原辅材料、工艺过程及主要设备有较大变动时;

d) 停产三个月以上,恢复生产时。

6.3.3 判定规则

样品检验结果有任何一项不合格时,应重新采样进行复检,采样范围或样品数量是第一次的两倍。复检结果仍有指标不合格,则整批产品判为不合格。

7 标签、包装、运输和贮存

7.1 标签内容按 GB 10648 执行。

7.2 产品包装根据产品特性或客户要求执行。

7.3 产品应贮存在阴凉、干燥处,防止雨淋、受潮,不得与有毒有害物混贮。

7.4 产品在运输过程中应有遮盖物,防止雨淋、受潮,不得与有毒有害物品混运,防止污染。

7.5 产品在符合本标准规定的包装、运输和贮存条件下,保质期符合产品规定。

ICS 65.120
B 46

中华人民共和国国家标准

GB/T 23184—2008

饲料企业 HACCP 安全管理体系指南

HACCP—Guidance on feed management system

2008-12-31 发布

2009-05-01 实施

中华人民共和国国家质量监督检验检疫总局
中国国家标准化管理委员会   发布

前　　言

本标准参照 CAC/RCP 001—1969《食品卫生通则》(2003)第 4 修订版,结合饲料企业特点制定。

本标准的附录 A 为规范性附录,附录 B 为资料性附录。

本标准由全国饲料工业标准化技术委员会(SAC/TC 76)提出并归口。

本标准起草单位:中国饲料工业协会、北京华思联认证中心。

本标准主要起草人:沙玉圣、秦玉昌、李燕松、辛盛鹏、王冬冬、张逸平、李兰芬、王峰、赵之阳、侯翔宇。

引　言

　　饲料危害分析及关键控制点(hazard analysis and critical control point ,HACCP),主要由危害分析和关键控制点两部分组成,可用于鉴定饲料危害,且含有预防的方法,以控制这些危害的发生。但该系统并非一个零风险系统,而是设法使饲料安全危害的风险降到最低限度,是一个使饲料生产过程免受生物、化学和物理性危害的管理工具。饲料企业良好操作规范是实施 HACCP 管理的先决条件,因此,应在认真执行饲料企业良好操作规范的基础上实施 HACCP 管理才能取得良好效果。饲料安全,即饲料产品安全。鉴于 HACCP 是预防性的饲料产品安全控制系统,不需要大的投资即可实施,简单有效,符合我国国情。饲料工业 HACCP 管理体系的建立和实施,将有利于解决目前饲料安全中存在的问题,为消费者提供安全卫生的动物产品。在饲料工业中建立和推行 HACCP 管理是一种与国际接轨的做法,有利于扩大我国动物产品的出口。

饲料企业 HACCP 安全管理体系指南

1 范围

本标准规定了饲料生产过程中生物、化学和物理性危害的识别和评价,关键控制点的识别、确定和控制(HACCP 管理)的通用原则;并给出了为执行上述原则应首先实施的饲料企业良好操作规范(见附录 A)。

本标准为添加剂预混合饲料、浓缩饲料、配合饲料、精料补充料生产企业实施 HACCP 管理提供了指南。

2 规范性引用文件

下列文件中的条款通过本标准的引用而成为本标准的条款。凡是注日期的引用文件,其随后所有的修改单(不包括勘误的内容)或修订版均不适用于本标准,然而,鼓励根据本标准达成协议的各方研究是否可使用这些文件的最新版本。凡是不注日期的引用文件,其最新版本适用于本标准。

GB 10648 饲料标签
GB 13078 饲料卫生标准
GB/T 16764 配合饲料企业卫生规范
GB/T 20803 饲料配料系统通用技术规范
NY 5027 无公害食品 畜禽饮用水水质
饲料药物添加剂使用规范(中华人民共和国农业部公告第 168 号)
禁止在饲料和动物饮用水中使用的药物品种目录(中华人民共和国农业部公告第 176 号)
食品动物禁用的兽药及其它化合物清单(中华人民共和国农业部公告第 193 号)
饲料药物添加剂使用规范公告的补充说明(中华人民共和国农业部公告第 220 号)
单一饲料产品目录(中华人民共和国农业部公告第 977 号)
饲料添加剂品种目录(中华人民共和国农业部公告第 1126 号)

3 术语和定义

下列术语和定义适用于本标准。

3.1

危害 hazard

饲料中可能对人类健康和动物安全导致不良影响的生物、化学或物理因素或状况。

3.2

关键控制点 critical control points;CCP

能够进行控制,并且该控制是防止、消除饲料安全危害或将其降低至可接受水平所必需的某一步骤。

3.3

关键限值 critical limits

与关键控制点相关的用于区分可接收和不可接收的判定值。

3.4

操作限值 operation limits

为了避免监控指数偏离关键限值而制定的操作指标。

3.5

监控 monitor

对控制的参数按计划进行的一系列观察或测量活动,以便评估关键控制点是否处于控制之中。

3.6

纠正措施 corrective action

当监测结果显示 CCP 偏离设定的关键限值时所采取的措施。

3.7

HACCP 计划 HACCP plan

根据 HACCP 原理制定的确保对饲料安全显著危害予以控制的文件。

3.8

验证 verification

除监控以外,应用不同的方法、程序、检测和其他评估手段,以确定是否符合 HACCP 计划的要求。

注:验证可根据实施者的不同分为企业自我验证、第二方验证和第三方验证,第三方验证包括政府管理机构验证和认证机构认证等。

4 HACCP 原理

HACCP 由以下七个原理组成:

a) 原理 1:进行危害分析和提出控制措施;

b) 原理 2:确定关键控制点;

c) 原理 3:确定关键限值;

d) 原理 4:建立关键控制点的监控系统;

e) 原理 5:建立纠正措施;

f) 原理 6:建立验证程序;

g) 原理 7:建立文件和记录保持系统。

5 基础方案

5.1 总则

饲料企业实施 HACCP 体系应首先建立基础方案,并在 HACCP 计划制定和实施过程中,对基础方案的有效性进行评价,必要时,予以改进。

基础方案主要包括良好操作规范(GMP)、卫生标准操作程序(SSOP)、原/辅料安全控制方案等,企业应根据 GB/T 16764 和(或)《饲料添加剂和添加剂预混合饲料生产许可证管理办法》,结合企业具体情况,制定适合本企业的基础方案并予以实施。

基础方案通常应与 HACCP 计划分别制定和实施,所有的基础方案均应形成文件,并按适当的频次进行评审。

5.2 良好操作规范(good manufacturing practice,GMP)

GMP 是饲料企业实施 HACCP 管理的前提条件和基础,是饲料生产质量与安全管理的基本原则,其主要内容见附录 A。

有效的 GMP 管理不仅可以确保 HACCP 体系的完整性,还会使"关键控制点"的数量大大减少,使 HACCP 计划的实施变得简便易行。

5.3 卫生标准操作程序(sanitation standard operation procedure,SSOP)

SSOP 是为达到饲料卫生安全要求而规定的具体活动和顺序。内容包括但不限于以下几个方面:

a) 与饲料接触的水的安全;

b) 饲料接触的表面(包括设备、工器具等)的清洁、卫生和安全;

  c) 确保饲料免受交叉污染；

  d) 操作人员手的清洗及厕所设施的清洁；

  e) 防止润滑剂、燃料、清洗、熏蒸用品及其他化学、物理和生物等污染物的危害；

  f) 正确标注、存放和使用各类有毒化学物质；

  g) 保证操作员工的身体健康和卫生；

  h) 清除和预防鼠害、虫害和飞鸟。

5.4 建立并有效实施原/辅料安全控制方案

应制定包括原料、辅料及包装材料在内的采购、验证、贮存控制方案，内容包括：

  a) 对供方的选择：评价标准及如何保证重要原/辅料及包装材料均由合格供方提供；

  b) 原/辅料及包装材料验收规程，明确检验项目、接收标准、检验频次、检验方式（自检、送检或验证供方报告等）及职责；

  c) 所有原料和辅料应贮藏在卫生和适宜的环境条件下，以确保其安全和卫生。

6 HACCP 计划的建立和实施

6.1 总则

饲料企业应根据生产产品的品种、生产方式、生产场所等不同情况，分别建立、实施 HACCP 计划，应包括：

  a) 针对每一种产品类别（添加剂预混合饲料、浓缩饲料、配合饲料、精料补充料）或不同的生产方式、不同的生产场所，分别进行危害识别、评价，确定应控制的显著危害；

  b) 在已建立的 GMP（见 5.2）、SSOP（见 5.3）基础上，根据企业生产过程中的加工步骤确定关键控制点；

  c) 当产品、加工步骤有变化时，对变化情况进行危害识别、评价，并考虑是否对 HACCP 计划重新进行修订；

  d) 当确定某个显著危害应予以控制时，如果不存在关键控制点，则考虑重新设计加工工序；

  e) 在应用 HACCP 原理时，应保持适当的灵活性，要考虑到适当的操作特性和规模，人员情况及已经达到的控制程度；

  f) 运用 HACCP 原理制定 HACCP 计划前，需要首先完成预备步骤（见 6.2）；

  g) 定期对 HACCP 计划进行验证，并持续改进和完善。

6.2 预备步骤

6.2.1 组建 HACCP 小组

饲料企业建立、实施 HACCP 管理体系时，首先要成立 HACCP 小组。小组成员应具备必要的专业知识（如饲料及饲料添加剂加工、生产管理知识，卫生控制要求，质量保证要求等）、经验，能满足特殊要求，并应有质量控制、生产管理、采购、销售、人力资源管理等岗位的人员组成。必要时，企业也可以在这方面寻求外部专家的帮助。

应确定 HACCP 小组成员各自的职责，并对关键控制点的监控人员、纠正人员进行授权。

HACCP 小组应负责 HACCP 计划的制定、确认和验证活动，确保对各种产品危害分析、评价的准确性和控制措施的可操作性，以及 HACCP 计划的完整性。

6.2.2 产品描述

HACCP 小组应对产品特性进行全面地描述并形成文件，包括相关的产品安全信息，如使用的原料及添加的辅料，加工工艺，包装和储存条件，以及标签和使用说明。

要充分识别饲料中添加的所有原料，并对其进行全面地描述，如生物、化学、物理特性（包括可能存在的饲料安全危害），生产场地及加工方式，包装和储存条件，使用前的处理，以及原料安全指标的接收准则等。

6.2.3 预期用途描述

产品标签应详细说明产品所适用的动物种类、使用方法、储存和保存期限等。

6.2.4 绘制工艺流程图

HACCP 小组根据各类产品的加工工艺绘制符合实际生产的工艺流程图,流程图应明确所有加工步骤的顺序和相互关系,以及返工点、循环点和废弃物的排放点。

6.2.5 现场确认流程图

HACCP 小组要对各流程图进行现场验证,以保证其符合加工实际。当工艺流程发生变化时,应对流程图进行修改并作好记录。

6.3 进行危害分析和确定控制措施

6.3.1 危害识别

HACCP 小组在实施危害分析时,应考虑以下方面的因素:

a) 产品、操作和环境;

b) 顾客和法律法规对产品及原辅料的安全卫生要求;

c) 产品使用安全的监控和评价结果;

d) 不安全产品处置、纠正、召回和应急预案的状况;

e) 历史上和当前的流行病学、动植物疫情或疾病统计数据和食品安全事故案例;

f) 科技文献,包括相关类别产品的危害控制指南;

g) 原料掺杂掺假。

针对需考虑的所有危害,识别其在每个操作步骤中有根据预期被引入、产生或增长的所有潜在危害及其原因。

当影响危害识别结果的任何因素发生变化时,HACCP 小组应重新进行危害识别。

应保持危害识别依据和结果的记录。

6.3.2 危害评估

HACCP 小组应针对识别的潜在危害,评估其发生的严重性和可能性,如果这种潜在危害在该步骤极可能发生并且后果严重,应确定为显著危害。

应保持危害评估依据和结果的记录。

6.3.3 控制措施的制定

HACCP 小组应针对每种显著危害,制定相应的控制措施,并提供证实其有效性的证据;应明确显著危害与控制措施之间的对应关系,并考虑一项控制措施控制多种显著危害或多项控制措施控制一种显著危害的情况。

6.3.4 危害分析工作单

HACCP 小组应根据工艺流程、危害识别、危害评估、控制措施等结果提供形成文件的危害分析工作单,包括加工步骤、考虑的潜在危害、显著危害判断的依据、控制措施,并明确各因素之间的相互关系。在危害分析工作单中,应描述控制措施与相应显著危害的关系,为确定关键控制点提供依据。

HACCP 小组应在危害分析结果受到任何因素影响时,对危害分析工作单作出必要的更新或修订。

6.3.5 饲料生产过程中可能存在的显著危害及控制措施

6.3.5.1 原料的控制

饲料企业应建立原料控制措施,确保:

a) 使用的饲料原料应在《单一饲料产品目录》和《动物源性饲料产品目录》内,禁止在反刍动物饲料中使用除乳及乳制品外的动物源性饲料产品。所添加的营养性饲料添加剂、一般饲料添加剂应在农业部公告《饲料添加剂品种目录》内。

b) 饲料原料中的可能会对消费者的健康产生危害的病原、霉菌毒素、农药和重金属等有害物质的含量应达到可接受的水平,满足相关法规规定的标准。

c) 所有的饲料、饲料添加剂和饲料原料的卫生指标均应符合 GB 13078,以使饲料通过动物传递到人类消费的食品中有害物质的含量也相应低到不会引起人类健康危害的水平。

6.3.5.2 药物饲料添加剂的控制

饲料企业应建立药物饲料添加剂管理制度,确保:

a) 药物添加剂的使用应遵守农业部公告《饲料药物添加剂使用规范》,及《饲料药物添加剂使用规范公告的补充说明》、《禁止在饲料和动物饮用水中使用的药物品种目录》、《食品动物禁用的兽药及其它化合物清单》等农业部有关公告的规定;

b) 加药饲料中使用的饲料药物添加剂的添加量应符合农业部公告《饲料药物添加剂使用规范》中使用控制条款的规定。

6.3.5.3 生产过程的控制

饲料企业应对生产过程进行控制,包括但不限于以下方面:

a) 使用的生产程序应当避免批与批之间发生交叉污染。在生产不同饲料产品时,对所用的生产设备、工具、容器应进行彻底清理。应使用这些程序去减少加药饲料与未加药饲料之间,不同品种饲料之间发生交叉污染。用于清洗生产设备、工具、容器的物料应单独存放和标识,或者报废,或者回放到下一次同品种的饲料中。如果交叉污染引起的与食品安全有关的危险性高,使用适当的冲洗和清洁方法不足以清除污染时,就应考虑使用完全分开的生产线、输送设备和运输储存。

b) 严格按配方进行称量、配料。当使用人工配料时,应一人称量、一人复核并记录,为了降低配料误差,应使用精度相对较高的电子秤进行称量;当使用自动配料时,配料系统应符合 GB/T 20803。确保添加准确无误。

c) 应监控混合时间,避免因混合时间不足或混合时间过长使饲料中局部有害物质超标,并定期对混合均匀度进行检测。

d) 颗粒饲料的生产应根据饲料配方中主要原料的理化特性来确定适宜的调质参数(蒸汽压力、温度、时间)。通过制粒前的调质(畜禽料)或制粒后的后熟化(鱼虾料)来消除或减少可能存在于饲料中的致病微生物。

e) 产品包装标志应符合 GB 10648 的规定。

6.4 确定关键控制点

HACCP 小组应根据危害分析所提供的显著危害与控制措施之间的关系,识别针对每种显著危害控制的适当步骤,以确定 CCP,确保所有显著危害得到有效控制。

企业应使用适宜方法来确定 CCP,如判断树表法等。但在使用 CCP 判断树表时,应考虑以下因素:

a) 判断树表仅是有助于确定 CCP 的工具,不能代替专业知识;

b) 判断树表在危害分析后和显著危害被确定的步骤使用;

c) 随后的加工步骤对控制危害可能更有效,可能是更应该选择的 CCP;

d) 加工中一个以上的步骤可以控制一种危害。

当显著危害或控制措施发生变化时,HACCP 小组应重新进行危害分析,判定 CCP。

6.5 确定关键限值

应对每个关键控制点规定关键限值。每个关键控制点应有一个或多个关键限值。关键限值的确定:

a) 应科学、直观、易于监测;

b) 可来自法律法规、强制性标准、指南、公认惯例、文献、实验结果和专家的建议等,查询的数据应在本企业进行实际验证,以确认其有效性;

c) 基于感知的关键限值,应由经评估且能够胜任的人员进行监控、判定。

为避免采取纠正措施可设立操作限值,以防止因关键限值偏离造成损失,确保产品安全。

应保持关键限值确定的依据和结果的记录。

6.6 建立关键控制点的监控系统

应对每个关键控制点建立监控系统,以证实关键控制点处于受控状态。监控系统包括:

a) 监控对象,应包括每个关键控制点所涉及的关键限值;

b) 监控方法,应准确及时;

c) 监控频率,一般应实施连续监控,若采用非连续监控,其监控频率应保证 CCP 受控的需要;

d) 监控人员,应接受适当的培训,理解监控的目的和重要性,熟悉监控操作并及时准确地记录和报告监控结果。

当监控表明偏离操作限值时,监控人员应及时调整,以防止关键限值的偏离。

当监控表明偏离关键限值时,监控人员应立即停止该操作步骤的运行,并及时采取纠正措施。

应保持监控记录。

6.7 建立纠正措施程序

企业应针对 HACCP 计划中每个关键控制点的关键限值的偏离制定纠正措施,以便在偏离时实施。纠正措施应包括:

a) 实施纠正措施和负责受影响产品放行的人员;

b) 偏离原因的识别和消除;

c) 受影响产品的隔离、评估和处理。

负责实施纠正措施的人员应熟悉产品、HACCP 计划,经过适当培训并经最高管理者授权。

应保持采取的纠正措施的记录。

6.8 建立验证程序

企业应建立并实施 HACCP 计划的验证程序,以证实 HACCP 计划的适宜性、有效性。验证程序应包括:

a) 验证的依据和方法;

b) 验证的频次;

c) 验证的人员;

d) 验证的内容;

e) 验证的结果及采取的措施;

f) 验证记录等。

HACCP 计划实施前,应确认其适宜性,即所有危害已被识别且 HACCP 计划正确实施,危害将会被有效控制。

监控设备校准记录的审核,必要时,应通过有资质的检测机构,对所需的控制设备和方法进行技术验证,并提供技术验证报告。

定期进行内部审核,以验证 HACCP 体系的有效性。

6.9 建立文件和记录的保存系统

应建立文件化的 HACCP 体系,并建立相关的监控记录。

HACCP 体系应包括如下记录:

a) HACCP 计划及制定 HACCP 计划的支持性材料,包括危害分析工作单(参见附录 B 中表 B.1),HACCP 计划表(参见附录 B 中表 B.2),HACCP 小组名单和各自的责任,描述饲料产品特性(参见附录 B 中表 B.3),销售方法,预期用途,工艺流程图(参见附录 B 中表 B.4),计划确认记录等;

b) CCP 的监控记录;

c) 纠正措施记录;

d) 验证记录;

e) 生产加工过程的卫生操作记录,如防止交叉污染的洗仓记录、化学品(药物添加剂或有毒有害物质)领用和使用记录、防鼠记录等。

所有记录应至少保存两年。

可以使用电脑保存记录,但应加以控制,确保数据和电子文件签名的完整性。

7 HACCP 体系的实施与改进

7.1 管理承诺

最高管理者应对 HACCP 体系的有效实施给予支持和关注,指定合适的人员组成 HACCP 小组,明确建立、实施和保持体系的责任人(HACCP 小组组长),并定期听取责任人有关体系运行情况的汇报。

7.2 培训

HACCP 小组成员及与 HACCP 实施相关的所有人员都应得到必要的培训,以使他们了解自己在体系中的职责和作用,并有效地建立、实施和保持 HACCP 体系。

培训策划应考虑不同层次的职责、能力,以及相关步骤的风险,并保持培训及其效果的相关记录。

7.3 体系的运行及持续改进

体系运行前,相关文件应得到最高管理者批准。运行过程中,各有关部门和人员要严格按照体系文件的相关要求进行实施,不应随意更改,相关记录要注意保存。HACCP 体系的运行效果应定期进行验证。HACCP 计划及其他文件应根据需要予以更新和修改,确保体系的持续改进和不断完善。

附 录 A

（规范性附录）

饲料企业良好操作规范

A.1 厂区环境、建筑设施与车间布局

A.1.1 厂区环境

A.1.1.1 工厂应设置在无有害气体、烟雾、灰尘和其他污染源的地区。厂址应与饲养场、屠宰场保持安全防疫距离。

A.1.1.2 厂区主要道路及进入厂区的主干道应铺设适于车辆通行的硬质路面（沥青或混凝土路）。路面平坦，无积水。厂区应有良好的排水系统。厂区内非生产区域应绿化。

A.1.1.3 工厂的建筑物及其他生产设施、生活设施的选址、设计与建造应满足饲料原料及成品有条理的接收和贮存，并在其加工过程中得以进行有控制的流通。生产区与生活区分开。废弃物临时存放点应远离生产区。

A.1.1.4 严禁使用无冲水的厕所，避免使用大通道冲水式厕所。厕所门不应直接开向车间，并应有排臭、防蝇、防鼠设施。

A.1.1.5 厂内禁止饲养家禽、家畜。

A.1.2 建筑设施

A.1.2.1 厂房与设施的设计要便于卫生管理，便于清洗、整理。要按生产工艺合理布局。

A.1.2.2 厂房内应有足够的加工场地和充足的光照，以保证生产正常运转。并应留有对设备进行日常维修、清理的通道及进出口。

A.1.2.3 原料仓库或存放地、生产车间、包装车间、成品仓库的地面应具有良好的防潮性能，应进行日常保洁。地面不应堆有垃圾、废弃物、废水及杂乱堆放的设备等物品。

A.1.3 车间布局

A.1.3.1 生产车间面积应与设计生产能力相匹配。

A.1.3.2 生产设备齐全、完好，能满足生产产品的需要。设施与设备的布局、设计和运行应将发生错误的风险降到最低，并可进行有效的清洁与维护，以避免交叉污染、残留及任何对产品质量不利的影响。

A.1.3.3 车间内应具有通风、照明设施。

A.2 原料接收、储存和运输

企业应确保满足 6.3.1 的要求，同时应考虑以下方面：

a) 产品加工过程中使用的所有储存器或储存场所应保持清洁。

b) 原料接收区域的设计布局应有利于减少潜在的污染。

c) 接收原料时，应检查和确认原料是否受到污染；应检查、确认和管理所有的药物饲料添加剂，以保证药物饲料添加剂的质量，并进行妥善储存。

d) 应有书面的原料接收标准，入库前实施检查，并有记录可以证明。

e) 所有设备包括储存、加工、混合、运送、分配（包括运输车辆）设备，如果与原料或成品有接触，应有合理和有效的操作程序来防止产品受到污染，采用的步骤应该包括以下一种或几种：

    ——吸尘、清扫或物理清洗；

    ——物料"冲洗"；

    ——产品按特定顺序生产；

——容器隔离使用或其他同样有效的方法。

    f)   所有的原料和产品应按照一定的周转方式进行储存,以保证物料不交叉污染。

    g)   回收的物料,加工用的原料,退料和"冲洗"物料应当清楚地标识、储存和正确使用,以防止与其他产品和原料发生交叉污染。

A.3　工厂的卫生管理

A.3.1　水的安全(适用时)

应确保生产用水符合 NY 5027 的要求。用于贮水和输水的水槽和水管及其他设备应当采用不会产生不安全污染的材料制备。

A.3.2　有毒化合物的标记、贮藏和使用

工厂应设置专用的危险品库,存放杀虫剂和一切有毒、有害物品,这些物品应贴有醒目的警示标志,并应制定各种危险品的使用规则。使用危险品应经专门部门批准,并有专门人员严格监督使用,严禁污染饲料。

A.3.3　药物饲料添加剂的管理

药物饲料添加剂存放间隔合理,避免交叉污染。应建立药物饲料添加剂接收和使用的程序和记录。

A.3.4　虫害鼠害的控制

应有包括描述定期检查在内的书面虫害鼠害控制计划。定期检查的结果应予以记录。任何熏蒸或类似杀虫剂的化学品的使用细节应予以记录。

A.4　设备运行和维护保养

A.4.1　饲料厂用于加工饲料的设备应设计、组装、安装、操作、维护保养得当,以有利于制定设备的检查和管理程序,防止交叉污染。

A.4.2　饲料厂应有书面的设备预防性维护保养方案,而且能够通过记录文件证明这个方案得到贯彻执行。

A.4.3　生产过程中使用的所有计量秤和仪表应在规定的量程内使用,而且应检测其精度及组装正确与否。按照规定周期进行检定或校准,或根据具体情况多次检测这些仪器设备的性能。

A.4.4　生产过程中使用的所有混合设备应检查其安装正确与否,性能是否达到要求。按照规定的检测方法定期检测混合均匀度。

A.5　人员培训和要求

企业应确保生产、检验和管理人员能够胜任,并确保:

    a)   每批产品都应由接受过防止产品污染培训的专职人员来生产;

    b)   饲料企业应有书面的培训计划,而且培训记录应保留存档;

    c)   饲料企业应为所有员工提供岗位技能和防止产品污染的培训,而且有长期监督和评估生产人员的方案;

    d)   饲料企业应有一定的预防措施确保员工不会对产品造成污染,饲料企业应能够出示采取了足够预防控制措施的证据;

    e)   控制非生产人员和访问者进入生产区,应防止可能造成的污染。

A.6　加工控制和文件管理

A.6.1　饲料企业应建立书面程序确保生产的产品符合有关标准,每批产品都应按照这些程序进行生产。这些书面程序包括:

a) 操作人员的岗位职责;

b) 保证成品质量和安全所采用的方法;

c) 证明原料和成品饲料符合标准的取样分析方法。

A.6.2 饲料企业生产的每批产品或销售的产品应根据行业有关要求和溯源需要,在出厂后保留样品至规定的时间。这些样品应标明以下信息:

a) 饲料名称;

b) 饲料生产日期或批号;

c) 出库或使用前的仓号或其他辨认储料仓号的记录。

A.6.3 生产含有药物饲料添加剂的饲料时,需要采用合理的生产程序,以减少药物在设备中的残留而导致的饲料污染,并保证药物混合的均匀性。

A.6.4 散装料仓应根据需要合理安排装卸饲料和料仓清扫的程序,或采用其他有效的方法以防止饲料出现交叉污染。

A.6.5 饲料企业应对每种药物饲料添加剂进行严格的库存管理,做到账、卡、物一致并建立药物饲料添加剂使用规范,确保药物饲料添加剂的正确使用。

A.6.6 每批药物饲料添加剂库存记录中应记载制造商的生产批号,同时,应管理与控制以下方面:

a) 药物饲料添加剂购进或使用的实际数量;

b) 记录生产期间每种药物饲料添加剂的实际使用数量,数量应通过称量、点数或其他适当的方法加以确认;

c) 生产期间每种药物饲料添加剂使用的理论数量;

d) 每天确认每种药物饲料添加剂使用的实际数量和理论使用数量的一致性;

e) 采取正确的措施处理库存与记录上的差异。

A.6.7 任何受到药物饲料添加剂库存差异影响的饲料应当停止销售或使用,直至查明问题原因。

A.6.8 饲料企业应在标签、包装、发票或送货单上注明产品的产品代码、生产日期或其他合适的标识。

A.6.9 饲料企业应建立严格的标签管理制度,严格按照 GB 10648 的规定设计和印制,确保所有的饲料标签分门别类地进行保管使用,防止误用现象的发生。标签管理程序应包括:

a) 清查标签,标签出库和使用中应核查无误;

b) 定期检查标签的库存情况;

c) 废弃有错误的或停止使用的标签。

A.6.10 饲料配方应由饲料企业专职人员负责制定、核查配方设计的合理性、标注日期和签名,以确保其正确性和有效性。饲料企业应保留每批加工饲料的配料单(生产文件)。饲料企业应保存每批饲料的生产配方原件,包括以下详细内容:

a) 饲料产品名称;

b) 用于生产饲料的各种原料(包括药物饲料添加剂)的名称和添加数量。

A.6.11 制定所有生产工序的操作规范和必要的文件,如混合步骤、混合时间、设备安装等。

A.6.12 制定产品化验分析取样频率和取样方法的操作规范。

A.6.13 饲料企业应保留所有的生产文件,如化验室分析报告,送货或销售票据以及其他可以证明饲料是按照有关标准生产的资料和客户对饲料企业产品的投诉及处理记录。

A.6.14 饲料企业应有处理客户投诉的书面制度,应包括以下内容:

a) 投诉日期;

b) 投诉人姓名和地址;

c) 投诉的产品标签和批号;

d) 投诉的详细内容;

e) 饲料企业解决投诉所采取的调查和处理过程的细节。

A.7 追溯和召回

饲料企业应有书面的召回程序,以便完整及时地召回市场上的有疑点或已发现问题的产品,而且应证明通过演练记录文件可以保证召回程序得到贯彻执行。

A.8 卫生操作程序

饲料企业应当根据不同的生产工艺和条件建立并实施书面的卫生操作程序。

附 录 B

（资料性附录）

HACCP 计划的格式范例

表 B.1 危害分析工作单

(1) 加工步骤	(2) 确定潜在危害	(3) 是显著危害吗? (是/否)	(4) 说明作出栏目 (3)决定的理由	(5) 可采用什么预防 措施来防止显著 危害	(6) 这一步骤是关键 控制点吗?(是/ 否)
	生物危害 化学危害 物理危害				
	生物危害 化学危害 物理危害				
	生物危害 化学危害 物理危害				

表 B.2 HACCP 计划表

(1) 关键控 制点	(2) 显著危害	(3) 每个预防 措施的关 键限制	(4) 监控 监控什么	(5) 监控 怎么监控	(6) 监控 监控频率	(7) 监控 谁来监控	(8) 纠正措施	(9) 记录	(10) 验证

表 B.3 产品描述

| 工厂 | HACCP 计划作者:_____ 日期_____ 页码_____ |
| | 批准人:_____ 修订号:_____ |

工艺/产品名称	
1. 主要产品名称	
2. 主要产品特性(水分,pH,防腐剂,抗氧化剂)	
3. 使用方法	
4. 包装	
5. 保质期	
6. 销售对象	
7. 标签说明	
8. 特殊分销控制	

表 B.4 工艺流程图

产品名称:

日期:_____   批准_____

_____

ICS 65.120
B 46

中华人民共和国国家标准

GB/T 23390—2009

水产配合饲料环境安全性评价规程

Principle for environmental safety evaluation of aquafeed

2009-03-26 发布
2009-07-01 实施

中华人民共和国国家质量监督检验检疫总局
中国国家标准化管理委员会 发布

前　言

　　本标准是在参考了 GB 11607—1989《渔业水质标准》和国内外在水产饲料环境安全性和环境监测等方面研究成果的基础上,根据我国技术发展水平研究制定的。

　　本标准的附录 A 为规范性附录。

　　本标准由全国饲料工业标准化技术委员会(SAC/TC 76)提出并归口。

　　本标准起草单位:中国科学院水生生物研究所。

　　本标准主要起草人:韩冬、解绶启、朱晓鸣、杨云霞。

水产配合饲料环境安全性评价规程

1 范围

本标准规定了水产配合饲料对水环境安全性的评价规程。

本标准适用于不同类型的水产配合饲料,包括粉状饲料和颗粒饲料等。

本标准适用于水产配合饲料规范性评测,对于配合饲料对实际环境的影响,因环境背景值和养殖方式等不同有一定差异,在需要作出具体评价的养殖区域,建议采用现场测试。

2 规范性引用文件

下列文件中的条款通过本标准的引用而成为本标准的条款。凡是注日期的引用文件,其随后所有的修改单(不包括勘误的内容)或修订版均不适用于本标准,然而,鼓励根据本标准达成协议的各方研究是否可使用这些文件的最新版本。凡是不注日期的引用文件,其最新版本适用于本标准。

GB 3838 地表水环境质量标准

GB/T 6437 饲料中总磷的测定 分光光度法

GB 11607 渔业水质标准

GB/T 11893 水质 总磷的测定 钼酸铵分光光度法

GB/T 11894 水质 总氮的测定 碱性过硫酸钾消解紫外分光光度法

GB/T 12997 水质 采样方案设计技术规定

GB/T 12998 水质 采样技术指导

GB/T 12999 水质采样 样品的保存和管理技术规定

GB 13078 饲料卫生标准

NY 5072 无公害食品 渔用配合饲料安全限量

SC/T 1077 渔用配合饲料通用技术要求

SC/T 1089 鱼类消化率测定方法

3 术语和定义

下列术语和定义适用于本标准。

3.1

粉状饲料 mash feed

将多种饲料原料按饲料配方,经清理、粉碎、配料和混合加工成的粉状产品。

3.2

颗粒饲料 pelleted feed

将粉状饲料经调质、挤出压模模孔制成规则的粒状产品。

3.3

饲料转化比(饲料系数) feed conversion ratio

FCR

消耗单位风干饲料质量与所得到的动物产品质量的比值。

3.4

表观消化率 apparent digestibility coefficient

ADC

动物对饲料或某一成分的总摄入量与粪便或某一成分的总排出量之差占饲料或某一成分的总摄入

量的百分比。

3.5

    氮排放率　**nitrogen loading rate**

    NLR

    生产单位质量的水产动物,由水产饲料带入水环境的氮的质量。

3.6

    磷排放率　**phosphorus loading rate**

    PLR

    生产单位质量的水产动物,由水产饲料带入水环境的磷的质量。

4　原理

    在养殖水源符合 GB 11607 的室内标准养殖系统中,待评水产配合饲料质量符合 GB 13078、NY 5072 和 SC/T 1077 规定的前提下,使用待评水产配合饲料投喂试验动物一定时间后,养殖环境水质指标和饲料指标的变化符合相关国家标准的规定,认为该水产配合饲料对养殖环境是安全的。

5　待评水产配合饲料要求

5.1　理化指标

    水产配合饲料的粉化率、混合均匀度、感官指标和溶失率应符合 SC/T 1077 的规定。

5.2　卫生指标

    水产配合饲料卫生标准应符合 GB 13078 和 NY 5072 规定。

6　操作步骤

6.1　试验动物

    试验动物应选择适用待评水产配合饲料饲养的水产动物及其特定生长阶段,试验动物选用来源明确、健康、规格整齐的同批动物。

6.2　养殖水源

    养殖水源应符合 GB 11607 的规定。

6.3　养殖系统

    养殖系统为流水养殖系统(流速约 0.2 L/min~0.5 L/min 或根据养殖动物的生理生态学要求调整流速),由圆型或方型养殖缸和充氧(充气)系统组成。养殖容器应满足试验群体的体重增加 5 倍~10 倍之后对养殖空间的需求。养殖系统应尽量减少人为的干扰,并通过优质饲料养殖结果以确认该系统满足养殖品种要求,保证养殖试验各缸之间的条件均一性。

6.4　试验周期

    养殖周期至少在 8 周以上。

6.5　试验条件

6.5.1　试验温度

    试验期间养殖水温要处于试验动物的适温范围,并保持各处理之间一致。

6.5.2　溶解氧

    保证试验期间的溶解氧不低于 5 mg/L。

6.5.3　氨氮浓度

    试验系统氨氮浓度要小于 0.5 mg/L。

6.5.4　pH 值

    pH 值要处于试验动物的适宜生长范围。

6.5.5 光照

可使用自然光照或灯光照明,保证光照强度接近自然光照,光亮周期 10 h～16 h,或者根据不同试验动物进行适当调整。

6.6 试验管理

6.6.1 试验设计及养殖管理

试验前至少用待评水产配合饲料适应投喂 1 周。每种待评配合饲料至少采用 5 个重复,每个重复的试验动物数量和初始体重要求尽量接近,统计差异不显著;试验采用随机分缸,每个重复的试验动物数量不少于 30 尾;随机选取初始样品 5 组。

试验过程中,试验动物根据水温和摄食习性,采用定时表观饱食法进行投喂待评水产配合饲料,详细记录投喂量。可采用手工投喂或投饵仪投喂。

投喂 1 h(或根据不同动物生理生态学习性进行调整)后收集粪便(一般试验开始一周后收集粪便样品),于 65 ℃烘干至恒重,保存于冰箱中,用于消化率的测定。

试验结束时,试验动物饥饿 24 h 后称重,并对待评水产配合饲料和试验动物取样。

6.6.2 死亡试验动物的补充

试验开始后的前两周,如果试验动物出现死亡,可以用重量相近的动物替换。两周以后一般不再替换动物。死亡动物称重用以计算饲料系数。

6.6.3 试验观察及意外判断

试验期间,从开始驯养到试验结束,每天记录养殖动物的摄食、活动等状况,记录养殖系统的日常状况。养殖期间,如出现发病状况,一般应中止试验。

6.7 检测指标

6.7.1 水环境质量指标

6.7.1.1 水样的采集、贮存和预处理

水样的采集、贮存和预处理按 GB/T 12997,GB/T 12998 和 GB/T 12999 的规定执行。

试验期间,每隔 20 d 采集水样。采样前,投喂一次水产配合饲料后,养殖系统停水 1 d～2 d(或根据需要调整以保证水中的待测物质含量达到可检测水平);分别在投喂后 1 h 和 24 h(或根据需要调整)采集水样。

6.7.1.2 水质常规指标

测定养殖水体的悬浮物质、化学需氧量、生化需氧量、总氮、总磷、非离子氨和溶解氧,各项指标应符合 GB 11607 和 GB 3838 规定。为了达到可检测水平,测定时在正常投喂、曝气的情况下,停水 1 d～2 d(或根据需要调整以保证水中的待测物质含量达到可检测水平)。总氮和总磷测定停水前、后的水体体积和水体总氮、总磷的含量,计算总氮和总磷积累率,水中总氮、总磷的测定按照 GB/T 11893 和 GB/T 11894 的规定执行;悬浮物质、化学需氧量、生化需氧量、非离子氨和溶解氧等测定停水前后的数值,测定方法按 GB 11607 和 GB 3838 的规定执行。

6.7.2 饲料指标

6.7.2.1 饲料指标

$$饲料系数\ FCR = \frac{FI}{W_t + W_d - W_0} \qquad \cdots\cdots\cdots\cdots\cdots\cdots（1）$$

$$表观消化率\ ADC = \left(1 - \frac{M_d}{M_f}\right) \times 100 \qquad \cdots\cdots\cdots\cdots\cdots\cdots（2）$$

$$氮排放率\ NLR = \left(1 - \frac{F_N - I_N}{FI \times D_N}\right) \times 100 \qquad \cdots\cdots\cdots\cdots\cdots（3）$$

$$磷排放率\ PLR = \left(1 - \frac{F_P - I_P}{FI \times D_P}\right) \times 100 \qquad \cdots\cdots\cdots\cdots\cdots（4）$$

式中：

FI——总摄食量，单位为克（g）；

W_t——终末总体重，单位为克（g）；

W_d——死鱼总体重，单位为克（g）；

W_0——初始总体重，单位为克（g）；

M_d——饲料中指示剂百分含量，%；

M_f——粪便中指示剂百分含量，%；

F_N——终末鱼体含氮的质量，单位为克（g）；

I_N——初始鱼体含氮的质量，单位为克（g）；

D_N——饲料中氮的含量，%；

F_P——终末鱼体含磷的质量，单位为克（g）；

I_P——初始鱼体含磷的质量，单位为克（g）；

D_P——饲料中磷的含量，%。

6.7.2.2 分析方法

试验动物对待评水产配合饲料表观消化率的测定使用酸不溶灰分做内源指示剂，应符合 SC/T 1089 规定；饲料和动物体氮的测定采用凯氏定氮法，饲料和动物体磷的测定应符合 GB/T 6437 规定。

6.7.3 其他指标

必要时，根据待评饲料和试验环境的情况，增加其他相应指标。

7 检测报告

检测报告见附录 A。

附 录 A
（规范性附录）
水产配合饲料环境安全性评价检测报告

水产配合饲料环境安全性评价检测报告见表 A.1。

表 A.1 水产配合饲料环境安全性评价检测报告表

待评配合饲料编号及来源：＿＿＿＿＿＿＿＿＿＿＿＿＿＿＿＿＿＿＿＿＿＿＿

检测人(签名)：＿＿＿＿＿＿＿＿＿＿ 试验时间：＿＿＿＿＿＿＿＿＿＿＿＿

饲料主要营养成分：

粗蛋白：＿＿＿＿＿＿＿；粗脂肪：＿＿＿＿＿＿＿；灰分：＿＿＿＿＿＿＿；总能：＿＿＿＿＿＿＿；

总磷：＿＿＿＿＿＿＿；非蛋白氮：＿＿＿＿＿＿＿。

				1#	2#
	试验时间	取样时间	测试指标	检测结果	检测结果
水质常规指标 单位/(mg/L)	20 d	投喂后 1 h	悬浮物质		
			化学需氧量		
			生化需氧量		
			总磷		
			总氮		
			非离子氨		
			溶解氧		
		投喂后＿h	悬浮物质		
			化学需氧量		
			生化需氧量		
			总磷		
			总氮		
			非离子氨		
			溶解氧		
	40 d	投喂后 1 h	悬浮物质		
			化学需氧量		
			生化需氧量		
			总磷		
			总氮		
			非离子氨		
			溶解氧		
		投喂后＿h	悬浮物质		
			化学需氧量		
			生化需氧量		
			总磷		
			总氮		
			非离子氨		
			溶解氧		

表 A.1（续）

待评水产配合饲料				1#	2#
	试验时间	取样时间	测试指标	检测结果	检测结果
水质常规指标 单位/（mg/L）	60 d	投喂后 1 h	悬浮物质		
			化学需氧量		
			生化需氧量		
			总磷		
			总氮		
			非离子氨		
			溶解氧		
		投喂后＿h	悬浮物质		
			化学需氧量		
			生化需氧量		
			总磷		
			总氮		
			非离子氨		
			溶解氧		
饲料指标			特定生长率/（%/d）		
			饲料系数		
			干物质表观消化率/%		
			蛋白表观消化率/%		
			氮排放率/%		
			磷排放率/%		
其他指标			水体氮积累率/（mg/g/d）		
			水体磷积累率/（mg/g/d）		

ICS 65.120
B 46

中华人民共和国国家标准

GB/T 23491—2009

饲料企业生产工艺及设备验收指南

Acceptance guide for processing technique and equipment of feed enterprise

2009-04-23 发布

2009-06-01 实施

中华人民共和国国家质量监督检验检疫总局
中国国家标准化管理委员会 发布

前　言

本标准由全国饲料工业标准化技术委员会提出并归口。

本标准起草单位：湖北省饲料工业协会、武汉工业学院、华中农业大学。

本标准主要起草人：黄倩蓉、李建文、齐德生。

饲料企业生产工艺及设备验收指南

1 范围

本标准规定了对饲料企业生产工艺及设备验收的术语和定义、一般规定、验收内容、验收方法及验收规则。

本标准适用于新建及改建的配合饲料、浓缩饲料、精料补充料和添加剂预混合饲料企业的验收,其他饲料企业可参照执行。

2 规范性引用文件

下列文件中的条款通过本标准的引用而成为本标准的条款。凡是注日期的引用文件,其随后所有的修改单(不包括勘误的内容)或修订版均不适用于本标准,然而,鼓励根据本标准达成协议的各方研究是否可使用这些文件的最新版本。凡是不注日期的引用文件,其最新版本适用于本标准。

GB 2893 安全色
GB 2894 安全标志及其使用导则
GB 4053.3 固定式工业防护栏杆安全技术条件
GB 5083 生产设备安全卫生设计总则
GB/T 10647 饲料工业术语
GB/T 13306 标牌
GB 16179 安全标志使用导则
GB/T 16764 配合饲料企业卫生规范
GB/T 16765 颗粒饲料通用技术条件
GB/T 18695 饲料加工设备术语
GB 19081 饲料加工系统粉尘防爆安全规程
GB 19517 国家电气设备安全技术规范
GB/T 20803 饲料配料系统通用技术规范
GB 50016 建筑设计防火规范
GBJ 87 工业企业噪声控制设计规范
JB/T 9820.2 饲料混合机 技术条件
NY/T 1023 饲料加工成套设备 质量评价技术规范
SC/T 1077 渔用配合饲料通用技术要求

3 术语和定义

GB/T 10647 和 GB/T 18695 中确立的术语和定义适用于本标准。

4 一般规定

4.1 验收应在饲料生产企业设备安装验收合格的基础上进行。

4.2 企业应提供验收材料:生产设备安装验收合格证明、工艺流程图、设备清单及工艺说明、设备布置图、设备说明书、有国家法定资质的检测部门出具的有效检定证书和报告、现行的设备标准。

4.3 验收评审组(以下简称评审组)

评审组应由 3 名~7 名中级(含中级)以上饲料工程相关专业的技术人员组成。

4.4 验收应由评审组在生产现场完成,其中包括验收材料审阅、现场审查。

4.5 评审组在验收完成后应作出验收结论。

5 验收内容

5.1 加工工艺流程

5.1.1 粉状配合饲料、浓缩饲料及精料补充料生产应配置原料清理、粉碎、配料、混合及成品包装或发放等基本工序。颗粒配合饲料生产应在粉状配合饲料生产线的基础上,增设制粒(或挤压膨化)工序。有特殊工艺要求的,按相应的工序要求配置。

5.1.2 添加剂预混合饲料生产应配置配料、预混合、混合、成品包装等基本工序。

5.1.3 兼产添加剂预混合饲料的配合饲料、浓缩饲料生产厂,应设置独立的添加剂预混合饲料生产线。

5.1.4 微量组分及添加剂预混合饲料的添加应设置独立的配料工序及输送线,或采用人工方式投入混合机。

5.1.5 粉状成品输送线路宜简短。

5.1.6 原料处理线中易产生粉尘的工艺位置,应设置通风除尘系统。微量组分及添加剂预混合饲料的投料口、成品包装处应设置独立式通风除尘系统。

5.2 主要设备配置

5.2.1 设备,包括升降货梯应符合相应的标准,设备说明书齐备。

5.2.2 粉状配合饲料、浓缩饲料及精料补充料生产应配置初清、磁选、粉碎、配料计量、混合、成品包装或发放设备。颗粒配合饲料生产应增设相应的调质、制粒(或挤压膨化)、干燥冷却、颗粒破碎及分级设备。有特殊工艺要求的,按相应的工艺要求配置。

5.2.3 添加剂预混合饲料生产工艺应配置配料计量、混合、成品包装设备。

5.2.4 配料计量宜选用电子配料秤或电子台秤。

5.2.5 添加剂预混合饲料的生产,其稀释(承载)混合和最终产品混合应分别配置混合机。混合机与物料接触部分应采用不锈钢制作。

5.2.6 混合机室内排料后自然残留量应符合 JB/T 9820.2 的要求。

5.2.7 输送设备应选用便于清理的产品。

5.2.8 设备的明显部位应固定永久性产品标牌,标牌规格应符合 GB/T 13306 的要求。

5.2.9 设备应运转平稳,无异常振动,无跑、冒、滴、漏现象。表面涂漆色泽均匀、平整光滑,不允许露底、起泡、起皱。

5.3 主要生产性能

主要生产性能指标应符合表 1 的要求。

表 1

序号	项　　目		要　　求
1	生产率		符合设计要求
2	吨料电耗		符合设计要求
3	配料秤最大允许误差/%		符合 GB/T 20803
4	打包秤最大允许误差/%		符合 NY/T 1023
5	混合机混合均匀度变异系数/%	配合饲料、浓缩饲料、精料补充料	≤7
6		添加剂预混合饲料	≤5
7	畜禽用颗粒饲料含粉率、粉化率		符合 GB/T 16765
8	渔用颗粒饲料粉化率、水中稳定性		符合 SC/T 1077

表 1（续）

序号	项　　目	要　　求
9	噪声/dB(A)	符合 GBJ 87
10	车间粉尘浓度/(mg/m³)	符合 GB/T 16764

5.4 安全性能

5.4.1 操作平台（或通道）、地坑、升降货梯各楼层通过处无墙侧等应有护栏。护栏应符合 GB 4053.3 的规定。

5.4.2 人员能接触到的外露运转件应有符合 GB 5083 中规定的安全防护装置。

5.4.3 有人通过的地坑或洞眼应有行走安全的盖板。

5.4.4 温度超过 50 ℃的部位应有有效的防护措施。

5.4.5 电气设备应符合 GB 19517 及 GB 19081 的规定。

5.4.6 生产车间照明灯具应符合 GB 19081 的规定。

5.4.7 设备、设施的颜色应符合 GB 2893 的规定。

5.4.8 易发生危险的部位应固定安全标志，安全标志的图形、符号、文字、颜色等均应符合 GB 2894、GB 16179 的规定。

5.4.9 应配备符合 GB 50016 要求的消防设施。

5.5 验收材料的符合性

验收材料齐备，且与实际一致。

6 验收方法

6.1 审阅验收材料

审阅 4.2 中所列的各项材料。

6.2 主要生产性能的验收

主要生产性能指标的验收查验由国家法定检测机构出具的检定证书或检测报告，其中，生产率及吨料电耗亦可由企业提供。

6.3 现场审查

评审组在生产现场按生产工艺流程逐工序审查工艺流程、主要设备配置及安全性能。

7 验收规则

生产工艺及设备符合第 5 章全部要求的，为验收合格。

ICS 65.120
B 00

中华人民共和国国家标准化指导性技术文件

GB/Z 23738—2009

GB/T 22000—2006
在饲料加工企业的应用指南

Guidance on the application of GB/T 22000—2006 in feed industry

2009-05-12 发布   2009-09-01 实施

中华人民共和国国家质量监督检验检疫总局
中国国家标准化管理委员会   发 布

前　　言

本指导性技术文件参考 GB/T 22004《食品安全管理体系　GB/T 22000—2006 的应用指南》制定。

本指导性技术文件的附录 A 为规范性附录,附录 B 为资料性附录。

本指导性技术文件由全国饲料工业标准化技术委员会(SAC/TC 76)提出并归口。

本指导性技术文件起草单位:中国饲料工业协会、北京华思联认证中心。

本指导性技术文件主要起草人:沙玉圣、辛盛鹏、李燕松、胡广东、王黎文、秦玉昌、王冬冬、王峰、赵之阳、刘今玉、张逸平、张淑清、罗世文、杨海华。

引　言

0.1　总则

食品安全管理体系应用于从农作物种植到零售商、食品服务者和餐饮提供者整个食品链。饲料加工企业通过采用该体系,可以确保产品符合法律、法规和(或)顾客规定的要求。

饲料加工企业的食品安全管理体系的设计和实施受诸多因素的影响,特别是饲料安全危害、所提供的产品、采用的过程及饲料加工企业的规模和结构。本指导性技术文件提供了 GB/T 22000—2006 在饲料加工企业的应用指南。

0.2　食品链和过程方法

饲料加工企业位于食品链上游,因此,饲料加工企业在建立和实施食品安全管理体系时,需考虑单一饲料、饲料添加剂生产企业与初级食品生产企业对其活动的影响,并确保进行有效的相互沟通。

为使饲料加工企业有效且高效地运作,应识别和管理众多相互关联的活动。通过使用资源和管理,将输入转化为输出的活动可视为过程。

在饲料加工企业内过程的系统应用,连同过程的识别和相互作用及其管理,称为"过程方法"。

过程方法的优点是对过程系统中各个过程的联系及其组合和相互作用进行实时的控制。

在食品安全管理体系中应用过程方法时,强调以下方面的重要性:

a)　理解并符合要求;

b)　需要考虑与食品安全和可追溯有关的过程;

c)　获得过程实施的结果及有效性;

d)　在客观测量的基础上持续改进过程。

图 1 是一个基于过程的食品安全管理体系模式,阐明了 GB/T 22000—2006 第 4 章至第 8 章提出的过程之间的关系。图 1 的模型并未详细地反映所有的过程。

图 1　持续改进的概念

GB/T 22000—2006
在饲料加工企业的应用指南

1 范围

本指导性技术文件为添加剂预混合饲料、浓缩饲料、配合饲料和精料补充料等饲料加工企业按照
GB/T 22000—2006 的要求建立和实施食品安全管理体系提供了指南。

2 规范性引用文件

下列文件中的条款通过本指导性技术文件的引用而成为本指导性技术文件的条款。凡是注日期的
引用文件,其随后所有的修改单(不包括勘误的内容)或修订版均不适用于本指导性技术文件,然而,鼓
励根据本指导性技术文件达成协议的各方研究是否可使用这些文件的最新版本。凡是不注日期的引用
文件,其最新版本适用于本指导性技术文件。

GB/T 10647　饲料工业术语

GB 10648—1999　饲料标签

GB 13078　饲料卫生标准

GB/T 16764　配合饲料企业卫生规范

GB/T 20803　饲料配料系统通用技术规范

GB/T 22000—2006　食品安全管理体系　食品链中各类组织的要求

NY 5027　无公害食品　畜禽饮用水水质

NY 5071　无公害食品　渔用药物使用准则

NY 5072　无公害食品　渔用配合饲料安全限量

饲料添加剂和添加剂预混合饲料生产许可证管理办法(中华人民共和国农业部 24 号令)

饲料生产企业审查办法(中华人民共和国农业部 73 号令)

3 术语和定义

GB/T 10647、GB/T 22000—2006 确立的以及下列术语和定义适用于本指导性技术文件。

3.1

饲料安全危害　feed safety hazard

可能存在或出现于饲料产品中,通过动物采食转移至食品中,并由此可能导致人类不良健康后果的
因素。

[GB/T 22000—2006 定义 3.3 注 4]

4 GB/T 22000—2006 中"4 食品安全管理体系"的应用指南

4.1 总要求

饲料加工企业建立食品安全管理体系时,首先要明确体系覆盖的范围。饲料加工企业可以自由选
择实施体系的界限和范围,可选择整个组织范围,如某集团公司总部及下属各分公司,也可选择组织内
部的某特定区域和生产场所,如某分公司;可将组织的全部产品纳入体系覆盖的范围,也可只选择覆盖
所有产品中的一部分。

若饲料加工企业将能够对终产品产生影响的过程外包给外部组织实施，如将产品运输委托给货运公司，将除虫灭鼠委托给专业除虫害公司等，饲料加工企业应识别出这些外包过程，予以控制，并用文字描述外包过程的责任部门和控制方法。

GB/T 22000—2006 允许饲料加工企业，特别是小型饲料加工企业实施由外部制定和建立的前提方案、操作性前提方案和 HACCP 计划的组合。但应满足如下要求：

a) 已制定的组合符合 GB/T 22000—2006 中对危害分析、前提方案和 HACCP 计划的要求；

b) 采取了具体措施使外部制定的组合适用于本企业；

c) 该组合已得到实施，并且按照 GB/T 22000—2006 的其他要求运行。

4.2 文件要求

饲料加工企业应制定、形成、实施、评审和保持食品安全管理体系文件。构成体系的文件通常包括产品规范、HACCP 计划、操作性前提方案和前提方案以及其他要求的运行程序，包括任何源于外部过程的合同（例如：运输、虫害控制、产品检测）。饲料加工企业使用的文件应保证在需要的时间和地点获得，并以任何有效形式提供（例如：书面形式，电子版或图片）。

由于饲料加工企业的规模、产品复杂程度，人员能力存在差异，企业使用外部制定的前提方案、操作性前提方案和 HACCP 计划组合的程度不同，因此每个饲料加工企业的文件类型和范围可能不同。

如果饲料加工企业使用外部制定的前提方案、操作性前提方案和 HACCP 计划的组合，则其对本组织的适宜性情况应形成文件，该文件作为食品安全管理体系的一部分。

饲料加工企业在生产、经营等活动中应使用与饲料安全有关的外部文件，例如：满足法律法规和顾客的要求。在某些情况下，电子文档也应符合法规要求。

在规定的期限以及受控条件下，保持适当的记录是饲料加工企业的一项关键活动。在考虑产品预期用途以及产品在整个食品链中预期保质期的情况下，饲料加工企业应依据保持的记录做出决策。

5 GB/T 22000—2006 中"5 管理职责"的应用指南

5.1 管理承诺

包括确定与体系建立和实施有关的意识和领导的积极行动等在内的方式，可以作为饲料加工企业提供最高管理者对食品安全管理体系承诺的证据。

在饲料行业，考虑保持经济性的同时，生产安全、有效、不污染环境的饲料产品，将饲料产品危害降低到可接受水平是非常重要的。

管理层应当承诺建立、保持和持续运行食品安全管理体系并配备必要的资源。最高管理者首要任务就是确定食品安全小组成员，并支持他们的活动。

5.2 食品安全方针

食品安全方针是每个饲料加工企业食品安全管理体系的基本原则。食品安全方针应规定可测量的目标和指标。可测量的活动可以包括识别和实施，以改进体系任何方面的活动（例如：杜绝盐酸克伦特罗、三聚氰胺等违禁物质，重大饲料产品安全事件为零等）。

目标应是具体的、可测量的、可达到的、相关的和有时限的。

确保目标和方针符合饲料加工企业的经营目标，法律法规要求和任何来自顾客特定的补充的安全要求。

5.3 食品安全管理体系策划

策划确保饲料加工企业明确各种要求（输入）并能很好地满足这些要求（输出）。同时，饲料加工企业应建立一套策划机制，当食品安全管理体系（例如：产品、工艺、生产设备、人员等）发生变更时需要进行再策划,确保变更不会给饲料安全带来负面影响,不影响实现食品安全方针与目标,并且确保体系的完整性。

5.4 职责和权限

饲料安全管理应依赖于整个饲料加工企业各个环节职能的发挥。每位员工都应知道其职责以达到既定的方针和目标,满足顾客对饲料安全和质量的要求。

5.5 食品安全小组组长

食品安全小组组长是饲料加工企业食品安全管理体系的核心,应是饲料加工企业的成员并了解饲料加工企业的饲料安全事项。当食品安全小组组长在饲料加工企业中另有职责时,不应与食品安全的职责相冲突。

食品安全小组组长的职责可以包括与外部相关方就食品安全管理体系的有关事宜进行联系。

建议食品安全小组组长具备饲料卫生管理和 HACCP 原理应用方面的基本知识。

5.6 沟通

沟通的目的是确保发生必要的相互作用。

外部沟通旨在交换信息,以确保危害在食品链的某一环节通过相互作用得到控制,例如:

a) 对于可不由饲料加工企业控制或饲料加工企业无法控制而必需在食品链的其他环节得到控制的食品安全危害,与农作物种植者、饲料添加剂生产者等饲料原料供方,畜禽、水产养殖者以及初级食品(肉、禽、蛋、乳与鱼制品)生产者交换信息;

b) 与顾客交换信息,作为相互能接受的食品安全水平(顾客要求的)的依据;

c) 与立法和执法部门以及其他组织的沟通。

外部沟通是指饲料加工企业和外部组织以合同或其他方式,就要求的食品安全水平和按照协商要求交付能力达成一致的方法。饲料加工企业应建立与立法、执法部门以及其他组织沟通的渠道,以作为提供公众可接受的食品安全水平以及确保饲料加工企业可信度的基础。

指定人员在沟通技巧方面的培训也是一个重要方面。

饲料加工企业内部的沟通体系宜确保参与各类操作和程序的人员获得充分的、相关的信息和数据。食品安全小组组长在饲料加工企业内部就食品安全问题的沟通方面发挥着主要作用。对于新产品开发和投放市场,以及原料与辅料、生产系统与过程和(或)顾客及顾客要求的未来变化,饲料加工企业内部人员的沟通宜清晰且及时。应特别注意沟通法律法规要求发生的变化、新的或正在出现的食品安全危害以及这些新危害的控制方法。

饲料加工企业的任何成员在发现可能影响饲料安全的情况时应知道如何汇报。

5.7 应急准备和响应

饲料加工企业应意识到潜在的突发事件,例如:火灾、洪水、生物恐怖主义和蓄意破坏、能源故障、车辆事故、环境污染和动物疫情等。

5.8 管理评审

管理评审为管理提供机会,以评估组织在满足有关食品安全方针的目标方面的绩效,以及食品安全管理体系的整体有效性。

食品安全管理体系应当确保在饲料加工企业内所有对饲料安全有影响的活动得以不断的界定(通常指文件化)和有效实施。

6 GB/T 22000—2006 中"6 资源管理"的应用指南

6.1 资源提供

最高管理者应充分识别饲料行业相关法律法规对资源配置的要求,根据企业的方针、规模、性质、产品特性和相关方的要求确保提供所要求的充足资源。资源可包括：人员、信息、基础设施、工作环境，甚至文化环境。为了实施和改进饲料安全管理体系的各过程，满足饲料安全和顾客的要求，最高管理者应在确保生产安全产品的情况下，协调资源，确保资源的合理搭配，改进资源的分配状况，提高资源的利用效率。

6.2 人力资源

饲料加工企业应确保满足相关法律法规对人员方面的要求（见附录 A.1.2）。食品安全小组成员和其他从事影响饲料安全活动的人员应具有适当的教育、培训、技能和经验，能够胜任其工作，确保其活动不会对所生产的产品造成任何不良的健康风险。

关键岗位人员，如化验员、中央控制室操作员、设备维修人员等应满足农业部规定的职业准入制度的要求，取得职业资格证书。

对于从事影响饲料安全活动的人员，如配料员、投料员、评审潜在不合格品人员、CCP 监控人员、内审员等进行必要的培训，使其充分了解他们在体系中的职责和过程控制要求。

饲料加工企业在建立、实施或运行食品安全管理体系时，当人员在某些方面能力欠缺或缺乏特定专业知识时，可以通过聘请外部的专家来满足要求，但应以协议或合同的方式对专家的职责和权限予以规定。

6.3 基础设施

企业应确保提供建筑物、设施布局、生产设备以及支持性服务等基础设施，应给予必要的维护和保养以持续满足实现安全饲料产品的要求。企业应识别相关法律法规对基础设施的要求并予以遵守，如生产添加剂预混合饲料企业应有两台不锈钢混合机（见附录 A.2.1.1～A.2.1.4）。

6.4 工作环境

企业应识别相关法律法规对工作环境的要求，根据产品特性和企业规模等要求确保提供符合要求的工作环境。工作环境可以包括防止交叉污染的措施、工作空间的要求、防护工作服的要求以及员工设施的可用性和位置。

7 GB/T 22000—2006 中"7 安全产品的策划和实现"的应用指南

7.1 总则

饲料加工企业应采用动态和系统的过程方法建立食品安全管理体系。这是通过有效的建立、实施、监视策划的活动，保持和验证控制措施，更新饲料加工过程和加工环境，以及一旦出现不合格产品而采取适当措施来实现的。

GB/T 22000—2006 第 7 章阐明了策划（见图 2）和运行阶段，而第 8 章阐述了体系的检查和改进阶段。体系的保持和改进是通过第 7 章和第 8 章所要求的策划、确认、监视、验证和更新等若干循环来体现的。在运行的体系中，任何一个阶段的变化都可能导致体系的变更。

为了建立、实施和控制食品安全管理体系，GB/T 22000—2006 按照逻辑顺序，重新界定了控制措施分为两个部分（即分为前提条件和应用于关键控制点的措施）的传统概念。控制措施分为如下三组：

a) 管理基本条件和活动的前提方案；前提方案的选择不以控制具体确定的危害为目的，而是为了保持一个清洁的生产、加工和操作环境（见 GB/T 22000—2006 7.2）；

b) 操作性前提方案，管理那些通过危害分析识别的，对于确定的危害控制到可接受水平是必要的，但不通过 HACCP 计划来管理的控制措施；

c) HACCP 计划，管理那些通过危害分析识别并确定有必要予以控制的危害，应用关键控制点的方法使其达到可接受水平的控制措施。

图 2　安全饲料的策划

控制措施的分组有助于将不同的管理策略用于对控制不符合的措施(包括对受影响产品的处置)进行确认、监视和验证。

策划的核心要素是实施危害分析,以确定需要控制的危害(见 GB/T 22000—2006 的 7.4.3)、达到可接受水平所需的控制程度和可实现要求的控制措施组合(见 GB/T 22000—2006 的 7.4.4)。为确保实现上述目的,预备步骤是必要的(见 GB/T 22000—2006 的 7.3),以提供和汇集相关的信息。

危害分析确定了适宜的控制措施,并对这些措施进行分类,分别由 HACCP 计划和(或)操作性前提方案来管理,这将有助于随后对有关控制措施如何实施、监视、验证和更新等内容的设计(见 GB/T 22000—2006 的 7.5~7.8)。

如果外部的控制措施组合能力满足 GB/T 22000—2006 中 7.2~7.8 的要求,则饲料加工企业可以利用外部能力建立控制措施组合。

7.2 前提方案

饲料加工企业建立前提方案时可根据或参照 GB/T 16764、《饲料添加剂和添加剂预混合饲料生产许可证管理办法》、《饲料生产企业审查办法》及附录 A 第 A.2 章的要求,按照生产的不同产品类别具体制定,并在整个生产系统中实施。所建立的前提方案应经过食品安全小组的批准。

7.3 实施危害分析的预备步骤

7.3.1 总则

未提供指南。

7.3.2 食品安全小组

见附录 A.1.1。

7.3.3 产品特性

当原材料、辅料以及与产品接触的材料可能会影响危害的发生和危害水平的评价结果时,应考虑其来源。需要考虑的信息可能不同于保持可追溯性所要求的原始信息(见 GB/T 22000—2006 7.9)。适宜时,原料描述应考虑以下方面的内容:

a) 玉米、大豆等种植环境、动物源性饲料是否来自疫区、矿物质原料的产地;鱼粉、维生素的生产方式以及如对较高含量的亚硒酸钠的预处理(稀释);

b) 在接收准则或规范中,还应关注与其预期用途相适应的饲料安全要求,如动物源性饲料禁止添加到反刍动物的饲料当中;

c) 对终产品特征的描述应列出 GB 10648—1999 中 5.3 产品成分分析保证值项目,要识别其有关饲料安全危害的因素;

d) 产品的储存和运输环境有可能给产品带来微生物的污染和外来杂质的污染,如储存环境不当导致的产品受潮、虫鼠害和鸟的侵袭导致的沙门氏菌污染、运输过程中产品包装破损导致的外来杂质的污染等。

通过对产品特性描述(参见附录 B 中表 B.1、表 B.2),识别产品内在因素和外在控制条件,给危害分析提供充分的信息。

7.3.4 预期用途

在终产品的特性描述中需考虑产品适用动物类别,适用期等,应描述使用方法、药物配伍禁忌、停药期等。如肉仔鸡中期配合饲料,每千克饲料含有金霉素 50 mg、盐霉素 60 mg,停药期 7 d,4 周龄至出栏前 1 周肉仔鸡,直接饲喂;25%仔猪浓缩饲料,每千克产品中含金霉素 300 mg,硫酸粘杆菌素 40 mg,停药期为 7 d,适用于 15 kg～30 kg 体重的仔猪,按"25% 浓缩饲料＋70%玉米＋5%麦麸"的配料比例混合均匀后饲喂;4%蛋鸡产蛋期复合预混合饲料,无药物饲料添加剂,蛋鸡产蛋期,按"玉米 59.2%＋豆粕 26.1%＋麸皮 4.3%＋石粉 6.4%＋预混料 4%"配比混合后饲喂。

包含上述与饲料安全有关的预期用途的文件随产品用途的变化而变化,并按照 7.7 的要求进行更新。预期用途的信息有助于确定适宜的危害的可接受水平,也有助于选择达到上述水平的控制措施组合。

7.3.5 流程图、过程步骤和控制措施

7.3.5.1 流程图

饲料加工企业应绘制其体系范围内产品和过程的流程图,用于获得食品安全危害可能产生、引入和增加的信息。饲料加工企业的产品和过程流程图包括:厂区平面图、产品工艺流程图、人流图、物流图等,绘制的流程图应准确、详细和清晰,便于危害识别、危害评价和控制措施的识别,并表明控制措施的来源、相关位置和饲料安全危害可能引入及其重新分布的情况。

如果企业生产过程中具有源于外部的过程或分包过程,应在工艺流程图中标明,工艺流程图还应包括原料、辅料和中间产品的投入点(如复合预混料生产过程可能包括三级混合过程),以及返工点和循环点,如制粒过程中不合格粒度产品的返工过程。流程图中还应包括终产品、中间产品的放行点。

7.3.5.2 过程步骤和控制措施的描述

食品安全小组应组织相关人员对过程流程图中的所有步骤进行描述,适用时,这些描述可包括:过

程步骤的目的、过程的变异性、过程步骤的作用和过程步骤所要满足的参数等。过程参数包括物料重量、混合时间、调质与制粒温度等,其中各步骤所引入、增加或控制的每种危害及其控制措施(见附录A第A.3章关键过程控制)应尽量详细描述,以便所提供的信息能评价和确认控制措施应用强度的效果。

针对控制措施的描述包括但不限于如下内容:

a) 有些控制措施存在于生产过程的工序中,如配料工序、投料过程控制等;

b) 有些控制措施则拟包含或已包含于操作性前提方案中,如已经包含于操作性前提方案中的预防交叉污染的方案等;

c) 有些控制措施,需要由食品链中其他环节(例如:原料供应商、分包方和顾客)和(或)通过社会方案实施(例如:环保一般措施)而控制,如原料中的农药残留控制。

应识别有关控制措施描述的变化,如顾客和饲料行业主管部门要求的变化,并将之用于上述描述的更新,更新应按照7.7的要求进行。

7.4 危害分析

7.4.1 总则

未提供指南。

7.4.2 危害识别和可接受水平的确定

7.4.2.1 危害识别时可基于如下获得的信息:

a) 根据7.3预备步骤中所获得的信息,包括原料、辅料及饲料接触材料本身的饲料安全危害及其控制措施,生产过程中引入、增加和控制的饲料安全危害,以及企业控制范围外的饲料安全危害控制措施;

b) 依据本企业获得的历史性经验和外部信息, 例如,通过本企业在以往的生产活动中危害发生的实际情况和历史数据获取的信息,包括查询主管部门、同行业、农作物种植者、饲料添加剂生产者与初级食品生产者与本产品相关的食品安全危害、顾客抱怨或投诉和相关文献获得的饲料安全信息。可考虑如下方面:
——原料、配料或饲料接触物中饲料安全危害的流行状况;
——来自设备、加工环境和生产人员的直接或间接污染;
——可能滋生微生物的产品残渣;
——微生物的繁殖(例如:有些原料或饲料产品水分超标发霉变质或产生毒素);
——化学品的残留(例如:药物饲料添加剂的残留)。

7.4.2.2 针对所识别的饲料安全危害,在描述该危害(参见附录B中表B.3)时,应明确描述到具体的种类,如:混合工序中由于设备清理不到位而导致的霉菌的污染、批次间清理不当导致的药物饲料添加剂的残留等。

7.4.2.3 可接受水平是饲料加工企业的终产品进入食品链下一环节时,为确保食品安全,某特定危害需要被控制的程度。通常可接受水平是终产品标准。终产品的可接受水平可通过以下一个或多个来源获得的信息来确定。
——终产品标准(例如:GB 13078)或由产品生产国或消费国政府立法或执法部门制定的目标、指标;
——与初级食品生产者进行沟通所获得的有关食品安全的信息;
——当缺乏国家法规或标准时,或企业的自身要求高于国家的要求时,可以是企业标准或饲料行业的标准。

考虑与顾客达成一致的可接受水平和(或)法律法规的标准,当同一批产品在多个消费国家出售时,食品安全小组可将最严格的标准确定为可接受水平。当缺乏法律规定的标准时,可通过科学文献和专业经验获得。

可接受水平确定的依据应作为证据加以保存,并将可接受水平的结果作为记录保存。

7.4.3 危害评估

企业应将7.4.2中已识别的危害进行评估,以确定需企业进行控制的饲料安全危害。

在进行危害评价时,可考虑以下方面:

a) 危害的来源,如危害可能从"哪里"和"如何"引入到产品中(例如:饲料原料中含有霉菌毒素、设备中药物饲料添加剂的残留或添加的矿物质重金属超标等);

b) 危害发生的概率;

c) 危害的性质(例如:致病菌繁殖、产生或污染,产生毒素的能力等);

d) 危害可能导致的不良健康影响的严重程度(例如:大致可分为:"灾难性"、"严重"、"中度"和"可忽略")。

食品安全小组根据产品特性和沟通获得的信息,进行危害评估。当危害评估所需的信息不充分时,可通过科学文献、行业主管部门的数据库、专家和专业咨询机构获得更多的信息。

企业可采用风险评估表(参见附录 B 中表 B.4)对已识别的危害进行分类,确定风险的性质,然后将危害按照风险分级表(参见附录 B 中表 B.5)进行分级,从而确定企业需要控制的危害。

企业根据其确定的可接受水平,结合制定的食品安全方针和目标,确定在何种级别的饲料安全危害应由企业进行控制。企业根据危害评估的结果,制定出需要控制的饲料安全危害清单(参见附录 B 中表 B.6)。

危害分析可以确定不需要饲料加工企业控制的危害。例如,在不需要饲料加工企业干预的情况下,引入或发生确定的饲料安全危害就可达到规定的可接受水平。也可能在农作物种植者、饲料添加剂生产者与初级食品生产者已经实施了充分控制和(或)饲料加工企业中不可能引入或产生危害,或者可接受水平相当低,饲料加工企业无论怎样都能达到。

7.4.4 控制措施的选择和评估

7.4.4.1 控制措施的选择:可以从 GB/T 22000—2006 的 7.2.3(起草的或者先前应用的操作性前提方案)、7.3.3.1a)、d)、e)和 f),7.3.3.2 b)～g),7.3.5.1(过程步骤)和 7.3.5.2(外部组织对控制措施的要求)中选择控制措施。

7.4.4.2 控制措施的评估和组合:特定的食品危害通常需要由一种以上的控制措施来控制,一种以上的食品安全危害也可以由同一种控制措施控制(但要求达到相同的程度)。因此对于依据 GB/T 22000—2006 的 7.4.3 确定的每个危害,建议首先选择适当的控制措施组合来控制,然后确定控制所有危害需要的全套控制措施。

GB/T 22000—2006 的 8.2 要求通过确认证实控制措施组合能够达到预期的控制水平,如果不能证实这种能力,则应修改控制措施组合。

当控制措施不能被确认时,不能将其包括在 HACCP 计划或操作性前提方案中,但能应用在前提方案中。

评估和确认过程可能产生这样的结果,即由于先前采用的或草拟的控制措施被证实超过了实际需要而进行必要控制的要求。如果希望(持续的)采用这些控制措施,可根据这些控制措施与饲料加工企业食品安全管理体系总体相关性来考虑这些控制措施,或将这些控制措施整合到前提方案中。

7.4.4.3 控制措施的分类:饲料加工企业可能希望尽可能多的控制措施由操作性前提方案管理,而将少量的控制措施由 HACCP 计划中管理,或者相反。需要提及的是,在某些情况下无法确定关键控制点,例如:因为在足够的时间框架内不能提供监视结果。

由于在分类之前已经确认了控制措施组合的效果,即使所有控制措施完全都由操作性前提方案管理,也能达到食品安全。

以下可以在分类过程中为饲料加工企业提供指南:

——控制措施对危害水平和危害发生频率的影响(影响越大,控制措施越可能属于 HACCP 计划);

——措施所控制的危害对消费者健康影响的严重性(越严重,控制措施越可能属于 HACCP 计划);

——监视的需要(需要越迫切,控制措施越可能属于 HACCP 计划)。

7.5 操作性前提方案(PRPs)的建立

通过 7.4.4 对控制措施选择和评价结果,需要通过操作性前提方案管理的危害,操作性前提方案的制定格式(参见附录 B 中表 B.7)。

通常对操作性前提方案中所管理的控制措施采用较低的监控频率,例如相关参数每周检查一次。由于危害分析输入和输出的变化,可导致最初通过操作性前提方案所管理的控制措施的评价结果和分类发生变化,或先前通过 HACCP 计划管理的控制措施也发生变化,因此随着变化应更新操作性前提方案。此外,终产品的可接受水平的变化,以及需控制的产品的安全危害及其他环境变化,都可能影响管理控制措施的方案或计划发生变化。

当操作性前提方案中所管理的控制措施失控时,所规定的监控方法和频次应能够对这种情况及时反应,以便及时采取纠正措施。

7.6　HACCP 计划的建立

7.6.1　HACCP 计划

本条款给出了 HACCP 计划的格式要求(参见附录 B 中表 B.8)。

由于多个因素影响可接受水平,确定的需控制的饲料安全危害也受到企业的食品安全方针、目标和顾客饲料安全要求以及法律法规的影响,这些因素的变化都可能导致 HACCP 计划的变化,因此,HACCP 计划也需要更新。

7.6.2　关键控制点(CCPs)的识别

关键控制点是 HACCP 计划中的控制措施所在的那些步骤(见图 3)。

注:本图相关条款参见 GB/T 22000—2006。

图 3　判断树

7.6.3 关键控制点的关键限值的确定

应设计关键限值,确保控制所针对的食品安全危害。对于用于控制一个以上食品安全危害的关键控制点,则应针对每个食品安全危害建立关键控制限值。

7.6.4 关键控制点的监视系统

大多数关键控制点的监视程序应提供与在线过程有关的实时信息。此外,监视应及时提供信息,做出调整,以确保过程受控,防止偏离关键限值。因此,可能没有时间做耗时的分析检验。由于物理和化学测量操作迅速,通常他们在提供微生物控制程度的信息方面更优于微生物检验。当确认和验证这些测量方法时,可以采用微生物检验方法。如对于药物残留的控制,通常由指定人员对配方中药物饲料添加剂的合法性进行确认,对配料、投料过程进行监控,以此即可实现用药合理性的在线监控。可以采用检验饲料中药物残留的方法。

7.6.5 监视结果超出关键限值时采取的措施

关键限值设定于产品变为不安全的临界点。因此在实际中,通常按照过程可能发生失控的提前预警限值操作。当超出警戒限值时,饲料加工企业可以选择是否采取任何措施。

7.7 预备信息的更新、规定前提方案和 HACCP 计划文件的更新

当影响危害分析输入(预期用途、流程图、过程步骤和控制措施及其相关因素)发生变化时,应更新已制定的 HACCP 计划和(或)操作性前提方案。

当顾客对产品的安全要求发生变化、法律法规、企业的食品安全方针和终产品的分销方式等发生变化时,有可能导致产品的预期用途的变化,生产工艺和配方的变化可能导致流程图、控制措施和过程步骤地变化,产品特性的变化可能导致终产品的可接受水平的变化,上述的变化最终可能导致 HACCP 计划和(或)操作性前提方案的变化,因此,饲料加工企业应识别这些变化,以便在需要时更新这些信息。

7.8 验证策划

确认、验证和监视的概念经常混淆。

——确认是操作前的评估,它的作用是证实单个(或者一个组合)控制措施能够达到预期的控制水平;

——验证是操作期间和之后进行的评估,它的作用是证实预期的控制水平确实已经达到;

——监视是探测控制措施失控的程序。

验证的频率取决于用于控制食品安全危害达到确定的可接受水平或预期的效果的不确定程度,以及监视程序查明失控的能力。因此,该频率取决于与确认结果和控制措施作用有关的不确定度(例如:过程变化)。例如,当确认证实控制措施达到的危害控制明显高于满足可接受水平的最低要求时,控制措施的有效性验证可以减少或完全不需要。

7.9 可追溯性系统

饲料加工企业应根据终产品的标志和批次编码、产品生产、储存和交付过程中的记录,确保产品的可追溯性。

企业应建立从原材料的使用至产品交付各环节的可追溯系统,系统应识别原料、辅料、包装材料的直接供应方、使用产品的批次、生产日期等信息;生产环节当中与产品有关的信息如产品的班次(批次)、设备运行数据等;交付有关的信息如客户信息、产品的批次、生产日期等(见附录 A 第 A.5 章)。

企业可采用定期演练的方式或对发生的问题产品进行追溯,来评价所建立的可追溯系统的完善程度。

企业应保持可追溯性记录,可追溯性记录应符合法律法规的要求,如 GB 10648—1999、顾客要求,以确保不安全产品的及时撤回,并证实可追溯系统的有效性。

7.10 不符合控制

7.10.1 纠正

企业应制定文件化的程序,规定不符合关键限值或操作性前提方案失控时所生产的产品如何处置。

程序应包括并规定如下内容：负责纠正人员的职责和权限；如何根据可追溯性系统识别受影响的终产品；哪个部门或人员负责受影响终产品的评估；评估的标准和方法；纠正方案批准人员的职责和权限等。同时，程序中还可规定对终产品评估后的相关响应。纠正的记录应包括：产品的批次信息、不符合的性质、原因及其后果，记录应由负责人签字。

7.10.2 纠正措施

监控结果，包括关键控制点超出和操作性前提方案不符合的结果，以及顾客投诉、验证结果中的不符合都需要采取纠正和纠正措施。

应在形成文件的程序中规定，采取纠正措施的人员的职责和权限；评审的内容；不符合原因的分析要求；确定所采取的纠正措施；所采取纠正措施的评价及跟踪验证要求；对所采取纠正措施的结果的记录要求等。

7.10.3 潜在不安全产品的处置
7.10.3.1 总则

受不符合关键限值或不符合操作性前提方案影响的产品均为潜在不安全产品。企业应编制形成文件的程序，在程序中规定潜在不安全产品的评审及处置人员的职责和权限；评审及处置的方法；潜在不安全产品的控制及其响应等。

7.10.3.2 放行的评价

潜在不安全产品在评价安全前，应在饲料加工企业的控制之下。只有受影响的产品符合如下条件之一时，才能作为安全产品放行：

a) 除监视系统外的其他证据证实控制措施有效；

b) 证据显示，针对特定产品的控制措施的组合作用达到预期效果（即符合7.4.2确定的可接受水平）；

c) 充分抽样、分析和（或）其他验证活动的结果证实受影响批次的产品符合确定的食品安全危害的可接受水平。

7.10.3.3 不合格品的处理

当按照7.10.3.1条和7.10.3.2条评价后，应在形成文件的程序中规定为不安全的产品按照如下方式进行处理：

a) 在饲料加工企业内或饲料加工企业外重新加工或进一步加工，以保证食品安全危害消除或降至可接受水平；

b) 销毁和（或）按废物处理。

7.10.4 撤回

企业应建立形成文件的程序，以控制交付后不安全产品所发生的饲料安全危害，识别和评价待撤回产品，并通知相关方，防止饲料安全危害的扩散。

在形成文件的程序中规定：撤回产品的类别、产品撤回的途径、通知相关方的途径及撤回产品的处置方法等。

产品撤回的原因可能是顾客的投诉、可能是主管部门检查时发现，也可能是企业自身发现，还可能是媒体报道。

在获得产品撤回的信息后企业应对该批次的产品留样，甚至扩大批次产品的留样进行复查，以查明产品是否不安全及其不安全的原因，同时通知相关方，通过适当途径进行撤回。

企业应通过模拟撤回、实际撤回等形式，验证撤回程序的有效性。

8 GB/T 22000—2006 中"8 食品安全管理体系的确认、验证和改进"的应用指南

8.1 总则

本章的要求是证实所策划的食品安全管理体系活动是可靠的，能够达到并确实达到了所期望的对

饲料安全危害的控制要求。

饲料加工企业管理者的职责是确保策划的食品安全管理体系运行,并发挥预期的控制作用,以及在提供新信息时对控制措施及管理体系进行更新。

食品安全小组最重要的职责之一就是有计划的实施对食品安全管理体系进行确认、验证和改进。食品安全小组应首先明确确认方法、验证程序及方法等活动,如统计技术的应用,变换方法计算等,以保证确认、验证及改进活动顺利进行。通过确认和验证,找到改进及更新体系的机会。

8.2 控制措施组合的确认

控制措施组合是指操作性前提方案和 HACCP 计划中的控制措施,两者的共同使用具有协同效应。对于相同产品的饲料生产企业,如预混料生产企业,如使用了不同的原料、不同的饲料配方及不同的设备,或者产品面对不同的客户,操作性前提方案和 HACCP 计划中的控制措施要求可能是不一样的。

确认过程为控制措施组合实现满足可接受水平的产品提供保证,确认通常包括以下活动:

a) 参考其他饲料加工企业实施的确认、科学文献、经验知识;

b) 模拟过程条件的实验室试验;

c) 在正常操作条件下收集的生物性、化学性和物理性危害数据;

d) 设计的调查统计学调查;

e) 数学模型;

f) 采用权威机构提供的指导。

如果采取其他饲料加工企业实施的确认,应注意预期应用的条件要与所参考的确认条件一致,可以采用普遍认可的行业作法。确认可以由外部相关方进行,微生物检验或分析检测能有效验证过程处于受控并生产可接受的产品。

如果出现附加的控制措施、新技术和设备,控制措施的变更,产品(配方)变更,识别出新的或正在显现的危害,危害发生的频率的变化,或体系发生未知原因的失效等,体系就需要重新确认。

8.3 监视和测量的控制

对于大宗饲料原料及产品,感官检验非常重要。这种感官测试的工作可视为"检验设备",这种行为应被定期检查,即为一种特殊的校准,以保证感官检验的结果符合要求,最终保证通过感官检验的原料符合要求。

需要特别注意并定期校准的监测装置包括用于称量维生素、微量元素、药物添加剂使用的电子秤、大料配料称,混合时使用的时间继电器,用于监测制粒温度的温度计等。

8.4 食品安全管理体系的验证

食品安全管理体系验证是为了保证它同策划的一样发挥作用,并按最新获得的信息及时更新。正常发挥作用的食品安全管理体系可以减少大量产品抽样和检验的需要。验证大致可以分为日常和定期验证两个阶段。

日常验证活动采用的方法、程序或检验区别于甚至多于监视体系时所用的方法、程序或检验。验证报告应包括以下信息:

——体系;

——管理和更新验证的人员;

——与监视活动有关的记录状况(对关键控制点监控及操作性前提方案的监控记录等是否符合规定的要求);

——证明监视设备已检定或校准,并处于正常工作状态中(如:药物添加剂称量用的电子秤是否已得到检定或校准,量程和精度是否合理);

——记录评审和样品分析的结果。

人员培训的记录应评审,评审的结果也应形成文件。

验证活动的计划是食品安全管理体系的一部分(按照 GB/T 22000—2006 的 7.8 策划,根据 8.4.2

评估）。计划应包括使用的方法和程序,频率和活动负责人员。作为食品安全管理体系一部分的验证活动应包括,例如:

    ——评审监视记录;

    ——评审偏离及其解决或纠正措施,包括处理受影响的产品;

    ——校准温度计或者其他重要的测量设备;

    ——直观地检查操作来观察控制措施是否处于受控;

    ——分析测试或审核监视程序;

    ——随机收集和分析半成品或终产品样品(如混合均匀度的测定等);

    ——环境和其他关注内容的抽样;

    ——评审顾客的投诉来决定其是否与控制措施的执行有关,或者是否揭示了未经识别的危害存在和是否需要附加的控制措施。

在进行验证活动的内部审核时(见 GB/T 22000—2006 的 8.4.1),宜遵守合理的审核原则。审核员应有能力完成审核,并独立于被审核的工作或过程,尽管他们可能来自相同的工作区域或部门。例如,在一家小的饲料加工企业的管理机构中可能仅有一个或者两个人员,这项要求就不能达到。在这种情况下要行使审核员的职责,建议管理者尝试从直接管理运行中退出来,进行客观的审核。

另一种方法是寻求与另外一家小的企业合作,互相进行内部的审核。如果两个饲料加工企业间的关系很好的话,那么这种方法是很有吸引力的。另外,外部的相关方(例如:行业协会、咨询师和检验机构)也能提供独立审核。

定期验证活动涉及整个体系的评估(见 GB/T 22000—2006 的 8.4.3)。通常是在管理或验证的小组会议中完成,并评审一定阶段内所有的证据以确定体系是否按策划有效实施,以及是否需要更新或改进。应保持会议记录,包括所有与体系有关的任何决定。应每年至少一次用此方法来验证整个体系。

8.5　改进

本条款提出了持续改进食品安全管理体系有效性的途径和方法,包括以下方面:

    ——内、外部充分沟通(见 5.6);

    ——建立食品安全管理体系自我完善机制:管理评审、内部审核(见 5.8、GB/T 22000—2006 的 8.4.1);

    ——策划、实施验证活动,并对验证结果及验证活动做好分析、评价(见 GB/T 22000—2006 的 8.4.2、8.4.3);

    ——对出现的潜在不符合,进行纠正并采取纠正措施,防止再次发生(见 7.10.2);

    ——根据变化的情况及时对体系实施更新(见 GB/T 22000—2006 的 8.5.2)。

最高管理者对于及时更新体系负有领导责任,更新的具体执行由食品安全小组落实,并向最高管理者报告。

附 录 A

（规范性附录）

饲料加工企业要求

A.1 人力资源

A.1.1 食品安全小组

    a) 食品安全小组成员应具备多学科的知识和建立与实施食品安全管理体系的经验,包括从事饲料卫生质量控制、配方设计、原辅料采购、生产控制、实验室检验、设备维护、仓储运输、产品销售等工作人员;

    b) 食品安全小组人员应理解 HACCP 原理、前提方案和食品安全管理体系的标准;

    c) 食品安全小组知识和经验证实性记录和接受培训的记录应保持。

A.1.2 人员能力、意识与培训

A.1.2.1 饲料加工企业负责人应熟悉饲料相关法律法规,了解饲料相关专业知识。质量负责人专职工作经验根据企业产品类型达到规定年限要求,具有大专学历或中级以上职称,熟悉质量控制和检化验技术。生产负责人具有 2 年以上专职工作经验,具有大专学历或中级以上职称,熟悉生产工艺和生产管理技术。技术负责人具有 2 年以上专职工作经验,具有大专学历或中级以上职称,熟悉饲料相关专业知识和配方技术。

A.1.2.2 具有满足需要的熟悉动物营养、饲料配方技术及生产工艺的人员。

A.1.2.3 检化验员、中央控制室操作工、设备维修工应经过行业主管部门培训并考核鉴定。检化验人员和中央控制室操作工均应持证上岗,至少各 2 人。

A.2 前提方案

A.2.1 工厂设计、厂区环境、厂房及设施和设备

A.2.1.1 厂区

A.2.1.1.1 工厂应设置在无有害气体、烟雾、灰尘和其他污染源的地区。厂址应与饲养场、屠宰场保持安全防疫距离。

A.2.1.1.2 厂区主要道路及进入厂区的主干道应铺设适于车辆通行的硬质路面(沥青或混凝土路)。路面平坦,无积水。厂区应有良好的排水系统。厂区内非生产区域应绿化。

A.2.1.1.3 工厂的建筑物及其他生产设施、生活设施的选址、设计与建造应满足饲料原料及成品有条理的接收和贮存,并在其加工过程中得以进行有控制的流通。生产区与生活区分开。废弃物临时存放点应远离生产区。

A.2.1.1.4 严禁使用无冲水的厕所,避免使用大通道冲水式厕所。厕所门不应直接开向车间,并应有排臭、防蝇、防鼠设施。

A.2.1.1.5 厂内禁止饲养家禽、家畜。

A.2.1.2 厂房与设施

A.2.1.2.1 厂房与设施的设计要便于卫生管理,便于清洗、整理。要按生产工艺合理布局。

A.2.1.2.2 厂房内应有足够的加工场地和充足的光照,以保证生产正常运转,并应留有对设备进行日常维修、清理的通道及进出口。

A.2.1.2.3 原料仓库或存放地、生产车间、包装车间、成品仓库的地面应具有良好的防潮性能,应进行日常保洁。地面不应堆有垃圾、废弃物、废水及杂乱堆放的设备等物品。

A.2.1.3 生产车间

A.2.1.3.1 生产车间面积应与设计生产能力相匹配。

A.2.1.3.2 生产设备齐全、完好,能满足生产产品的需要。设施与设备的布局、设计和运行应将发生错误的风险降到最低,并可进行有效的清洁与维护,以避免交叉污染、残留及任何对产品质量不利的影响。

生产配合饲料、浓缩饲料、精料补充料的企业应具有原料接收、初清、粉碎、配料、混合(制粒、冷却、破碎、筛选)、计量打包、除尘等工序及相应设备。为了确保产品混合均匀,用于配合饲料、浓缩饲料、精料补充料的混合机混合均匀度变异系数 $CV \leqslant 7\%$。有预混合工艺的,应有单独的不锈钢混合机,混合均匀度变异系数 $CV \leqslant 5\%$。

生产添加剂预混合饲料的企业应有 2 台以上混合机,其中混合机规格应与生产工艺相配套,为不锈钢制造,混合均匀度变异系数 $CV \leqslant 5\%$,物料自然残留率低,密封性好,无粉尘外溢现象。

A.2.1.3.3 车间内应具有通风、照明设施。

A.2.1.4 贮存仓库和设备

A.2.1.4.1 仓库:仓库应牢固安全,不漏雨、不潮湿,门窗齐全,能通风、能密闭;有防潮、防虫、防鼠、防鸟设施;有一定空间,便于机械作业;库内不准堆放化肥、农药、易腐蚀、有毒有害等物资。

A.2.1.4.2 器具、仪器设备:配备清扫、运输、整理等仓用工具和材料;配备测温设备、测湿设备、通风设备及准确的衡器;配备抽样工具。散装立筒仓应配备有测温、通风、清理设备。

A.2.1.5 维修、保养

厂房、设备、排水系统和其他机械设施,应保持良好的状态,发现问题时应及时检修,正常情况下,每年至少进行一次全面检修。

A.2.2 其他方面前提方案管理

其他前提方案包括但不限于以下几个方面:

A.2.2.1 水的安全(适用时)

应确保生产用水符合 NY 5027 的要求。用于贮水和输水的水槽和水管及其他设备应当采用不会产生不安全污染的材料制备。

A.2.2.2 饲料接触面的状况和清洁度

用于包装、盛放原料的包装袋和包装容器,应无毒、干燥、洁净。

预混料生产企业的微量组分的料仓宜采用不锈钢材料制作。

选用的销售包装材料应符合保障产品的安全和保护产品的要求。一切包装材料都应符合有关卫生标准的规定,不应带有任何污染源,并保证材料不应与产品发生任何物理和化学作用而损坏产品。

A.2.2.3 防止交叉污染

A.2.2.3.1 生产含有药物饲料添加剂的饲料时,应根据药物类型,先生产药物含量低的饲料,再依次生产药物含量高的饲料。同一班次应先生产不添加药物饲料添加剂的饲料,然后生产添加药物饲料添加剂的饲料。

A.2.2.3.2 为防止饲料产品在生产过程中的交叉污染,在生产不同饲料产品时,对所用的生产设备、工具、容器应进行彻底清理。

A.2.2.3.3 用于清洗生产设备、工具、容器的物料应单独存放和标识,或者报废,或者回放到下一次同品种的饲料中。

A.2.2.4 防止掺杂物的污染

保护饲料、饲料包装材料和饲料接触面免受润滑油、燃料、杀虫剂、清洁剂和其他污染物的污染。

A.2.2.5 有毒化合物的标记、贮藏和使用

工厂应设置专用的危险品库,存放杀虫剂和一切有毒、有害物品,这些物品应贴有醒目的警示标志,并应制定各种危险品的使用规则。使用危险品应经专门部门批准,并有专门人员严格监督使用,严禁污染饲料。

A.2.2.6 药物饲料添加剂的管理

药物饲料添加剂存放间隔合理,避免交叉污染。应建立药物饲料添加剂接收和使用的程序和记录。

A.2.2.7 虫害鼠害的控制

应有包括描述定期检查在内的书面虫害鼠害控制计划。定期检查的结果应予以记录。任何熏蒸或类似杀虫剂化学品的使用细节应予以记录。

A.2.2.8 贮存与运输的管理

A.2.2.8.1 贮存

a) 饲料原料及饲料添加剂应贮存在阴凉、通风、干燥、洁净,并有防虫、防鼠、防鸟设施的仓库内。同一仓库内的不同饲料原料应分别存放,并挂标识牌,避免混杂;

b) 饲料添加剂、药物饲料添加剂应单独存放,并应挂明显的标识牌;

c) 饲料原料存放在室外场地时,场地应高于地面,干燥,并且应有防雨设施和防止霉烂变质措施;

d) 新建仓库在使用前应彻底清扫和密闭消毒,旧仓库要轮流清扫和消毒;

e) 在饲料的贮存期间,应注意温、湿度的变化,定期进行抽样检测,防止霉变。

A.2.2.8.2 运输

运输工具应干燥、清洁,无异味,无传染性病虫害,并有防雨、防潮、防污染设施。饲料不应与有毒、有害、有辐射等物品混装、混运。饲料、饲料添加剂、尤其是动物源性饲料原料运输工具应定期清洗和消毒。

A.3 关键过程控制

A.3.1 配方设计

配方设计应考虑饲料的安全性,满足法律法规的要求。所使用的饲料原料应在《单一饲料产品目录》和《动物源性饲料产品目录》内,禁止在反刍动物饲料中使用除乳及乳制品外的动物源性饲料产品。所添加的营养性饲料添加剂、一般饲料添加剂应在农业部公告《饲料添加剂品种目录》内。用于畜禽饲料的药物添加剂的使用应遵守农业部公告《饲料药物添加剂使用规范》,及《饲料药物添加剂使用规范公告的补充说明》、《禁止在饲料和动物饮用水中使用的药物品种目录》、《食品动物禁用的兽药及其他化合物清单》等农业部有关公告的规定;用于水产饲料的药物添加剂的使用应符合 NY 5071 的要求。

A.3.2 原料验收

应依据每种饲料原料的标准(国家或行业标准)及 GB 13078 的要求制定企业的原料接收标准,按原料接收标准对原料进行验证(检验)。对饲料添加剂应核准其有效批准文号。对药物饲料添加剂应核准其产品标签的"药添字"产品批准文号,并填写药物饲料添加剂接收和使用记录。所采购的动物源性饲料应有《动物源性饲料产品生产企业安全卫生合格证》,兼产反刍动物饲料的企业,应建立并保存动物源性饲料的接收和使用的程序和记录。

A.3.3 限量物质的添加

严格按配方进行称量、配料。当使用人工配料时,应一人称量,一人复核并记录,为了降低配料误差,应使用精度相对较高的电子秤进行称量;当使用自动配料时,配料系统应符合 GB/T 20803。确保限量物质的添加准确无误。

A.3.4 混合

对已按配方要求进行称量配制的饲料原料、饲料添加剂进行充分的混合,以避免混合不均匀(如局部产品中药物添加剂浓度过高)。混合时间的确定应根据产品的品种、混合机的性能、混合机的装料量进行测试,确定出合理的混合时间,特别是预混料应进行分级预混。应通过定期对混合均匀度变异系数进行检测,验证混合的效果。混合均匀度变异系数(CV)要求:配合饲料、浓缩饲料≤7%;添加剂预混料≤5%。

A.3.5　制粒/膨化

颗粒饲料或膨化饲料的生产应根据饲料配方中主要原料的理化特性来确定适宜的调质参数(蒸汽压力、温度、时间)。通过制粒/膨化前的调质(畜禽料)或制粒/膨化后的后熟化(鱼虾料)来消除或减少可能存在于饲料中的致病微生物。另外,应对制粒后的高温高湿颗粒饲料立刻进行冷却,使产品在接近室温时进行包装,避免水分过高而在贮存期间发生霉变。

A.3.6　产品标签

对产品标签进行检验以确保符合 GB 10648—1999 的规定。应规定产品标签管理的职责与权限,制定标签管理办法,内容包括但不限于:标签的设计、技术审查、批准、归口、标签的贮存、领用和销毁等。标签的管理和使用各环节均应具备相关的交接手续,建立档案记录,以供核查。

A.4　产品检验

A.4.1　饲料生产企业应当有必要的质量检验机构,设有精密仪器室、操作室、留样室(区)。每批次产品都应留样,留样柜能满足各种样品的存放,样品保留时间应超过保质期至少 2 个月。

A.4.2　应配有常规项目的检测仪器、设备。配合饲料、浓缩饲料及精料补充料生产企业符合审查登记证的要求,添加剂预混合饲料的检测仪器和设备应符合生产许可证管理的要求。使用的检验仪器应按规定进行校准、检定。

A.4.3　现有仪器设备无法满足要求的,应与有资质的检测机构签订委托检验协议。委托检测项目应明确(含卫生指标)。

A.4.4　应按照企业标准、国家标准或行业标准对产品进行检验,确保产品符合产品标签中产品成分分析保证值、GB 13078、NY 5072 及相关法规的要求。

A.5　产品追溯与撤回

A.5.1　企业应建立和实施可追溯性系统,以确保能够识别产品批次及其与原料批次、生产和交付记录的关系。主要包括原料、辅料的验收、半成品、成品入(出)库规定;标签的管理;产品批次管理;成品检测报告等,实现从原料验收到产品出厂全过程的标识及产品出厂后的追溯。

A.5.2　企业应建立产品撤回程序。接到客户投诉时,相关部门应收集证明性资料和图片,按照可追溯性系统确认责任并制定处理方式,对于进入流通领域且确实需要撤回的产品应采用合适的方式及时、完全的撤回。

A.5.3　对反映产品卫生质量情况的有关记录,应制定其标记、收集、编目、归档、存储、保管和处理的程序,并贯彻执行;所有质量记录应真实、准确、规范,记录应至少保存 3 年,备查。

附　录　B
（资料性附录）
格　式　范　例

表 B.1　原辅料、接触材料描述

加工/产品类型名称：		生产方式	交付方式	接收准则	产地	使用前处理	包装、贮存形式
原料、接触材料名称	产品特性						
	1）感官特性： 2）理化指标： 3）卫生指标：						

表 B.2　终产品描述

加工/产品类型名称：	
1. 主要配料	
2. 产品重要特征	1）感官特性： 2）理化指标： 3）卫生指标：
3. 饲喂方法	
4. 包装形式和规格	1）形式： 2）规格：
5. 储存条件	
6. 保质期	
7. 销售地点	
8. 标签说明	
9. 特殊销售控制	
10. 预期用途	

表 B.3　饲料安全危害识别清单

过程流程步骤	饲料安全危害	危害来源	本步骤属于引入、增加或控制危害	信息来源

表 B.4　风险评估表

危害的严重性		危害的可能性				
		频繁	经常	偶尔	很少	不可能
		A	B	C	D	E
灾难性	I	极高风险				
严重	II			高风险		
中度	III		中等风险			
可忽略	IV				低风险	

表 B.5　风险分级表

危害的严重性		危害的可能性				
		频繁	经常	偶尔	很少	不可能
		A	B	C	D	E
灾难性	I	1	2	6	8	12
严重	II	3	4	7	11	15
中度	III	5	9	10	14	16
可忽略	IV	13	17	18	19	20

注：数字越小，风险越高。

表 B.6　需要控制的饲料安全危害清单（执行清单）

过程流程步骤	本步骤是否引入、增加或产生已识别的危害	危害的来源	危害的性质	危害发生的概率	危害发生的严重性	危害的级别

表 B.7　操作性前提方案

确定的食品安全危害	控制措施	管理控制措施的方案或计划	监视					纠正和纠正措施
			对象	方法	频率	人员	记录	

表 B.8　HACCP 计划表

公司名称：　　　　　　　　　　　　　　产品描述：

公司地址：　　　　　　　　　　　　　　储存和销售方式：

预期用途和消费者：

1	2	3	4	5	6	7	8	9	10
关键控制点	所控制的饲料安全危害	控制措施	关键限值	监　控				纠正措施	监控记录
				对象	方法	频率	人员		

ICS 67.040
X 00

中华人民共和国国家标准化指导性技术文件

GB/Z 25008—2010

饲料和食品链的可追溯性
体系设计与实施指南

Traceability in the feed and food chain—
Guideline for system design and implementation

2010-09-02 发布

2010-12-01 实施

中华人民共和国国家质量监督检验检疫总局
中国国家标准化管理委员会 发布

前　言

本指导性技术文件基于 GB/T 22005/IDT 22005:2007《饲料和食品链的可追溯性　体系设计与实施的通用原则和基本要求》,从可操作性角度,给出了帮助组织设计和实施饲料和食品链可追溯体系的应用指南。

本指导性技术文件的附录 A 和附录 B 为资料性附录。

本指导性技术文件由全国食品安全管理技术标准化技术委员会(SAC/TC 313)提出并归口。

本指导性技术文件起草单位:山东省标准化研究院、中国标准化研究院、中国物品编码中心、得利斯集团有限公司、荣成泰祥水产食品有限公司、山东鲁花集团有限公司、上海华光酿酒药业有限公司、青岛华东葡萄酿酒有限公司。

本指导性技术文件主要起草人:钱恒、刘丽梅、刘文、王玎、高永超、赵莹、吴新敏、刘俊华、王云争、苏冠群、郑乾坤、刘扬瑞、赵红红、安洁、李银塔。

饲料和食品链的可追溯性
体系设计与实施指南

1 范围

本指导性技术文件为饲料和食品链可追溯体系的设计和实施提供指南。

本指导性技术文件适用于按照 GB/T 22005—2009 建立饲料和食品链可追溯体系的各方组织。

2 规范性引用文件

下列文件中的条款通过本指导性技术文件的引用而成为本指导性技术文件的条款。凡是注日期的引用文件,其随后所有的修改单(不包括勘误的内容)或修订版均不适用于本指导性技术文件,然而,鼓励根据本指导性技术文件达成协议的各方研究是否可使用这些文件的最新版本。凡是不注日期的引用文件,其最新版本适用于本指导性技术文件。

GB/T 22005—2009 饲料和食品链的可追溯性 体系设计与实施的通用原则和基本要求 (ISO 22005:2007,IDT)

3 术语和定义

GB/T 22005—2009 确立的以及下列术语和定义适用于本指导性技术文件。

3.1
追溯单元 traceable unit

需要对其来源、用途和位置的相关信息进行记录和追溯的单个产品或同一批次产品。

注:追溯包括追踪(tracking)和溯源(tracing)两个方面。

3.2
外部追溯 external traceability

对追溯单元(3.1)从一个组织转交到另一个组织时进行追踪和(或)溯源的行为。外部追溯是饲料和食品链上组织之间的协作行为。

注1:追踪是指从供应链的上游至下游,跟随追溯单元(3.1)运行路径的能力。

注2:溯源是指从供应链下游至上游识别追溯单元(3.1)来源的能力。

3.3
内部追溯 internal traceability

一个组织在自身业务操作范围内对追溯单元(3.1)进行追踪和(或)溯源的行为。内部追溯主要针对一个组织内部各环节间的联系。

3.4
基本追溯信息 basic traceability data

能够实现组织间和组织内各环节间有效链接的必需信息,如生产者、生产批号、生产日期、生产班次等。

3.5
扩展追溯信息 extended traceability data

除基本追溯信息外,与食品追溯相关的其他信息,可以是食品质量或用于商业目的的信息。

4 可追溯体系的原则和目标

见 GB/T 22005—2009 第 4 章的内容。

5 体系设计

组织应明确追溯目标(见 GB/T 22005—2009 的 4.3),了解相关法规和政策要求,按照 5.1 和 5.2 的要求设计可追溯体系,并建立相应程序,形成文件。

5.1 设计原则

在可追溯体系的策划和实施过程中,应:

a) 考虑可操作性,采用"向前一步,向后一步"原则,即每个组织只需要向前溯源到产品的直接来源,向后追踪到产品的直接去向;

b) 根据追溯目标、实施成本和产品特征,适度界定追溯单元、追溯范围和追溯信息。

5.2 设计步骤

5.2.1 确定追溯单元

组织应明确可追溯体系目标中的产品和(或)成分,对产品和批次进行定义,确定追溯单元。

5.2.2 明确组织在饲料和食品链中的位置

组织可通过识别上下游组织来确定其在饲料和食品链中的位置,明确交易产品和业务,理清组织与供应链上下游组织之间的关系,以便于产品及信息的协调和沟通。

5.2.3 明确物料流向,确定追溯范围

组织应明确物料流向,以确保能够充分表达组织与上下游组织之间以及本组织内部操作流程之间的关系。

5.2.3.1 物料流向

组织应明确可追溯体系所覆盖的物料流向。物料流向包括但不限于:

——源于外部的过程和分包工作;

——原料、辅料和中间产品投入点;

——组织内部操作中所有步骤的顺序和相互关系;

——终产品、中间产品和副产品放行点。

5.2.3.2 追溯范围

组织依据追溯单元流动是否涉及到不同组织,可将追溯范围划分为外部追溯和内部追溯(参见附录A)。当追溯单元由一个组织转移到另一个组织时,涉及到的追溯是外部追溯。外部追溯按照"向前一步,向后一步"的设计原则实施,以实现组织之间和追溯单元之间的关联为目的,需要上下游组织协商共同完成。若追溯单元仅在组织内部各部门之间流动,涉及到的追溯是内部追溯。内部追溯与组织现有管理体系相结合,是组织管理体系的一部分,以实现内部管理为目标,可根据追溯单元特性及组织内部特点自行决定。

5.2.4 确定追溯信息

5.2.4.1 需要记录的信息

组织应确定不同追溯范围内需要记录的追溯信息,以确保饲料和食品链的可追溯性。需要记录的信息包括但不限于:

——来自供应方的信息;

——产品加工过程的信息;

——向顾客和(或)供应方提供的信息。

5.2.4.2 信息划分和确定原则

为方便和规范信息的记录和数据管理,宜将追溯信息划分为基本追溯信息和扩展追溯信息。追溯

信息划分和确定原则如表 1 所示。

表 1 追溯信息划分和确定原则

追溯信息	追溯范围	
	外部追溯	内部追溯
基本追溯信息[a]	以明确组织间关系和追溯单元来源与去向为基本原则； 是能够"向前一步,向后一步"链接上下游组织的必需信息。	以实现追溯单元在组织内部的可追溯性、快速定位物料流向为目的； 是能够实现组织内各环节间有效链接的必需信息。
扩展追溯信息[b]	以辅助基本追溯信息进行追溯管理为目的,一般包含产品质量或商业信息。	更多的为企业内部管理、食品安全和商业贸易服务的信息。
[a] 基本追溯信息必须记录,以不涉及商业机密为宜。 [b] 宜加强扩展追溯信息的交流与共享。		

5.2.5 确定标识和载体

5.2.5.1 确定编码原则和标识方法

应对追溯单元及其必需信息进行编码,优先采用国际或国内通用的或与其兼容的编码,如通用的国际物品编码体系(GS1),对追溯单元进行唯一标识,并将标识代码与其相关信息的记录一一对应。

注:GS1 系统是在商品条码的基础上发展而来,包含编码体系、数据载体、电子数据交换等内容,编码体系是整个GS1 系统的核心,它能为贸易项目、物流单元、位置等提供全球唯一的标识,越来越多的国家和地区采用 GS1系统对食品进行追溯编码。

5.2.5.2 选择载体

根据技术条件、追溯单元特性和实施成本等因素选择标识载体。载体可以是纸质文件、条码或射频识别(radio frequency identification,RFID)标签等。标识载体应保留在同一种追溯单元或其包装上的合适位置,直到其被消费或销毁为止。若标识载体无法直接附在追溯单元或其包装上,则至少应保持可以证明其标识信息的随附文件。应保证标识载体不对产品造成污染。

注:RFID 技术是一种基于射频原理实现的非接触式自动识别技术。RFID 技术已被广泛应用于物流与供应链管理、食品安全、物品追溯等多领域。

5.2.6 确定记录信息和管理数据的要求

组织应规定数据格式,确保数据与标识的对应。在考虑技术条件、追溯单元特性和实施成本的前提下,确定记录信息的方式和频率。且保证记录信息清晰准确,易于识别和检索。数据的保存和管理,包括但不限于:

——规定数据的管理人员及其职责；
——规定数据的保存方式和期限；
——规定标识之间的关联方式；
——规定数据传递的方式；
——规定数据的检索规则；
——规定数据的安全保障措施。

5.2.7 明确追溯执行流程

当有追溯要求时,应按如下顺序和途径进行:

a) 发起追溯请求。任何组织均可发起追溯请求。

b) 响应。当追溯发起时,涉及到的组织应将追溯单元和组织信息提交给与其相关的组织,以帮助实现追溯的顺利进行。追溯可沿饲料和食品链逐环节进行。与追溯请求方有直接联系的上游和(或)下游组织响应追溯请求,查找追溯信息。若实现既定的追溯目标,追溯响应方将查找结果反馈给追溯请求方,并向下游组织发出通知;否则应继续向其上游和(或)下游组织发起追溯请求,直至查出结果为止(参见附录B)。追溯也可在组织内各部门之间进行,追溯响应类似上述过程。

    c) 采取措施。若发现安全或质量问题,组织应依据追溯界定的责任,在法律和商业要求的最短时间内采取适宜的行动,包括但不限于:

        ——快速召回或依照有关规定进行妥善处置;

        ——纠正或改进可追溯体系。

5.3 文件要求

应符合 GB/T 22005—2009 中 5.7 的要求。

5.4 饲料和食品链上组织间和组织内的协作

追溯管理者应确保对组织上下游之间实施的外部追溯和组织内部实施的内部追溯的各个设计要素进行有效的沟通与协作,从而确保饲料和食品链可追溯体系的有效性。实施沟通的人员应接受适当培训,沟通结果应予以记录和保存。沟通的内容包括但不限于:

    ——追溯目标;

    ——组织在饲料和食品链中的位置;

    ——物料的流向;

    ——追溯信息的划分和确定原则;

    ——追溯信息的编码原则和标识方法;

    ——追溯信息载体的选择;

    ——信息的记录和数据管理要求;

    ——追溯的执行流程;

    ——可追溯体系的更新和改进结果;

    ——保证饲料和食品链可追溯性所必要的其他协作方式。

6 体系实施

6.1 总则

见 GB/T 22005—2009 中 6.1 的内容。

6.2 制定可追溯计划,明确人员职责

6.2.1 制定可追溯计划

组织应制定可追溯计划,并考虑该计划与组织其他管理体系的兼容性。可追溯计划是针对某一特定追溯单元的追溯方式、资源和活动顺序的文件,根据追溯单元特性和追溯要素的要求制定,包括已识别的所有要求。可追溯计划应直接或通过引用适当的文件化程序或其他文件,指导组织具体实施可追溯体系。多数必要的可追溯计划文件一般即是可追溯体系文件的一部分,可追溯计划只需要引用并指明如何应用于具体情况,以达到规定的追溯目标。

可追溯计划至少应规定:

    ——可追溯体系的目标;

    ——所适用的产品;

    ——追溯的范围和程度;

    ——如何标识追溯单元;

    ——记录的信息及如何管理数据。

6.2.2 明确人员职责

组织应成立追溯工作组,明确各成员责任,指定组织高层管理人员担任追溯管理者,确保追溯管理者的职责、权限。追溯管理者应具有以下方面的权利和义务:

——向组织传达饲料和食品链可追溯性的重要性；

——保持上下游组织之间及组织内部的良好沟通与合作；

——确保可追溯体系的有效性。

6.3 制定培训计划

组织应开发和实施培训计划，规定培训的频次和方式，提供充分的培训或其他有效措施以确保追溯工作人员能够胜任，并保持工作组教育、培训、技能和经验的适当记录。

培训的内容包括但不限于：

——GB/T 22005—2009 标准；

——本指导性技术文件；

——可追溯体系与其他管理体系的兼容性；

——追溯工作组的职责；

——追溯相关技术；

——可追溯体系的设计和实施；

——可追溯体系的内部审核和改进。

6.4 监视

组织应建立可追溯体系的监视方案，确定需要监视的内容、时间间隔和条件。监视应包括：

——适合追溯有效性、运行成本的定性和定量测量；

——对追溯目标的满足程度；

——是否符合追溯适用的法规要求；

——标识混乱、信息丢失及产生其他不良绩效的历史证据；

——对纠正措施进行分析的足够的数据记录和监测结果。

6.5 使用关键绩效指标评价体系有效性

组织应建立关键绩效指标，以测量可追溯体系的有效性。关键绩效指标包括但不限于：

——追溯单元标识的唯一性；

——各环节标识的有效关联；

——追溯信息可实现上下游组织间及组织内部的有效链接与沟通；

——信息有效期内可检索。

7 内部审核

组织应按照管理体系内部审核的流程和要求，建立内部审核的计划和程序，对可追溯体系的运行情况进行内部审核。以是否符合本指导性技术文件中关键绩效指标（参见 6.5）的要求作为体系符合性的标准。如体系有不符合性表现，应记录不符合规定要求的具体内容，以方便查找不符合的原因和体系的持续改进。组织应记录内部审核产生的活动，形成文件。

内部审核计划和程序的内容包括但不限于：

——审核的准则、范围、频次和方法；

——策划、实施审核、报告结果和保持记录的职责和要求；

——收集、分析审核结果的数据，识别体系改进或更新的需求。

可追溯体系不符合要求的主要表现有：

——违反法律法规要求；

——体系文件不完整；

——体系运行不符合目标和程序的要求；

——设施、资源不足；

——产品或批次无法识别；

——信息记录无法传递。

导致不符合的典型原因有：

——目标变化；

——产品或过程发生变化；

——信息沟通不畅；

——缺乏相应的程序或程序有缺陷；

——员工培训不足，缺乏资源保障；

——违反程序要求和规定。

8 评审与改进

追溯工作组应系统评价内部审核的结果(应符合 GB/T 22005—2009 第 8 章的要求)。当证实可追溯体系运行不符合或偏离设计的安排和(或)体系的要求时，组织应采取适当的纠正措施和(或)预防措施，并对纠正措施和(或)预防措施实施后的效果进行必要的验证，提供证据证明已采取措施的有效性，保证体系的持续改进。

纠正措施和(或)预防措施应包括但不限于：

——立即停止不正确的工作方法；

——修改可追溯体系文件；

——重新梳理物料流向；

——增补或更改基本追溯信息以实现饲料和食品链的可追溯性；

——完善资源与设备；

——完善标识、载体，增加或完善信息传递技术和渠道；

——重新学习相关文件，有效进行人力资源管理和培训活动；

——加强上下游组织之间的交流协作与信息共享；

——加强组织内部的交流互动。

附　录　A
（资料性附录）
饲料和食品链各方追溯关系示意图

图 A.1　饲料和食品链各方追溯关系示意图

附　录　B

（资料性附录）

追溯请求和响应示意图

图 B.1　追溯请求和响应示意图

参 考 文 献

［1］ GB/T 19001—2000　质量管理体系　要求

［2］ GB/T 19538—2004　危害分析与关键控制点(HACCP)体系及其应用指南

［3］ GB/T 22000—2006　食品安全管理体系　食品链中各类组织的要求

［4］ SN/T 1443.1—2004　食品安全管理体系　第1部分:要求

［5］ CAC/GL 60:2006　Principles for Traceability/Product Tracing as a Tool Within a Food Inspection and Certification System

［6］ BS CWA 14659:2003　Traceability of fishery products—Specification on the information to be recorded in farmed fish distribution chains

［7］ BS CWA 14660:2003　Traceability of fishery products—Specification on the information to be recorded in captured fish distribution chains

［8］ GS1 Global Traceability Standard. GS1. September 2007

［9］ Can-Trace Technology Guidelines. GS1 Canada. March 2006

［10］ Traceability in the U. S. Food Supply:Economic Theory and Industry Studies. United States Department of Agriculture(USDA). March 2004

ICS 65.060
B 90

中华人民共和国国家标准

GB/T 25698—2010

饲料加工工艺术语

Feed processing technology terms

2010-12-23 发布

2011-07-01 实施

中华人民共和国国家质量监督检验检疫总局
中国国家标准化管理委员会　发布

前　言

本标准由中国机械工业联合会提出。

本标准由全国饲料机械标准化技术委员会(SAC/TC 384)归口。

本标准起草单位:河南工业大学。

本标准主要起草人:王卫国。

饲料加工工艺术语

1 范围

本标准规定了饲料加工工艺及生产管理的术语及定义。

本标准适用于饲料行业科研、教学、生产、贸易及管理。

2 规范性引用文件

下列文件中的条款通过本标准的引用而成为本标准的条款。凡是注日期的引用文件,其随后所有的修改单(不包括勘误的内容)或修订版均不适用于本标准,然而,鼓励根据本标准达成协议的各方研究是否可使用这些文件的最新版本。凡是不注日期的引用文件,其最新版本适用于本标准。

GB/T 10647—2008 饲料工业术语

3 术语和定义

GB/T 10647—2008 界定的以及下列术语和定义适用于本标准。

3.1 接收、储存

3.1.1

原料接收 raw material receiving

采用人工或机械将经检验合格的饲料原料搬运到指定地点的作业。

3.1.2

散料接收 bulk receiving

采用人工或机械将检验合格的散装饲料原料或成品,搬运到指定地点的作业。

3.1.3

包装接收 package receiving

采用人工或机械将检验合格的,以包装袋或桶等形式封装的饲料原料或成品搬运到指定地点的作业。

3.1.4

袋料接收 bag receiving

采用人工或机械将检验合格的,以包装袋封装的饲料原料或成品搬运到指定地点的作业。

3.1.5

散料储存 bulk storage

将饲料原料、产品以散粒体的形式储存在仓库内的作业。

3.1.6

包装储存 package storage

将饲料原料、产品以定量包装袋、桶等储存在仓库内的作业。

3.1.7

熏蒸 suffocation；fumigation

将特定剂量的熏蒸剂投入密闭的仓房或密闭的饲料堆内,依靠熏蒸气体自然扩散或使熏蒸气体强制扩散来杀灭害虫的作业。

3.1.8

倒仓 turning from bin to bin

将物料从某一料仓中卸出并运送至另一个料仓或返送回原料仓的作业。

3.1.9

安全水分 safe moisture

在常规储藏条件下,饲料原料或产品能够不发热、不霉变的最高水分含量。

3.1.10

仓内干燥 drying in bin

将高水分饲料原料存放在配有机械通风系统的仓内,使用自然空气或加热空气作为干燥介质,进行机械通风干燥的作业。

3.1.11

结拱 arching

物料在仓内出料口段形成拱桥或管状拱而不能自行排出的现象。

3.2 清理

3.2.1

初清 scalping

原料入仓或加工前除去大杂和轻杂的作业。

3.2.2

去石 stoning

除去饲料原料中石子的作业。

3.2.3

通风除尘 dust removing by airation

利用风网系统控制扬尘点产生的粉尘,防止粉尘外溢的作业。

3.2.4

除杂率 impurity removal efficiency

清理后原料中的杂质质量占清理前原料中杂质质量的百分数。

3.2.5

杂中含料率 feed percentage in impurity

清理过程排出的杂质中饲料原料质量占排出物总质量的百分数。

3.2.6

液体过滤 liquid filtration

去除液体组分中的杂质或结块物的作业。

3.3 粉碎

3.3.1

切碎 cutting up

将饲料原料切割成要求尺寸的作业。

3.3.2

单一粉碎 single ingredient grinding

对单种饲料原料进行的粉碎作业。

3.3.3

混合粉碎 mixture grinding

对预先掺混的两种或两种以上原料进行粉碎的作业。

3.3.4

辅助吸风 air-assist

对粉碎机配置吸风系统来强化排料、除湿及降温的作业。

3.4 配料

3.4.1

连续喂料 continuous feeding

喂料设备不间断地给配料秤或作业设备供料的作业方式。

3.4.2

点动喂料 intermittent feeding

喂料设备以断续方式给配料秤供料的作业方式。

3.4.3

双喂料器喂料 double-feeder feeding

采用两台喂料器同时给配料秤或其他作业设备供料的作业方式。

3.4.4

多喂料器喂料 multi-feeder feeding

采用多台喂料器同时给配料秤或其他作业设备供料的作业方式。

3.4.5

变频连续喂料 frequency variable continuous feeding

采用可变频控制的喂料器给配料秤或其他作业设备不间断供料的作业方式。

3.4.6

空中物料 air material；flying material

喂料器停止喂料瞬间，在计量设备中料堆上方至喂料器排料口之间存在的物料。

3.4.7

配料准确度 proportioning accuracy

某种配料组分的计量结果与给定计量值之间的一致程度。

［GB/T 18695—2002，定义 A.4］

3.5 混合

3.5.1

干混合 dry mixing

添加液体组分之前混合机内物料的混合过程。

3.5.2

湿混合 wet mixing

添加液体组分之后混合机内物料的混合过程。

3.5.3

对流混合 convectional mixing

在混合机内，成团的物料粒子从一处向另一处做相向流动的混合过程。

3.5.4

剪切混合 cutting mixing

混合物料在工作部件作用下或在重力作用下，彼此形成许多相对滑动的剪切面的混合过程。

3.5.5

扩散混合 diffusive mixing

混合物料以单个粒子为单元向四周移动的混合过程。

3.6 调质

3.6.1

灭菌 sterilization

杀死饲料中微生物（包括繁殖体、病原体、非病原体、部分芽孢）的作业。

3.6.2

前熟化 pre-ripening

在制粒或成型之前使饲料熟化的作业。

3.6.3

后熟化 post ripening

在制粒或成型之后使颗粒饲料熟化的作业。

3.6.4

加压调质 pressurized conditioning

将饲料在具有一定压力的调质器中调质的作业。

3.6.5

高温短时调质 high temperature and short time conditioning

采用挤压膨胀机等设备对饲料进行 100 ℃～160 ℃、5 s～20 s 的调质处理的作业。

3.6.6

调质温升 temperature rise in conditioning

饲料从进入调质器到排出调质器时温度升高的数值，以摄氏度表示，单位为℃。

3.6.7

调质水分增量 moisture increase in conditioning

饲料从进入调质器到排出调质器时水分含量升高的数值，以百分数表示，%。

3.7 成型

3.7.1

二次制粒 double pelleting

具有两次挤压成型过程的作业。

3.7.2

加压制粒 pressurized pelleting

采用可密闭加压的挤压腔和制粒机构对饲料在高于大气压的压力下进行制粒的工艺。

3.7.3

在线压辊调节 on-line roll adjustment

在制粒机不停机条件下依靠自动控制系统实现压辊压模间隙调整的技术。

3.7.4

颗粒饲料成形率 percentage of shaped pellets

制粒机排出的物料中符合标准要求的颗粒的质量占总物料质量的百分数。

3.7.5

压模寿命 die life

一个压模从启用到报废期间能够生产的颗粒饲料总量，以吨计，单位为吨每个(t/个)。

3.7.6

压辊寿命 roller life

一个压辊从启用到报废期间能够生产的颗粒饲料总量，以吨计，单位为吨每个(t/个)。

3.7.7

油料填模　filling die holes with oiling material

每次压模结束生产前用含油饲料挤压填满模孔的作业。

3.7.8

膨化度　expanding degree

膨化后的产品体积密度与膨化前的体积密度之比。

3.8　成型后处理

3.8.1

逆流冷却　counter-flow cooling

在冷却器内冷却空气的流向与被冷却饲料流向相反的冷却方法。

3.8.2

横流冷却　cross-flow cooling

在冷却器内冷却空气的流向与被冷却饲料流向垂直的冷却方法。

3.8.3

冷却时间　cooling period

颗粒饲料从开始进入冷却器至排出该设备的时间。

3.8.4

冷却温降　temperature fall in cooling

饲料从进入冷却器到排出冷却器时温度降低的数值,单位为摄氏度(℃)。

3.8.5

冷却失水率　moisture reduction in cooling

饲料从进入冷却器到排出冷却器时水分含量的差值。

3.8.6

逆流干燥　counter-flow drying

在干燥器内热空气的流向与被干燥饲料流向相反的干燥方法。

3.8.7

横流干燥　cross-flow drying

在干燥器内热空气的流向与被干燥饲料流向垂直的干燥方法。

3.8.8

顺流干燥　concurrent-flow drying

在干燥器内热空气的流向与被干燥饲料流向相同的干燥方法。

3.8.9

干燥时间　drying period

颗粒饲料从开始进入干燥器至排出该设备所需的时间。

3.8.10

干燥过程控制　drying process control

饲料干燥过程中对风温、风速、料温、水分等关键参数实施的监测与控制措施。

3.8.11

水分在线监测　on-line moisture monitoring

在饲料加工过程中,对饲料的水分进行实时测量的措施。

3.8.12

干燥失水率　moisture reduction in drying

饲料从进入干燥机到排出干燥机时水分含量的差值。

3.8.13

后喷涂　post coating

成型后对颗粒饲料进行液体喷涂的作业。

3.8.14

常压颗粒液体喷涂　normal pressure liquid coating for pellets

常压下给颗粒饲料表面喷涂油脂、糖蜜、维生素或其他液体的作业。

3.8.15

真空颗粒液体喷涂　vacuum coating for pellets

采用抽真空,喷涂液体组分、释压渗透过程给颗粒饲料喷渗油脂、糖蜜、维生素或其他液体的作业。

3.8.16

成品筛理　finished product screening

在送入成品仓或计量包装之前,对饲料进行筛选的作业。

3.8.17

定量包装　quantitative packaging

按照设定的包装规格完成称量、灌包、封口的作业。

3.8.18

自动定量包装　automatic quantitative packaging

由设备自动完成套袋、称量、灌包、封口的作业。

3.8.19

封口　sealing

对盛装物料的包装容器口进行密封的作业。

3.8.20

缝口　sack sewing

用线缝合盛装物料的包装袋口的作业。

3.9　生产管理

3.9.1

吨料电耗　power consumption per ton feed

生产每吨饲料产品消耗的电能,以千瓦时每吨(kW·h/t)表示。

3.9.2

吨料汽耗　steam consumption per ton feed

生产每吨饲料产品消耗的蒸汽量,以千克每吨(kg/t)表示。

3.9.3

吨料煤耗　coal consumption per ton feed

生产每吨饲料产品消耗的燃煤量,以千克每吨(kg/t)表示。

3.9.4

清洁生产排序　clean production sequencing

为最大限度减少或消除前后批次之间药物的交叉污染,降低饲料安全风险,而对不同产品的生产排出先后次序。

3.9.5

良好操作规范　good manufacturing practice(GMP)

对饲料加工的环境、厂房设施、设备、原材料、加工过程、包装、运输、储存、卫生和人员等规定的规范性要求。

3.9.6

卫生标准操作程序 sanitation standard operation procedure（SSOP）

为使饲料加工产品符合卫生要求而制定的指导加工过程中实施清洗、消毒和卫生保持等的作业指导文件。

参 考 文 献

[1] GB/T 18695—2002 饲料加工设备术语.

中 文 索 引

英 文 索 引

A

B

C

D

E

F

G

H

I

L

M

N

O

P

ICS 65.120
B 46

中华人民共和国国家标准

GB 26418—2010

饲料中硒的允许量

Limited content of selenium in feeds

2011-01-14 发布

2011-07-01 实施

中华人民共和国国家质量监督检验检疫总局
中国国家标准化管理委员会 发布

前　言

本标准的全部技术内容为强制性。

本标准由全国饲料工业标准化技术委员会(SAC/TC 76)提出并归口。

本标准起草单位：华中农业大学、湖北省饲料质量监督检验站。

本标准主要起草人：齐德生、于炎湖、张妮娅、郑强。

饲料中硒的允许量

1 范围

本标准规定了饲料中硒的允许量及其试验方法。

本标准适用于猪、家禽及反刍动物牛、羊配合饲料。

2 规范性引用文件

下列文件中的条款通过本标准的引用而成为本标准的条款。凡是注日期的引用文件,其随后所有的修改单(不包括勘误的内容)或修订版均不适用于本标准,然而,鼓励根据本标准达成协议的各方研究是否可使用这些文件的最新版本。凡是不注日期的引用文件,其最新版本适用于本标准。

GB/T 13883 饲料中硒的测定

GB/T 14699.1 饲料 采样

3 要求

猪、家禽及反刍动物牛、羊配合饲料中硒(以 Se 计)的允许量见表1。

表 1
单位为毫克每千克

适 用 范 围	允 许 量
猪、家禽配合饲料	≤0.5
反刍动物牛、羊配合饲料	≤0.5

4 试验方法

4.1 采样

按 GB/T 14699.1 执行。

4.2 硒的测定方法

按 GB/T 13883 执行。

ICS 65.120
B 46

中华人民共和国国家标准

GB 26419—2010

饲料中铜的允许量

Limited contents of copper in feeds

2011-01-14 发布

2011-07-01 实施

中华人民共和国国家质量监督检验检疫总局
中国国家标准化管理委员会 发布

前　言

本标准的全部技术内容为强制性。

本标准是在充分查阅美国 NRC、英国 ARC(AFRC)、法国 INRA、德国 GfE 及有关饲料法规与欧洲动物营养科学委员会关于铜在饲料中使用的建议(2003)、国内外有关试验研究报道和我国现有标准的基础上,对国内有代表性的畜禽饲料产品抽样实测,全面考虑铜对动物和人类健康及环境污染的潜在影响,结合我国的实际情况而制定的。

本标准由全国饲料工业标准化技术委员会(SAC/TC 76)提出并归口。

本标准起草单位:国家粮食局无锡粮油食品饲料质量监督检验测试中心、江苏省农业科学院畜牧研究所、江苏省饲料工业协会。

本标准主要起草人:朱金娥、陈志华、周维仁、宋小春、严建刚、朱丽英。

饲料中铜的允许量

1 范围

本标准规定了畜禽饲料产品中铜的允许量。

本标准适用于畜禽饲料。

2 规范性引用文件

下列文件中的条款通过本标准的引用而成为本标准的条款。凡是注日期的引用文件,其随后所有的修改单(不包括勘误的内容)或修订版均不适用于本标准,然而,鼓励根据本标准达成协议的各方研究是否可使用这些文件的最新版本。凡是不注日期的引用文件,其最新版本适用于本标准。

GB/T 13885 动物饲料中钙、铜、铁、镁、锰、钾、钠和锌含量的测定 原子吸收光谱法(GB/T 13885—2003,ISO 6869:2000,IDT)

GB/T 14699.1 饲料 采样(GB/T 14699.1—2005,ISO 6497:2002,IDT)

3 术语和定义

下列术语和定义适用于本标准。

3.1

铜的允许量 limited contents of copper

在一定饲喂时间内,不会影响动物的健康和生产性能,也不会通过畜禽产品食物链影响人类健康并对环境影响小的畜禽饲料产品中铜的最大含量。

4 要求

畜禽饲料中铜(以 Cu 计)的允许量见表 1。

表 1 畜禽饲料中铜的允许量

单位为毫克每千克

产品名称	允许量
仔猪配合饲料(30 kg 体重以下)	≤200
生长肥育猪前期配合饲料(30 kg~60 kg 体重)	≤150
生长肥育猪后期配合饲料(60 kg 体重以上)	≤35
种公母猪配合饲料	≤35
禽配合饲料	≤35
牛精料补充料	≤35
羊精料补充料	≤25
注1:浓缩饲料按添加比例折算,与相应畜禽配合饲料的允许量相同。	
注2:添加剂预混合饲料按添加比例折算,与相应畜禽配合饲料的允许量相同。	

5 检测方法

5.1 饲料采样

按 GB/T 14699.1 执行。

5.2 铜的测定方法

按 GB/T 13885 执行。

ICS 65.120
B 46

中华人民共和国国家标准

GB 26434—2010

饲料中锡的允许量

Limited content of tin in feeds

2011-01-14 发布

2011-07-01 实施

中华人民共和国国家质量监督检验检疫总局
中国国家标准化管理委员会 发布

前　言

本标准的全部技术内容为强制性。

本标准按照 GB/T 1.1—2009 给出的规则起草。

本标准由全国饲料工业标准化技术委员会(SAC/TC 76)提出并归口。

本标准起草单位:华中农业大学。

本标准主要起草人:张妮娅、齐德生、于炎湖、翟钦辉。

饲料中锡的允许量

1 范围

本标准规定了饲料中锡的允许量及其试验方法。

本标准适用于猪、家禽、反刍动物配合饲料以及猪、家禽浓缩饲料和反刍动物精料补充料。

2 规范性引用文件

下列文件对于本文件的应用是必不可少的。凡是注日期的引用文件,仅注日期的版本适用于本文件。凡是不注日期的引用文件,其最新版本(包括所有的修改单)适用于本文件。

GB/T 5009.16 食品中锡的测定

GB/T 14699.1 饲料 采样

3 要求

猪、家禽及反刍动物配合饲料、猪、家禽浓缩饲料及反刍动物精料补充料中锡的允许量见表1。

表 1

适 用 范 围	允 许 量 mg/kg
猪、家禽及反刍动物配合饲料	≤50
猪、家禽浓缩饲料及反刍动物精料补充料	按在配合饲料中应用比例折算

4 试验方法

4.1 采样

按 GB/T 14699.1 执行。

4.2 锡的测定方法

按 GB/T 5009.16 执行。

ICS 65.120
B 46

中华人民共和国国家标准

GB/T 26437—2010

畜禽饲料有效性与安全性评价
强饲法测定鸡饲料表观代谢能技术规程

Feed efficacy and safety evaluation—
Guidelines for the determination of apparent metabolizable
energy for chickens by the force feeding method

2011-01-14 发布

2011-07-01 实施

中华人民共和国国家质量监督检验检疫总局
中国国家标准化管理委员会 发布

GB/T 26437—2010

前　言

本标准按照 GB/T 1.1—2009 给出的规则起草。

本标准由全国饲料工业标准化技术委员会提出(SAC/TC 76)并归口。

本标准起草单位:中国农业大学、农业部饲料效价与安全监督检验测试中心(北京)、中国农业科学院北京畜牧兽医研究所、山东六和集团有限公司。

本标准主要起草人:龚利敏、杜荣、张丽英、吕明斌、张宏福、尹靖东、臧建军。

畜禽饲料有效性与安全性评价
强饲法测定鸡饲料表观代谢能技术规程

1 范围

本标准规定了畜禽饲料有效性与安全性评价过程中强饲法测定鸡饲料表观代谢能的技术要求。

本标准适用于鸡配合饲料、浓缩饲料和规定范围内的饲料原料表观代谢能的测定。

本标准不适用于油脂类饲料、粗饲料、液体类饲料和按国际饲料分类原则规定的蛋白质饲料干物质中粗蛋白质含量大于50％的饲料表观代谢能的测定。

2 规范性引用文件

下列文件对于本文件的应用是必不可少的。凡是注日期的引用文件，仅注日期的版本适用于本文件。凡是不注日期的引用文件，其最新版本（包括所有的修改单）适用于本文件。

GB 3102.4　热学的量和单位

GB 5749　生活饮用水卫生标准

GB/T 6435　饲料中水分和其他挥发性物质含量的测定

GB/T 10647　饲料工业术语

GB 13078　饲料卫生标准

GB 13078.1　饲料卫生标准　饲料中亚硝酸盐允许量

GB 13078.2　饲料卫生标准　饲料中赭曲霉毒素A和玉米赤霉烯酮的允许量

GB 13078.3　配合饲料中脱氧雪腐镰刀菌烯醇的允许量

NY/T 388　畜禽场环境质量标准

ISO 9831:1998　动物饲料、动物性产品和粪或尿总能的测定　氧弹式热量计法（ISO 9831:1998 Animal feeding stuffs, animal products, and feces or urine—Determination of gross calorific value—Bomb calorimeter method)

3 术语和定义

GB 3102.4 和 GB/T 10647 中界定的以及下列术语和定义适用于本文件。

3.1

摄入总能　gross energy intake

摄入总能按式（1）计算。

$$GE_1 = E_1 \times M_1 \quad\quad\quad\quad\cdots\cdots（1）$$

式中：

GE_1——摄入总能，单位为焦耳（J）；

注：焦耳（J）按热化学卡（cal_{th}）换算，1 热化学卡（cal_{th}）＝4.184 焦耳（J）。

E_1　——摄入干物质能值，单位为焦耳每克（J/g）；

M_1　——摄入干物质量，单位为克（g）。

3.2

排泄物总能 gross energy excreta

排泄物总能按式（2）计算。

$$GE_2 = E_2 \times M_2 \qquad\qquad\qquad\cdots\cdots\cdots\cdots\cdots\cdots\cdots(2)$$

式中：

GE_2——排泄物总能，单位为焦耳(J)；

E_2 ——排泄物干物质能值，单位为焦耳每克(J/g)；

M_2 ——摄入被测饲料后 48 h 排泄物干物质量，单位为克(g)。

3.3

摄入总干物质 gross dry matter intake

摄入总干物质量按式（3）计算。

$$GDM = M_3 \times DM \qquad\qquad\qquad\cdots\cdots\cdots\cdots\cdots\cdots\cdots(3)$$

式中：

GDM ——摄入总干物质量，单位为克(g)；

M_3 ——摄入风干物质量，单位为克(g)；

DM ——风干饲料样品干物质含量，%。

4 原理

用成年健康且具有抗应激素质的公鸡为试验动物，用以准确投喂和无丢失收集排泄物为手段的排空强饲法测定鸡饲料表观代谢能。

5 试验动物

5.1 从育雏阶段开始饲养至 18 周龄以上、体重达 2.5 kg±0.2 kg 的海兰褐壳系公鸡中选取试验动物。

5.2 要求试验鸡强饲后无怪癖、无异嗜、无明显应激反应。

5.3 供试鸡只数：每测一种饲料需设置 6 个重复组，每个重复组试验鸡强饲后的存活数不低于 4 只，组间平均体重差异不超过 100 g。

6 饲养管理

6.1 鸡舍：全封闭式或半开放式鸡舍。饲养环境应符合 NY/T 388。

6.2 遵照《父母代海兰蛋鸡饲养管理手册》的相关规定进行饲养管理与疾病控制。

6.3 试验期采用笼养，在带集粪盘的代谢笼内个体饲养，适应后供试验用。不同处理和重复的试验鸡按照随机均匀分布原则固定笼位，并记录在案。非试验期试验鸡采用平养。

6.4 试验期环境温度 18 ℃～27 ℃，环境湿度 40%～60%，光照强度 10 lx～20 lx，自然光照和（或）人工光照；光照时间为 16 h/d。

6.5 非试验期限饲，控制试验鸡体重在规定范围内。

6.6 自由饮水，水质应达到 GB 5749 中的有关规定。禁食砂石。

6.7 在连续两次测定期之间，至少设置 10 d 以上的恢复期。

7 试验方法

7.1 排泄物收集瓶的缝合手术：选择容积为 60 mL 的塑料瓶（或塑料袋）为集粪瓶，要求瓶盖直径 33 mm 左右，瓶盖中央挖一直径约 20 mm 的圆孔及周边用于固定的对称小孔 8 个，在代谢试验开始前一周，用消毒的手术弯针和手术线，将瓶盖的圆孔对准鸡的泄殖腔口，缝合在皮肤上。排泄物收集期，拧上塑料瓶（或袋）收集排泄物，以免皮屑和羽毛混入排泄物中。

7.2 试验分预饲期、正试期（禁食排空、强饲、收集排泄物）及体况恢复期三个阶段（参见附录 A）。

7.3 禁食：准确记录禁食排空开始时间，禁食期间自由饮水。

7.4 强饲：禁食结束后，通过强饲器（参见附录 B）每只鸡准确强饲干物质含量已知的风干被测饲料 50 g，并及时按个体记录强饲完成时间。强饲人员应事先培训。

8 被测饲料

8.1 要求

被测饲料应符合 GB 13078、GB 13078.1、GB 13078.2 和 GB 13078.3 的要求和相关的质量标准的规定。

8.2 被测饲料的制备

8.2.1 按常规方法将被测饲料粉碎，应全部通过孔径为 5.00 mm 的编织筛，难以通过的粗粒应用瓷研钵捣碎归入整体样品中，混匀后备用。

8.2.2 一次性按需要量分别装袋，标明鸡号备用，并同步测定被测饲料干物质含量。

9 排泄物分析

9.1 收集：强饲后应立即装配集粪瓶（或袋），以重复组为单元收集 48 h 的全部排泄物，视集粪瓶内排泄物的量决定更换次数，应无漏、撒、损。

9.2 制备：取出的排泄物应立即在 65 ℃下烘干（或冷冻干燥）至恒重后置室温下回潮 24 h。将每个重复组 4 只鸡的风干排泄物总量称重记录，混合均匀后装入样本瓶。粉碎风干排泄物时要特别注意防止粉碎机中产生的交叉污染。

9.3 分析：按照 GB/T 6435 测定水分并计算其干物质含量，根据 ISO 9831:1998 的规定同步测定排泄物总能。

10 结果计算

10.1 每个重复组鸡的饲料表观代谢能[AME，单位为兆焦每千克（MJ/kg）]可用干物质基础和风干物质基础表示，分别按式（4）和式（5）计算。

$$AME(干物质基础) = \frac{GE_1 - GE_2}{M_1 \times 1\,000} \quad \cdots\cdots\cdots\cdots\cdots\cdots\cdots\cdots (4)$$

$$AME(风干物质基础) = \frac{GE_1 - GE_2}{M_3 \times 1\,000} \quad \cdots\cdots\cdots\cdots\cdots\cdots\cdots\cdots (5)$$

式中：

AME——被测饲料表观代谢能，单位为兆焦每千克（MJ/kg）。

10.2 计算 6 个重复组被测饲料表观代谢能的平均值及其相应的标准差。

10.3 分析结果有效位数为小数点后两位。

10.4 各重复组表观代谢能测定值相对偏差不得超过 5%。

11 试验记录与统计分析

11.1 测试用仪器应定期接受国家计量质检职能部门的监督检查,保存好质检合格证书。

11.2 除测定项目外,在试验过程中还应对排空强饲前与强饲后 48 h 试验鸡体重、免疫与消毒、温度和湿度等进行记录。记录应详细准确、清晰完整。保留备份,归档备案。

11.3 试验数据应采用国家法定的计量单位。

11.4 试验结束后,根据试验目的和试验设计,以重复为单位,采用相应的方法和软件对试验所有数据进行整理与统计分析。

12 试验报告

12.1 试验报告中应包括题目、摘要、试验目的、材料与方法、结果与分析、试验结论等内容。

12.2 试验报告应针对试验目的和要求给出具体的试验结果,在可能的情况下给出明确结论。

12.3 试验报告应对试验方法等可能影响试验结果的情况做简要说明。

附 录 A

（资料性附录）

鸡饲料表观代谢能测定程序

鸡饲料表观代谢能测定程序见表 A.1。

表 A.1 鸡饲料表观代谢能测定程序

期别	预饲期	正试期			体况恢复期
		禁食排空期	强饲期	粪尿排泄物收集期	
时间	＞3 d	48 h	按个体准确计时	48 h	10 d 以上
处理	喂生长蛋鸡全价配合饲料，最后 1 次喂试验饲料	自由饮水	强饲被测饲料	自由饮水	同预饲期

附　录　B
（资料性附录）
强饲器示意图

强饲器示意图见图 B.1。

a)　不锈钢漏斗，壁厚 0.1 cm

b)　实心不锈钢棒，一端有塑料包头

图 B.1　强饲器示意图

饲 料 产 品

ICS 65.120
B 46

中华人民共和国国家标准

GB/T 5915—2008
代替 GB/T 5915—1993

仔猪、生长肥育猪配合饲料

Formula feeds for starter and growing-finishing pigs

2008-11-04 发布   2009-02-01 实施

中华人民共和国国家质量监督检验检疫总局
中国国家标准化管理委员会   发布

前　言

本标准代替 GB/T 5915—1993《仔猪、生长肥育猪配合料》。

本标准与 GB/T 5915—1993 相比主要变化如下：

——标准的英文名称改为"Formula feeds for starter and growing-finishing pigs"；

——增加了前言部分；

——修改了产品名称的不同阶段；

——修改了营养成分指标；

——修改了试验方法、检验规则和判定规则；

——卫生指标后增加"3.6　饲料中药物和药物饲料添加剂的使用"，"3.7　营养性饲料添加剂和一般饲料添加剂的使用"；

——删除了附录 A 中各项营养成分的分析允许误差，各项营养成分检测结果判定的允许误差按GB/T 18823 执行。

本标准由全国饲料工业标准化技术委员会提出。

本标准由全国饲料工业标准化技术委员会归口。

本标准起草单位：农业部饲料工业中心、河南工业大学、河南广安生物科技有限公司。

本标准主要起草人：王凤来、张彩云、高天增、李忠建、李振田。

本标准所代替标准的历次版本发布情况为：

——GB 5915—1986、GB/T 5915—1993。

仔猪、生长肥育猪配合饲料

1 范围

本标准规定了仔猪、生长肥育猪配合饲料的要求、试验方法、检验规则以及标签、包装、运输和贮存的要求。

本标准适用于加工、销售、贮存和使用的瘦肉型仔猪、生长肥育猪配合饲料。

2 规范性引用文件

下列文件中的条款通过本标准的引用而成为本标准的条款。凡是注日期的引用文件,其随后所有的修改单(不包括勘误的内容)或修订版均不适用于本标准,然而,鼓励根据本标准达成协议的各方研究是否可使用这些文件的最新版本。凡是不注日期的引用文件,其最新版本适用于本标准。

GB/T 5917.1 饲料粉碎粒度测定 两层筛筛分法

GB/T 5918 饲料产品混合均匀度的测定

GB/T 6432 饲料中粗蛋白测定方法

GB/T 6433 饲料中粗脂肪的测定(GB/T 6433—2006,ISO 6492:1999,IDT)

GB/T 6434 饲料中粗纤维的含量测定 过滤法(GB/T 6434—2006,ISO 6865:2000,IDT)

GB/T 6435 饲料中水分和其他挥发性物质含量的测定(GB/T 6435—2006,ISO 6496:1999,IDT)

GB/T 6436 饲料中钙的测定

GB/T 6437 饲料中总磷的测定 分光光度法

GB/T 6438 饲料中粗灰分的测定(GB/T 6438—2007,ISO 5984:2002,IDT)

GB/T 6439 饲料中水溶性氯化物的测定(GB/T 6439—2007,ISO 6495:1999,IDT)

GB 10648 饲料标签

GB 13078 饲料卫生标准

GB/T 14699.1 饲料 采样(GB/T 14699.1—2005,ISO 6497:2002,IDT)

GB/T 16764 配合饲料企业卫生规范

GB/T 16765 颗粒饲料通用技术条件

GB/T 18246 饲料中氨基酸的测定

GB/T 18634 饲用植酸酶活性的测定 分光光度法

GB/T 18823 饲料检测结果判定的允许误差

GB/T 19371.2 饲料中蛋氨酸羟基类似物的测定 高效液相色谱法

《饲料药物添加剂使用规范》(农业部公告)

《禁止在饲料和动物饮用水中使用的药物品种目录》(农业部公告)

《食品动物禁用的兽药及其它化合物清单》(农业部公告)

《饲料添加剂目录》(农业部公告)

3 要求

3.1 感官

无霉变、结块及异味、异嗅。

3.2 水分

不高于14.0%。

3.3 加工质量

3.3.1 粒度

a) 粉料:99%通过 2.80 mm 编织筛,但不得有整粒谷物;1.40 mm 编织筛筛上物不得大于 15%。

b) 颗粒饲料:应符合 GB/T 16765 的要求。

3.3.2 混合均匀度

配合饲料应混合均匀,其变异系数应小于等于 10%。

3.4 营养成分指标

见表1。

表 1 仔猪、生长肥育猪配合饲料主要营养成分含量 %

产品名称		粗蛋白质 ≥	粗脂肪 ≥	粗纤维 ≤	粗灰分 ≤	钙	总磷 ≥	食盐	赖氨酸 ≥	蛋氨酸 ≥	苏氨酸 ≥
仔猪饲料	前期（3 kg～10 kg）	18	2.5	4.0	7.0	0.70～1.00	0.65	0.30～0.80	1.35	0.40	0.86
	后期（10 kg～20 kg）	17	2.5	5.0	7.0	0.60～0.90	0.60	0.30～0.80	1.15	0.30	0.75
生长肥育猪饲料	前期（20 kg～40 kg）	15	1.5	7.0	8.0	0.60～0.90	0.50	0.30～0.80	0.90	0.24	0.58
	中期（40 kg～70 kg）	14	1.5	7.0	8.0	0.55～0.90	0.40	0.30～0.80	0.75	0.22	0.50
	后期（70 kg 至出栏）	13	1.5	8.0	9.0	0.50～0.80	0.35	0.30～0.80	0.60	0.19	0.45

注 1：添加植酸酶的仔猪、生长肥育猪配合饲料,总磷含量可以降低 0.1%,但生产厂家应制定企业标准,在饲料标签上注明添加植酸酶,并标明其添加量。

注 2：添加蛋氨酸羟基类似物的仔猪、生长肥育猪配合饲料,蛋氨酸含量可以降低,但生产厂家应制定企业标准,在饲料标签上注明添加蛋氨酸羟基类似物,并标明其添加量。

3.5 卫生指标

饲料的卫生指标应符合 GB 13078 的要求。

3.6 饲料中药物和药物饲料添加剂的使用

饲料中添加药物饲料添加剂时,应符合《饲料药物添加剂使用规范》的规定,不得使用《禁止在饲料和动物饮用水中使用的药物品种目录》和《食品动物禁用的兽药及其它化合物清单》中的药品及化合物。

3.7 营养性饲料添加剂和一般饲料添加剂的使用

仔猪、生长肥育猪配合饲料配制中添加营养性饲料添加剂、一般饲料添加剂时,应依据《饲料添加剂目录》规定,使用国家许可生产和经营的饲料添加剂和添加剂预混合饲料产品。

4 试验方法

4.1 感官指标:采用目测及嗅觉检验。

4.2 水分:按 GB/T 6435 执行。

4.3 粒度:按 GB/T 5917 执行。

4.4 混合均匀度:按 GB/T 5918 执行。

4.5 粗蛋白质:按 GB/T 6432 执行。

4.6 粗脂肪:按 GB/T 6433 执行。

4.7 粗纤维:按 GB/T 6434 执行。

4.8 粗灰分:按 GB/T 6438 执行。

4.9 钙:按 GB/T 6436 执行。

4.10 总磷:按 GB/T 6437 执行。

4.11 蛋氨酸:蛋氨酸按 GB/T 18246 执行,蛋氨酸羟基类似物按 GB/T 19371.2 执行。

4.12 赖氨酸：按 GB/T 18246 执行。

4.13 食盐：按 GB/T 6439 执行。

4.14 植酸酶活性：按 GB/T 18634 执行。

4.15 卫生指标：按 GB 13078 执行。

4.16 药物饲料添加剂：按相应的检测方法执行。

5 检验规则

5.1 采样方法

按 GB/T 14699.1 执行。

5.2 出厂检验

5.2.1 批

以同班、同原料的产品为一批，每批产品进行出厂检验。

5.2.2 出厂检验项目

感官性状、水分、细度、粗蛋白质和粗灰分含量。

5.2.3 判定方法

以本标准的有关试验方法和要求为依据，对抽取样品按出厂检验项目进行检验。检验结果中如有一项指标不符合本标准要求时，应重新加倍抽样进行复检，复检结果如仍有一项指标不符合本标准要求，则该批产品不合格。各项成分指标判定合格或验收的界限根据 GB/T 18823 执行。

5.3 型式检验

5.3.1 型式检验项目为第 3 章规定的全部项目。

5.3.2 有下列情况之一，应进行型式检验：

　　a) 改变配方或生产工艺；

　　b) 正常生产每半年或停产半年后恢复生产；

　　c) 国家技术监督部门提出要求时。

5.3.3 判定方法：以本标准的有关试验方法和要求为依据。检验结果中如有一项指标不符合本标准要求时，应重新加倍抽样进行复检，复检结果如仍有一项指标不符合本标准要求，则该周期产品不合格。各项成分指标判定合格或验收的界限根据 GB/T 18823 执行。微生物指标不得复检。如型式检验不合格，应停止生产至查明原因。

6 标签、包装、运输和贮存

6.1 标签应符合 GB 10648 的要求。

6.2 包装、贮存和运输应符合 GB/T 16764 中的要求。

ICS 65.120
B 46

中华人民共和国国家标准

GB/T 5916—2008
代替 GB/T 5916—2004

产蛋后备鸡、产蛋鸡、肉用仔鸡配合饲料

Formula feeds for replacement pullets，layers and broilers

2008-11-21 发布
2009-02-01 实施

中华人民共和国国家质量监督检验检疫总局
中国国家标准化管理委员会 发布

前　言

本标准代替 GB/T 5916—2004《产蛋后备鸡、产蛋鸡、肉用仔鸡配合饲料》。

本标准与 GB/T 5916—2004 相比主要差异如下：

——修改了产品名称和饲喂阶段；

——修改了营养成分指标；

——取消了表 2 对维生素和微量元素含量的要求；

——修改了试验方法、检验规则和判定规则。

本标准由全国饲料工业标准化技术委员会提出并归口。

本标准起草单位：中国农业大学动物科技学院。

本标准主要起草人：袁建敏、张炳坤、呙于明。

本标准所代替标准的历次版本发布情况为：

——GB/T 5916—1986、GB/T 5916—1993、GB/T 5916—2004。

产蛋后备鸡、产蛋鸡、肉用仔鸡配合饲料

1 范围

本标准规定了产蛋后备鸡、产蛋鸡、肉用仔鸡配合饲料的质量指标、试验方法、检验规则、判定规则以及标签、包装、运输和贮存的要求。

本标准适用于产蛋后备鸡、产蛋鸡、肉用仔鸡的配合饲料,不适用于种鸡及地方品种鸡各阶段的配合饲料要求。

2 规范性引用文件

下列文件中的条款通过本标准的引用而成为本标准的条款。凡是注日期的引用文件,其随后所有的修改单(不包括勘误的内容)或修订版均不适用于本标准,然而,鼓励根据本标准达成协议的各方研究是否可使用这些文件的最新版本。凡是不注日期的引用文件,其最新版本适用于本标准。

GB/T 5917.1　饲料粉碎粒度测定　两层筛筛分法

GB/T 5918　饲料产品混合均匀度的测定

GB/T 6432　饲料中粗蛋白测定方法

GB/T 6433　饲料中粗脂肪的测定(GB/T 6433—2006,ISO 6492:1999,IDT)

GB/T 6434　饲料中粗纤维的含量测定　过滤法(GB/T 6434—2006,ISO 6865:2000,IDT)

GB/T 6435　饲料中水分和其他挥发性物质含量的测定(GB/T 6435—2006,ISO 6496:1999,IDT)

GB/T 6436　饲料中钙的测定

GB/T 6437　饲料中总磷的测定　分光光度法

GB/T 6438　饲料中粗灰分的测定(GB/T 6438—2007,ISO 5984:2002,IDT)

GB/T 6439　饲料中水溶性氯化物的测定(GB/T 6439—2007,ISO 6495:1999,IDT)

GB 10648　饲料标签

GB 13078　饲料卫生标准

GB/T 14699.1　饲料　采样(GB/T 14699.1—2005,ISO 6497:2002,IDT)

GB/T 16764　配合饲料企业卫生规范

GB/T 16765　颗粒饲料通用技术条件

GB/T 18246　饲料中氨基酸的测定

GB/T 18634　饲用植酸酶活性的测定　分光光度法

GB/T 18823　饲料检测结果判定的允许误差

GB/T 19371.2　饲料中蛋氨酸羟基类似物的测定　高效液相色谱法

《饲料药物添加剂使用规范》(农业部公告)

《禁止在饲料和动物饮用水中使用的药物品种目录》(农业部公告)

《食品动物禁用的兽药及其它化合物清单》(农业部公告)

《饲料添加剂目录》(农业部公告)

3 要求

3.1 感官

无霉变、结块及异味、异嗅。

3.2 水分

不高于 14.0%。

3.3 加工质量

3.3.1 粒度

a) 粉料:肉用仔鸡、产蛋后备鸡配合饲料应全部通过孔径为 5.00 mm 的编织筛,产蛋鸡配合饲料应全部通过孔径为 7.00 mm 的编织筛;

b) 颗粒饲料:应符合 GB/T 16765 的要求。

3.3.2 混合均匀度

配合饲料应混合均匀,其变异系数应小于等于 10%。

3.4 营养成分指标

见表 1。

表 1 产蛋后备鸡、产蛋鸡、肉用仔鸡配合饲料主要营养成分 %

产品名称		粗蛋白质 ≥	赖氨酸 ≥	蛋氨酸 ≥	粗脂肪 ≥	粗纤维 ≤	粗灰分 ≤	钙	总磷 ≥	食盐
产蛋后备鸡配合饲料	蛋鸡育雏期（蛋小鸡）配合饲料	18.0	0.85	0.32	2.5	6.0	8.0	0.6~1.2	0.55	0.30~0.80
	蛋鸡育成前期（蛋中鸡）配合饲料	15.0	0.66	0.27	2.5	8.0	9.0	0.6~1.2	0.50	0.30~0.80
	蛋鸡育成后期（青年鸡）配合饲料	14.0	0.45	0.20	2.5	8.0	10.0	0.6~1.4	0.45	0.30~0.80
产蛋鸡配合饲料	蛋鸡产蛋前期配合饲料	16.0	0.60	0.30	2.5	7.0	15.0	2.0~3.0	0.50	0.30~0.80
	蛋鸡产蛋高峰期配合饲料	16.0	0.65	0.32	2.5	7.0	15.0	3.0~4.2	0.50	0.30~0.80
	蛋鸡产蛋后期配合饲料	14.0	0.60	0.30	2.5	7.0	15.0	3.0~4.4	0.45	0.30~0.80
肉用仔鸡配合饲料	肉用仔鸡前期（肉小鸡）配合饲料	20.0	1.00	0.40	2.5	6.0	8.0	0.8~1.2	0.60	0.30~0.80
	肉用仔鸡中期（肉中鸡）配合饲料	18.0	0.90	0.35	3.0	7.0	8.0	0.7~1.2	0.55	0.30~0.80
	肉用仔鸡后期（肉大鸡）配合饲料	16.0	0.80	0.30	3.0	7.0	8.0	0.6~1.2	0.50	0.30~0.80

注 1:添加植酸酶大于等于 300 FTU/kg,产蛋后备鸡配合饲料、产蛋鸡配合饲料总磷可以降低 0.10%;肉用仔鸡前期、中期和后期配合饲料中添加植酸酶大于等于 750 FTU/kg,总磷可以降低 0.08%。

注 2:添加液体蛋氨酸的饲料,蛋氨酸可以降低,但应在标签中注明添加液体蛋氨酸,并标明其添加量。

3.5 卫生指标

饲料的卫生指标应符合 GB 13078 的要求。

3.6 饲料中药物和药物饲料添加剂的使用

饲料中添加药物饲料添加剂时,应符合《饲料药物添加剂使用规范》的规定,不得使用《禁止在饲料和动物饮用水中使用的药物品种目录》和《食品动物禁用的兽药及其它化合物清单》中的药品及化合物。

3.7 营养性饲料添加剂和一般饲料添加剂的使用

饲料中添加营养性饲料添加剂、一般饲料添加剂时,应依据《饲料添加剂目录》规定,使用国家许可生产和经营的饲料添加剂。

4 试验方法

4.1 感官指标:采用目测及嗅觉检验。

4.2 水分:按 GB/T 6435 执行。

4.3 粒度:按 GB/T 5917 执行。

4.4 混合均匀度:按 GB/T 5918 执行。

4.5 粗蛋白质:按 GB/T 6432 执行。

4.6 粗脂肪:按 GB/T 6433 执行。

4.7 粗纤维:按 GB/T 6434 执行。

4.8 粗灰分:按 GB/T 6438 执行。

4.9 钙:按 GB/T 6436 执行。

4.10 总磷:按 GB/T 6437 执行。

4.11 蛋氨酸:蛋氨酸按 GB/T 18246 执行,蛋氨酸羟基类似物按 GB/T 19371.2 执行。

4.12 赖氨酸:按 GB/T 18246 执行。

4.13 食盐:按 GB/T 6439 执行。

4.14 植酸酶活性:按 GB/T 18634 执行。

4.15 卫生指标:按 GB 13078 饲料卫生指标执行。

4.16 药物饲料添加剂:按相应的检测方法执行。

5 检验规则

5.1 采样方法

按 GB/T 14699.1 执行。

5.2 出厂检验

5.2.1 批

以同班、同原料的产品为一批,每批产品进行出厂检验。

5.2.2 出厂检验项目

感官性状、水分、细度、粗蛋白质和粗灰分含量。

5.2.3 判定方法

以本标准的有关试验方法和要求为依据,对抽取样品按出厂检验项目进行检验。检验结果中如有一项指标不符合本标准要求时,应重新加倍抽样进行复检,复检结果如仍有一项指标不符合标准要求,则该批产品不合格。各项成分指标判定合格或验收的界限根据 GB/T 18823 执行。

5.3 型式检验

5.3.1 型式检验项目为第 3 章规定的全部项目。

5.3.2 有下列情况之一,应进行型式检验:

    a) 改变配方或生产工艺;

    b) 正常生产每半年或停产半年后恢复生产;

    c) 国家技术监督部门提出要求时。

5.3.3 判定方法

以本标准的有关试验方法和要求为依据。检验结果中如有一项指标不符合本标准要求时,应重新加倍抽样进行复检,复检结果如仍有一项指标不符合标准要求,则该周期产品不合格。各项成分指标判定合格或验收的界限根据 GB/T 18823 执行。微生物指标不得复检。如型式检验不合格,应停止生产至查明原因。

6　标签、包装、运输和贮存

6.1　标签应符合 GB 10648 的要求。

6.2　包装、运输和贮存应符合 GB/T 16764 中的要求。

ICS 65.120
B 46

中华人民共和国国家标准

GB/T 20715—2006

犊 牛 代 乳 粉

Calf milk replacer

2006-12-12 发布　　　　　　　　　　2007-03-01 实施

中华人民共和国国家质量监督检验检疫总局
中国国家标准化管理委员会　发布

前　　言

本标准的附录 A 为资料性附录。

本标准由全国饲料工业标准化技术委员会提出并归口。

本标准起草单位：中国农业大学动物科技学院、上海市饲料行业协会、上海光明荷斯坦牧业有限公司、上海市饲料质量监督检验站。

本标准主要起草人：孟庆翔、王光文、凤懋熙、丁健、任丽萍、赵志辉、汪学才、袁耀明、杨海华、胡海英、张晓峰、张幸开、刘文忠、谢仙兰。

引　言

　　犊牛代乳粉是由优质的乳源制品、植物蛋白等原料，经雾化、乳化等现代加工工艺制成的稳定产品。该产品作为牛乳的替代品，含有犊牛生长发育所需的能量、蛋白质、维生素、常量和微量元素等营养物质。该产品在饲料加工和储存过程中具有良好的稳定性，同时又具有很高的生物利用率，为饲料行业广泛接受应用。为了对犊牛代乳粉的质量实施有效的控制，规范市场，特制定本标准。

犊牛代乳粉

1 范围

本标准规定了犊牛代乳粉的技术要求、试验方法、检验规则、标签、包装、运输、贮存及保质期。

本标准适用于国内企业生产、加工、销售的犊牛代乳粉。

2 规范性引用文件

下列文件中的条款通过本标准的引用而成为本标准的条款。凡是注日期的引用文件,其随后所有的修改单(不包括勘误的内容)或修订版,均不适用于本标准;然而,鼓励根据本标准达成协议的各方研究是否可使用这些文件的最新版本。凡是不注日期的引用文件,其最新版本适用于本标准。

GB/T 4789.18　食品卫生微生物学检验　乳与乳制品检验

GB/T 5009.11　食品中总砷及无机砷的测定

GB/T 5009.12　食品中铅的测定

GB/T 5009.24　食品中黄曲霉毒素 M_1 与 B_1 的测定

GB/T 5413.5　婴幼儿配方食品和乳粉　乳糖、蔗糖和总糖的测定

GB/T 5413.32　乳粉　硝酸盐、亚硝酸盐的测定

GB/T 5917　配合饲料粉碎粒度测定方法

GB/T 6432　饲料中粗蛋白测定方法

GB/T 6433　饲料粗脂肪测定方法

GB/T 6434　饲料粗纤维测定方法

GB/T 6435　饲料水分的测定方法

GB/T 6436　饲料中钙的测定

GB/T 6437　饲料中总磷的测定　分光光度法

GB/T 6438　饲料粗灰分的测定方法

GB/T 6682　分析实验室用水规格和试验方法

GB 10648　饲料标签

GB/T 10649　微量元素预混合饲料混合均匀度测定方法

GB/T 14699.1　饲料　采样

GB/T 18823　饲料　检测结果判定的允许误差

饲料药物添加剂使用规范(中华人民共和国农业部公告第 168 号)

动物源性饲料产品安全卫生管理办法(中华人民共和国农业部令第 40 号)

3 技术要求

3.1 感官性状

为淡奶油色粉末,色泽一致,无结块、发霉、变质现象,具有乳香味。

3.2 粉碎粒度

100%通过 0.42 mm(40 目)分析筛。过 0.2 mm(80 目)分析筛,筛上物小于等于 20%。

3.3 卫生指标

符合表 1 的要求。

表 1　犊牛代乳粉卫生指标

项　目		指　标
总砷/(mg/kg)	≤	0.3
铅/(mg/kg)	≤	0.5
亚硝酸盐(以 NaNO₂ 计)/(mg/kg)	≤	2
黄曲霉毒素 B₁/(μg/kg)		不得检出
霉菌/(CFU/g)	≤	50
致病菌(肠道致病菌和致病性球菌)		不得检出
细菌总数/(CFU/g)	≤	50 000

3.4　混合均匀度

按 GB/T 10649 规定的方法执行,其均匀度之变异系数小于等于 7.0%。

3.5　主要营养成分指标及来源

3.5.1　营养成分及指标

营养成分及指标符合表2的规定。

表 2　主要营养成分及指标(干物质基础)　　　　　　　　　　%

项　目		指　标
水分	≤	6
粗蛋白	≥	22
粗脂肪	≥	12
粗灰分	≤	10
粗纤维	≤	3
乳糖	≥	20
钙		0.6~1.2
磷	≥	0.6

3.5.2　蛋白质来源

以全乳蛋白或浓缩的大豆蛋白等为主。全乳蛋白有全脂乳、脱脂乳、浓缩乳蛋白、乳清粉、去乳糖乳清粉、酪蛋白等,部分替代全乳蛋白的蛋白质来源有大豆蛋白精提物、大豆分离蛋白以及改性小麦面筋粉等。不允许使用非蛋白氮类饲料原料。使用动物源性饲料产品必须符合农业部《动物源性饲料产品安全卫生管理办法》(中华人民共和国农业部令第 40 号)之规定。不允许使用除乳制品外的动物源性饲料作为蛋白质来源。

3.5.3　脂肪来源

以乳制品和植物油为主。

3.5.4　药物添加

应符合农业部《饲料药物添加剂使用规范》(中华人民共和国农业部公告第 168 号)。

3.6　重量指标

单件定量包装净重偏差±1%。批量定量包装平均偏差大于等于零。

4　试验方法

除非另有说明,所用试剂等级均为分析纯以上。实验用水达到 GB/T 6682 规定的三级水或相当纯度以上的标准。

4.1 样品的采集和制备

按照 GB/T 14699.1 规定执行。

4.2 感官性状的检验

采用目测及嗅觉检验。

4.3 粉碎粒度

按 GB/T 5917 规定执行。

4.4 水分

按 GB/T 6435 规定执行。

4.5 粗蛋白

按 GB/T 6432 规定执行。

4.6 粗脂肪

按 GB/T 6433 规定执行。

4.7 粗灰分

按 GB/T 6438 规定执行。

4.8 粗纤维

按 GB/T 6434 规定执行。

4.9 乳糖

按 GB/T 5413.5 规定执行。

4.10 钙

按 GB/T 6436 规定执行。

4.11 磷

按 GB/T 6437 规定执行。

4.12 总砷的测定

按 GB/T 5009.11 规定执行。

4.13 铅的测定

按 GB/T 5009.12 规定执行。

4.14 亚硝酸盐

按 GB/T 5413.32 规定执行。

4.15 黄曲霉毒素 B_1

按 GB/T 5009.24 规定执行。

4.16 霉菌

按 GB/T 4789.18 规定执行。

4.17 致病菌

按 GB/T 4789.18 规定执行。

4.18 细菌总数

按 GB/T 4789.18 规定执行。

4.19 净重(净含量)

随机抽取 30 包,扣除包装重量后,净重符合本标准 3.6 之规定。

平均偏差按式(1)计算:

$$\Delta m = \frac{\sum\limits_{i=1}^{n}(m_2 - m_1)}{n} \quad\quad\cdots\cdots\cdots\cdots\cdots\cdots(1)$$

式中:

Δm——抽样商品的平均偏差,单位为千克(kg);

m_1——包装商品标注净重量,单位为千克(kg);

m_2——包装商品实际净重量,单位为千克(kg);

n——抽样件数。

5 检验规则

5.1 出厂检验

感官指标、成品粒度、水分、粗蛋白、粗脂肪、粗纤维、乳糖、钙、磷、包装重量、标签为出厂检验项目。以同班、同原料、同配方的产品为一批,每批产品进行出厂检验。

5.2 型式检验

有下列情况之一,应进行型式检验,检验项目为本标准中的所有项目:

——新产品投产时;

——改变配方或生产工艺时;

——正常生产每半年或停产半年后恢复生产时;

——出厂检验结果与上次型式检验结果有较大差异时;

——国家质量监督机构或主管部门提出进行型式检验的要求时。

6 判定规则

以本标准的试验方法和要求为判定方法和依据。检验结果如有一项不符合本标准要求,应抽样复检,复检结果如仍有一项不符合本标准要求,则判型式检验不合格。若产品检验卫生指标超标,该产品即判为不合格,不得复检。检验结果判定允许误差按 GB/T 18823 执行。

7 标签、包装、运输、贮存及保质期

7.1 标签

按 GB 10648 执行。

7.2 包装

本产品应装于防潮的纸箱、纸桶(袋)或聚丙烯塑料桶(袋)中,内衬包装食品用聚乙烯塑料袋。也可根据用户要求进行包装。

7.3 运输

本产品不得与有毒、有害或有污染的物质混装混载。运输过程要求避光、防雨。

7.4 贮存

本产品应贮存在清洁、干燥、阴凉、通风的专用仓库里。不得与有毒有害物混存。要防虫蛀、鼠害、霉变和污染。

7.5 保质期

包装产品在规定的贮存条件下保质期不少于3个月。

附　录　A
（资料性附录）
其他营养物质含量推荐值

A.1　矿物元素含量推荐值

矿物元素含量推荐值参见表 A.1。

表 A.1　矿物元素含量推荐值

项　　目		指　　标
镁/(%)	≥	0.07
钠/(%)	≥	0.40
钾/(%)	≥	0.65
氯/(%)	≥	0.25
硫/(%)	≥	0.29
铁/(mg/kg)	≥	100
铜/(mg/kg)	≥	10
锰/(mg/kg)	≥	40
锌/(mg/kg)	≥	40
碘/(mg/kg)	≥	0.5
钴/(mg/kg)	≥	0.11
硒/(mg/kg)	≥	0.30

A.2　维生素含量推荐值

维生素含量推荐值参见表 A.2。

表 A.2　维生素含量推荐值

项　　目		指　　标
维生素 A/(IU/kg)	≥	9 000
维生素 D_3/(IU/kg)	≥	600
维生素 E/(IU/kg)	≥	50
维生素 B_1/(mg/kg)	≥	6.5
维生素 B_2/(mg/kg)	≥	6.5
维生素 B_6/(mg/kg)	≥	6.5
泛酸/(mg/kg)	≥	13.0

表 A.2（续）

项　　目		指　　标
烟酸/(mg/kg)	≥	10.0
生物素/(mg/kg)	≥	0.1
维生素 B_{12}/(mg/kg)	≥	0.07
胆碱/(mg/kg)	≥	1 000

ICS 65.120
B 46

中华人民共和国国家标准

GB/T 20804—2006

奶牛复合微量元素维生素预混合饲料

Trace minerals and vitamins premix of dairy cattle

2006-12-20 发布　　　　　　　　　　2007-03-01 实施

中华人民共和国国家质量监督检验检疫总局
中国国家标准化管理委员会　发 布

前　言

本标准根据美国国家科学研究委员会(NRC)制定的《奶牛营养需要》2001 年第七版起草制定。

本标准的附录 A 为资料性附录。

本标准由中华人民共和国农业部提出。

本标准由全国饲料工业标准化技术委员会归口。

本标准起草单位:中国农业科学院畜牧兽医研究所、农业部饲料工业中心、中国农业大学、新疆农业大学、河北省畜牧兽医研究所。

本标准主要起草人:王加启、邓先德、邢建军、魏宏阳、范学珊、卢德勋、张军民、雒秋江、宋丽华、陆耀华、李树聪、乔绿、孙荣鑫、李英、袁耀明、周凌云。

奶牛复合微量元素维生素预混合饲料

1 范围

本标准规定了奶牛复合微量元素维生素预混合饲料使用的要求、试验方法、检测规则、标签、包装、贮存和运输。

本标准适用于奶牛场和饲料工业行业加工、销售、调拨、出口的奶牛复合微量元素维生素预混合饲料。

2 规范性引用文件

下列文件中的条款通过本标准的引用而成为本标准的条款。凡是注日期的引用文件,其随后所有的修改单(不包括勘误的内容)或修订版均不适用于本标准,然而,鼓励根据本标准达成协议的各方研究是否可使用这些文件的最新版本。凡是不注日期的引用文件,其最新版本适用于本标准。

GB/T 5917 配合饲料粉碎粒度测定法

GB/T 5918 配合饲料混合均匀度的测定

GB/T 6435 饲料水分的测定方法

GB 10648 饲料标签

GB 13078 饲料卫生标准

GB/T 13079 饲料中总砷的测定

GB/T 13080 饲料中铅的测定 原子吸收光谱法

GB/T 13083 饲料中氟的测定 离子选择性电极法

GB/T 13091 饲料中沙门氏菌的检测方法

GB/T 13882 饲料中碘的测定(硫氰酸铁-亚硝酸催化动力学法)

GB/T 13883 饲料中硒的测定方法 2,3-二氨基萘荧光法

GB/T 13885 动物饲料中钙、铜、铁、镁、锰、钾、钠和锌含量的测定 原子吸收光谱法

GB/T 14699.1 饲料 采样

GB/T 16764 配合饲料企业卫生规范

GB/T 17812 饲料中维生素 E 的测定 高效液相色谱法

GB/T 17817 饲料中维生素 A 的测定 高效液相色谱法

GB/T 17818 饲料中维生素 D_3 的测定 高效液相色谱法

GB/T 18823 饲料 检测结果判定的允许误差

饲料药物添加剂使用规范(中华人民共和国农业部公告第 168 号)

饲料添加剂品种目录(中华人民共和国农业部公告第 658 号)

饲料和饲料添加剂管理条例(中华人民共和国国务院令第 327 号)

3 要求

3.1 感官指标

色泽正常,无发霉变质、结块及异味异臭。

3.2 水分

水分含量不大于 10%。

3.3 加工质量指标

3.3.1 粉碎粒度

全部通过 16 目分析筛,30 目以上分析筛上物≤10%。

3.3.2 混合均匀度

混合应均匀,变异系数(CV)≤5%。

3.4 有毒有害物质限量

应符合 GB 13078 的规定。

3.5 推荐量及其有效成分

3.5.1 奶牛微量元素和维生素需要量水平参见附录 A。

3.5.2 奶牛 1% 微量元素和维生素预混料有效成分的含量见表1。

表 1 奶牛精料补充料的 1% 预混料产品中微量元素和维生素的含量[a]

项 目	干奶牛	泌乳牛	犊牛 (2~6 月龄)	生长后备奶牛	
				7 月龄	18 月龄
供给量/(g/d·头)	30	100	10	10	30
预混料中微量元素含量/(mg/kg)					
钴	50~450	20~180	10~90	60~540	40~360
铜[b]	110~220	40~80	930~1 800	4 470~8 800	2 870~5 600
碘[c]	190~230	120~150	20~40	140~220	110~160
铁[d]	0~160	0~100	3 750~18 700	16 790~83 900	890~4 500
锰	0~650	0~150	3 970~39 700	11 270~112 700	5 160~51 600
硒	120~150	60~80	30~40	160~200	110~140
锌	0~220	280~840	3 570~10 700	14 720~44 100	5 090~15 200
预混料中维生素含量/(IU/kg)					
维生素 A ≥	2 677 000	750 000	400 000	1 600 000	1 200 000
维生素 D₃ ≥	730 000	210 000	60 000	600 000	450 000
维生素 E ≥	38 900	5 450	2 500	16 000	12 000

[a] 其他比例奶牛复合微量元素维生素预混合饲料可参考1%预混料微量元素维生素含量按照相应比例生产。

[b] 日粮中的钼、硫和铁的含量过高会影响铜的吸收,从而增加铜的需要量。

[c] 日粮中含有致甲状腺肿的物质会导致增加碘的需要量。

[d] 大部分的饲料含有足够的铁,可以满足成年牛的需要;当日粮中含有棉酚时,可导致增加铁的需要量。

4 试验方法

4.1 饲料采样方法

按 GB/T 14699.1 执行。

4.2 水分的测定

按 GB/T 6435 执行。

4.3 粉碎粒度

按 GB/T 5917 执行。

4.4 混合均匀度的测定

按 GB/T 5918 执行。

4.5 碘的测定

按 GB/T 13882 执行。

4.6 硒的测定

按 GB/T 13883 执行。

4.7 铁、铜、锰、锌的测定

按 GB/T 13885 执行。

4.8 维生素 A 的测定

按 GB/T 17817 执行。

4.9 维生素 D_3 的测定

按 GB/T 17818 执行。

4.10 维生素 E 的测定

按 GB/T 17812 执行。

4.11 砷、铅的测定

按 GB/T 13079 和 GB/T 13080 执行。

4.12 氟的测定

按 GB/T 13083 执行。

4.13 沙门氏菌的测定

按 GB/T 13091 执行。

5 检验规则

5.1 感官要求、水分、粗蛋白、钙和总磷含量为出厂检验项目。

5.2 在保证产品质量的前提下,生产厂可根据工艺、设备、配方、原料等变化情况,自行确定出厂检验的批量。

5.3 试验测定值的双试验相对偏差按相应标准规定执行。

5.4 检测与仲裁判定各项指标合格与否时,允许误差应按 GB/T 18823 执行。

5.5 有下列情况之一时,应对产品的质量进行全面考核,型式检验项目包括本标准规定的所有项目:
　　——正式生产后,原料、工艺有所改变时;
　　——正式生产后,每半年进行一次;
　　——停产后恢复生产时;
　　——产品质量监督部门提出进行型式检验要求时。

5.6 检验结果如有一项指标不符合本标准要求时,应自两倍量的包装中重新采样复验。复验结果即使只有一项指标不符合本标准的要求时,则整批产品为不合格。

6 标签、包装、贮存和运输

6.1 标签

商品饲料应在包装物上附有饲料标签,标签应符合 GB 10648 中的有关规定,并明确产品保质期。

6.2 包装

6.2.1 饲料包装应完整,无污染、无异味。

6.2.2 包装材料应符合 GB/T 16764 的要求。

6.2.3 包装印刷油墨无毒,不应向内容物渗漏。

6.2.4 包装物不应重复使用。生产方和使用方另有约定的除外。

6.3 贮存

6.3.1 饲料贮存应符合 GB/T 16764 的要求。

6.3.2 不合格和变质饲料应做无害化处理,不应存放在饲料贮存场所内。

6.4 运输

6.4.1 运输工具应符合 GB/T 16764 的要求。

6.4.2 运输作业应防止污染、防雨防潮,保持包装的完整。

6.4.3 不应使用运输畜禽等动物的车辆运输饲料产品。

6.4.4 饲料运输工具和装卸场地应定期清洗和消毒。

附 录 A

（资料性附录）

奶牛微量元素和维生素需要量

表 A.1 给出了奶牛微量元素和维生素需要量。

表 A.1 奶牛微量元素和维生素需要量

项 目	干奶牛	泌乳牛	犊牛（2～6 月龄）	生长后备奶牛	
				7 月龄	18 月龄
钴/(mg/kg)	0.11	0.11	0.10	0.11	0.11
铜/(mg/kg)	13	11	10	10	9
碘/(mg/kg)	0.4	0.6	0.25	0.27	0.30
铁/(mg/kg)	13	12.3	50	43	13
锰/(mg/kg)	18	14	40	22	14
硒/(mg/kg)	0.3	0.3	0.3	0.3	0.3
锌/(mg/kg)	22	43	40	32	18
维生素 A /(IU/kg)	5 576	3 685	4 000	3 076	3 185
维生素 D₃/(IU/ kg)	1 520	1 004	600	157	1 195
维生素 E /(IU/ kg)	81	27	25	31	32
维生素 A/(IU/d)	80 300	75 000	—	16 000	36 000
维生素 D₃/(IU/d)	21 900	21 000		6 000	13 500
维生素 E /(IU/d)	1 168	545		160	360

注：Nutrient requirements of dairy cattle,Seventh Revised Edition, 2001,NRC.

ICS 65.120
B 46

中华人民共和国国家标准

GB/T 20807—2006

绵羊用精饲料

Concentrated feed of sheep

2006-12-20 发布

2007-03-01 实施

中华人民共和国国家质量监督检验检疫总局
中国国家标准化管理委员会 发布

前　言

本标准的附录 A 为资料性附录。

本标准由中华人民共和国农业部提出。

本标准由全国饲料工业标准化技术委员会归口。

本标准起草单位：中国农业科学院畜牧兽医研究所、农业部饲料工业中心、中国农业大学、新疆农业大学、河北省畜牧兽医研究所。

本标准主要起草人：王加启、邓先德、邢建军、魏宏阳、范学珊、卢德勋、刘建新、张军民、雒秋江、杨红建、宋丽华、陆耀华、李树聪、乔绿、刁其玉、孙荣鑫、李英、李胜利、袁耀明、赵青余、张晓明、黄庆生、周凌云。

绵 羊 用 精 饲 料

1 范围

本标准规定了绵羊用精饲料的技术要求、试验方法、检验规则以及标签、包装、贮存、运输。

本标准适用于舍饲绵羊的羊场及企业加工的绵羊用精饲料。放牧绵羊补饲精料可参照本标准执行。

2 规范性引用文件

下列文件中的条款通过本标准的引用而成为本标准的条款。凡是注日期的引用文件，其随后所有的修改单（不包括勘误的内容）或修订版均不适用于本标准，然而，鼓励根据本标准达成协议的各方研究是否可使用这些文件的最新版本。凡是不注日期的引用文件，其最新版本适用于本标准。

GB/T 5917 配合饲料粉碎粒度测定法

GB/T 5918 配合饲料混合均匀度的测定

GB/T 6432 饲料中粗蛋白测定方法

GB/T 6433 饲料粗脂肪测定方法

GB/T 6434 饲料中粗纤维测定方法

GB/T 6435 饲料水分的测定方法

GB/T 6436 饲料中钙的测定

GB/T 6437 饲料中总磷的测定 分光光度法

GB/T 6438 饲料粗灰分的测定方法

GB/T 6439 饲料中水溶性氯化物的测定方法

GB 10648 饲料标签

GB 13078 饲料卫生标准

GB/T 14669.1 饲料 采样

GB/T 16764 配合饲料企业卫生规范

GB/T 18823 饲料 检测结果判定的允许误差

饲料药物添加剂使用规范(中华人民共和国农业部公告第 168 号)

饲料添加剂品种目录(中华人民共和国农业部公告第 658 号)

3 要求

3.1 技术指标要求

3.1.1 感官性状

色泽一致，质地均匀，无发霉变质、无结块及异味。

3.1.2 水分

3.1.2.1 水分含量应小于等于 12.5%。

3.1.2.2 符合下列情况中至少一项时可允许增加 0.5% 的含水量：

    a) 平均气温在 10℃ 以下的季节；

    b) 从出厂到饲喂不超过十天者；

    c) 配合饲料中添加有规定量的防霉剂者（标签中注明）。

3.1.3 加工质量

3.1.3.1 成品粉碎粒度：精饲料99％通过2.8 mm编制筛，颗粒饲料不受此限。不得有整粒谷物，1.40 mm编制筛筛上物不应大于20％。

3.1.3.2 混合均匀度：精饲料应混合均匀，其变异系数（CV）应不大于10％。

3.1.4 卫生指标

按照GB 13078的规定执行。

3.1.5 营养成分指标

营养成分指标见表1。

表1 绵羊用精饲料营养成分指标

类　　别	粗蛋白质/（％）≥	粗纤维/（％）≤	粗脂肪/（％）≥	粗灰分/（％）≤	钙/（％）≥	磷/（％）≥	氯化钠/（％）
生长羔羊	16	8	2.5	9	0.3	0.3	0.6～1.2
育成公羊	13	8	2.5	9	0.4	0.2	1.5～1.9
育成母羊	13	8	2.5	9	0.4	0.3	1.1～1.7
种公羊	14	10	3	8	0.4	0.3	0.6～0.7
妊娠羊	12	8	3	9	0.6	0.5	1.0
泌乳期母羊	16	8	3	9	0.7	0.6	1.0

注1：精饲料中若包括非蛋白氮物质，以氮计，应不超过精料粗蛋白氮含量的20％（使用氨化秸秆的羊慎用）并在标签中注明。

注2：表中各指标均以干物质计。

注3：绵羊日粮中粗饲料与精饲料推荐比例参见资料性附录A。

3.2 原料要求

3.2.1 非蛋白氮类饲料的使用

3.2.1.1 非蛋白氮类饲料的用量，非蛋白氮提供的总氮含量应低于饲料中总氮含量的10％。且需注明添加物名称、含量、用法及注意事项。

3.2.1.2 羔羊精饲料中不应添加尿素等非蛋白氮饲料。

3.2.2 饲料添加剂的使用

3.2.2.1 饲料中使用的营养性饲料添加剂和一般饲料添加剂产品应是《饲料添加剂品种目录》所规定的品种和取得产品批准文号的新饲料添加剂品种。

3.2.2.2 饲料中使用的饲料添加剂产品应是取得饲料添加剂产品生产许可证的企业生产的、具有产品批准文号的产品或取得产品进口登记证的境外饲料添加剂。

3.2.3 药物饲料添加剂的使用

3.2.3.1 药物饲料添加剂的使用应按照《饲料药物添加剂使用规范》执行。

3.2.3.2 使用药物饲料添加剂应严格执行休药期规定。

3.2.4 其他要求

3.2.4.1 不应使用除乳制品外的动物源性饲料。

3.2.4.2 有害物质及微生物允许量应符合GB 13078的要求。

3.2.4.3 饲料添加剂产品的使用应遵照产品标签所规定的用法、用量。

4 试验方法

4.1 饲料采样方法
按 GB/T 14699.1 执行。

4.2 水分的测定
按 GB/T 6435 执行。

4.3 粉碎粒度
按 GB/T 5917 执行。

4.4 混合均匀度的测定
按 GB/T 5918 执行。

4.5 粗蛋白的测定
按 GB/T 6432 执行。

4.6 粗脂肪的测定
按 GB/T 6433 执行。

4.7 粗纤维的测定
按 GB/T 6434 执行。

4.8 粗灰分的测定
按 GB/T 6438 执行。

4.9 钙的测定
按 GB/T 6436 执行。

4.10 磷的测定
按 GB/T 6437 执行。

4.11 氯化钠的测定
按 GB/T 6439 执行。

5 检验规则

5.1 感官要求、水分、粗蛋白、钙和总磷含量为出厂检验项目。

5.2 在保证产品质量的前提下,生产厂可根据工艺、设备、配方、原料等变化情况,自行确定出厂检验的批量。

5.3 试验测定值的双试验相对偏差按相应标准规定执行。

5.4 检测与仲裁判定各项指标合格与否时,允许误差应按 GB/T 18823 执行。

5.5 有下列情况之一时,应对产品的质量进行全面考核,型式检验项目包括本标准规定的所有项目:
　　——正式生产后,原料、工艺有所改变时;
　　——正式生产后,每半年进行一次;
　　——停产后恢复生产时;
　　——产品质量监督部门提出进行型式检验要求时。

5.6 检验结果如有一项指标不符合本标准要求时,应自两倍量的包装中重新采样复验。复验结果即使只有一项指标不符合本标准的要求时,则整批产品为不合格。

6 标签、包装、贮存和运输

6.1 标签
商品饲料应在包装物上附有饲料标签,标签应符合 GB 10648 中的有关规定,并明确产品保质期。

6.2 包装

6.2.1 饲料包装应完整,无污染、无异味。

6.2.2 包装材料应符合 GB/T 16764 的要求。

6.2.3 包装印刷油墨无毒,不应向内容物渗漏。

6.2.4 包装物不应重复使用。生产方和使用方另有约定的除外。

6.3 贮存

6.3.1 饲料贮存应符合 GB/T 16764 的要求。

6.3.2 不合格和变质饲料应做无害化处理,不应存放在饲料贮存场所内。

6.4 运输

6.4.1 运输工具应符合 GB/T 16764 的要求。

6.4.2 运输作业应防止污染、防雨防潮,保持包装的完整。

6.4.3 不应使用运输畜禽等动物的车辆运输饲料产品。

6.4.4 饲料运输工具和装卸场地应定期清洗和消毒。

附　录　A
（资料性附录）
绵羊日粮中粗饲料与精饲料推荐比例表（以干物质计）

表 A.1

类　　别	粗饲料/（%）	精饲料/（%）
生长羔羊	0～40	100～60
育成公羊	70	30
育成母羊	65	35
种公羊	85	15
妊娠羊	85～60	15～40
泌乳期母羊	70～50	30～50

注：日粮精粗比可根据绵羊不同时期营养需要进行适当调整。

ICS 65.120
B 46

中华人民共和国国家标准

GB/T 22544—2008

蛋鸡复合预混合饲料

Complex premix for layer

2008-11-21 发布　　　　　　　　　　　　　　　　2009-02-01 实施

中华人民共和国国家质量监督检验检疫总局
中 国 国 家 标 准 化 管 理 委 员 会　发 布

前　言

本标准由全国饲料工业标准化技术委员会提出并归口。

本标准起草单位：中国饲料工业协会、天津正大饲料科技有限公司。

本标准主要起草人：马启华、粟胜兰、阮静、刘晓玥。

蛋鸡复合预混合饲料

1 范围

本标准规定了1‰蛋鸡复合预混合饲料的相关术语和定义、技术要求、试验方法、检验规则以及标签、包装、贮存和运输的要求。

本标准适用于蛋鸡养殖场和饲料工业化生产的蛋鸡育雏期、蛋鸡育成期、蛋鸡产蛋期使用的以维生素和微量元素等为原料的蛋鸡复合预混合饲料。

2 规范性引用文件

下列文件中的条款通过本标准的引用而成为本标准的条款。凡是注日期的引用文件,其随后所有的修改单(不包括勘误的内容)或修订版均不适用于本标准,然而,鼓励根据本标准达成协议的各方研究是否可使用这些文件的最新版本。凡是不注日期的引用文件,其最新版本适用于本标准。

GB/T 5917.1 饲料粉碎粒度测定 两层筛筛分法

GB/T 6435 饲料中水分和其他挥发性物质含量的测定(GB/T 6435—2006,ISO 6496:1999,IDT)

GB 10648 饲料标签

GB/T 10649 微量元素预混合饲料混合均匀度的测定

GB 13078 饲料卫生标准

GB/T 13079 饲料中总砷的测定

GB/T 13080 饲料中铅的测定 原子吸收光谱法

GB/T 13082 饲料中镉的测定方法

GB/T 13083 饲料中氟的测定 离子选择性电极法

GB/T 13882 饲料中碘的测定(硫氰酸铁 亚硝酸催化动力学法)

GB/T 13883 饲料中硒的测定

GB/T 13885 动物饲料中钙、铜、铁、镁、锰、钾、钠和锌含量的测定 原子吸收光谱法(GB/T 13885—2003,ISO 6869:2000,IDT)

GB/T 14699.1 饲料 采样(GB/T 14699.1—2005,ISO 6497:2002,IDT)

GB/T 14700 饲料中维生素 B_1 的测定

GB/T 14701 饲料中维生素 B_2 的测定

GB/T 14702 饲料中维生素 B_6 的测定 高效液相色谱法

GB/T 16764 配合饲料企业卫生规范

GB/T 17812 饲料中维生素 E 的测定 高效液相色谱法

GB/T 17813 复合预混料中烟酸、叶酸的测定 高效液相色谱法

GB/T 17778 预混合饲料中 d-生物素的测定

GB/T 17817 饲料中维生素 A 的测定 高效液相色谱法

GB/T 17818 饲料中维生素 D_3 的测定 高效液相色谱法

GB/T 17819 维生素预混料中维生素 B_{12} 的测定 高效液相色谱法

GB/T 18397 复合预混合饲料中泛酸的测定 高效液相色谱法

GB/T 18823 饲料检测结果判定的允许误差

GB/T 18872 饲料中维生素 K_3 的测定 高效液相色谱法

NY 929 饲料中锌的允许量

AOAC Official Method 961.14 饲料、食品、药品中烟酸和烟酰胺的检测方法（Niacin and Niacinamide in Drugs，Foods，and Feeds）

3 术语和定义

下列术语和定义适用于本标准。

3.1

育雏期 brooding period

蛋鸡:0 周龄～6 周龄。

3.2

育成期 rearing period

蛋鸡:7 周龄～18 周龄(蛋鸡育成前期:7 周龄～12 周龄 ;蛋鸡育成后期:13 周龄～18 周龄)。

3.3

产蛋期 laying period

蛋鸡:19 周龄～72 周龄。

4 要求

4.1 感官要求

色泽一致,无发霉变质、结块及异味、异嗅。

4.2 水分

水分含量不大于10%。

4.3 加工质量指标

4.3.1 粉碎粒度

全部通过孔径为 1.19 mm 分析筛;孔径为 0.59 mm 分析筛的筛上物≤10%。

4.3.2 混合均匀度

混合应均匀,变异系数(CV)≤5%。

4.4 卫生指标

应符合 GB 13078 的有关要求和表 1 的规定。

表 1 蛋鸡复合预混合饲料镉的判定指标

项　　目	产品名称	指标	试验方法	备　　注
镉(以 Cd 计)的允许量/(mg/kg)	蛋鸡复合预混合饲料	≤15	GB/T 13082	以在配合饲料中1%的添加量计。

4.5 1%预混合饲料中维生素及微量元素营养成分含量

见表2。

表 2 维生素及微量元素营养成分含量

项　　目		蛋鸡育雏期 (0～6 周龄)	蛋鸡育成前期 (7 周龄～12 周龄)	蛋鸡育成后期 (13 周龄～18 周龄)	蛋鸡产蛋期 (19 周龄～72 周龄)
维生素 A/(IU/kg)	≥	800 000	730 000		780 000
维生素 D_3/(IU/kg)	≥	220 000	180 000		170 000
维生素 E/(mg/kg)	≥	1 300	1 200		1 200
维生素 K_3/(mg/kg)	≥	140	130		120
维生素 B_1/(mg/kg)	≥	180	130		110

表 2（续）

项 目		蛋鸡育雏期 （0～6 周龄）	蛋鸡育成前期 （7 周龄～12 周龄）	蛋鸡育成后期 （13 周龄～18 周龄）	蛋鸡产蛋期 （19 周龄～72 周龄）
维生素 B₂/(mg/kg)	≥	200	150		200
维生素 B₆/(mg/kg)	≥	200	200		200
维生素 B₁₂/(mg/kg)	≥	1.0	0.5		0.5
烟酸（烟酰胺）/(mg/kg)	≥	2 000	2 000		2 000
泛酸/(mg/kg)	≥	1 000	1 000		600
叶酸/(mg/kg)	≥	55	25		25
生物素/(mg/kg)	≥	15	10		10
锰/(g/kg)	≥	6	4		6
铁/(g/kg)	≥	8	6		6
锌/(g/kg)		6～25	6～25		6～25
铜/(g/kg)		0.8～3.5	0.6～3.5		0.8～3.5
硒/(mg/kg)		10～50	10～50		10～50
碘/(mg/kg)	≥	35	35		35

注 1：其他比例蛋鸡复合预混合饲料中维生素、微量元素含量可参考本标准按照相应比例折算生产。

注 2：使用有机微量元素时，可适当降低微量元素含量。

注 3：锌的最高允许使用量按 NY 929 规定执行。

5 试验方法

5.1 饲料采样

按 GB/T 14699.1 执行。

5.2 感官性状检验

采用目测及嗅觉检查。

5.3 水分的测定

按 GB/T 6435 执行。

5.4 加工质量指标

5.4.1 粉碎粒度

按 GB/T 5917 执行。

5.4.2 混合均匀度的测定

按 GB/T 10649 执行。

5.5 卫生指标

5.5.1 总砷的测定

按 GB/T 13079 执行。

5.5.2 铅的测定

按 GB/T 13080 执行。

5.5.3 镉的测定

按 GB/T 13082 执行。

5.5.4 氟的测定

按 GB/T 13083 执行。

5.6 维生素及微量元素营养成分

5.6.1 维生素 A 的测定

按 GB/T 17817 执行。

5.6.2 维生素 D_3 的测定

按 GB/T 17818 执行。

5.6.3 维生素 E 的测定

按 GB/T 17812 执行。

5.6.4 维生素 K_3 的测定

按 GB/T 18872 执行。

5.6.5 维生素 B_1 的测定

按 GB/T 14700 执行。

5.6.6 维生素 B_2 的测定

按 GB/T 14701 执行。

5.6.7 维生素 B_6 的测定

按 GB/T 14702 执行。

5.6.8 维生素 B_{12} 的测定

按 GB/T 17819 执行。

5.6.9 烟酸、叶酸的测定

按 GB/T 17813 执行。

5.6.10 泛酸的测定

按 GB/T 18397 执行。

5.6.11 生物素的测定

按 GB/T 17778 执行。

5.6.12 烟酰胺的测定

按 AOAC Official Method 961.14 执行。

5.6.13 铜、铁、锰、锌的测定

按 GB/T 13885 执行。

5.6.14 硒的测定

按 GB/T 13883 执行。

5.6.15 碘的测定

按 GB/T 13882 执行。

6 检验规则

6.1 检验分类

6.1.1 出厂检验

感官要求、水分为出厂检验项目。在保证产品质量的前提下,生产厂可根据工艺、设备、配方、原料等变化情况,自行规定出厂检验的批量。

6.1.2 型式检验

本标准要求中全部项目为型式检验项目,有下列情况之一时,应进行型式检验:

a) 原料变化及设备改造后;

b) 停产后再恢复生产;

c) 工艺、配方有较大改变,可能影响产品性能时;

d) 出厂检验结果与上次型式检验结果有较大差异时;

e) 国家质量技术监督部门要求时。

6.2 判定规则

6.2.1 检测与仲裁判定各项指标合格与否时,允许误差应按 GB/T 18823 执行。

6.2.2 检验结果如果有一项指标不符合本标准要求时,应从两倍量的包装中重新采样复验。复验结果即使只有一项指标不符合本标准的要求,则整批产品为不合格。

7 标签、包装、贮存和运输

7.1 标签

产品应在包装上附有饲料标签,标签应符合 GB 10648 中的有关规定,并明确产品保质期。

7.2 包装

7.2.1 产品包装应完整,无污染,无异味。

7.2.2 包装材料应符合 GB/T 16764 的要求。

7.2.3 包装印刷油墨无毒,不应向内容物渗透。

7.2.4 包装物不应重复使用。生产方和使用方另有约定的除外。

7.3 贮存

7.3.1 产品贮存应符合 GB/T 16764 的要求。

7.3.2 不合格和变质饲料应做无害化处理,不应放在饲料贮存场所内。

7.4 运输

7.4.1 运输工具应符合 GB/T 16764 的要求。

7.4.2 运输作业应防止污染、防雨防潮,保持包装的完整。

7.4.3 不应使用运输畜禽等动物的车辆运输饲料产品。

7.4.4 产品运输工具和装卸场地应定期清洗和消毒。

ICS 65.120
B 46

中华人民共和国国家标准

GB/T 22919.1—2008

水产配合饲料
第1部分：斑节对虾配合饲料

Aquafeed—Part 1：Formula feed for giant tiger shrimp（*Penaeus monodon*）

2008-12-31 发布　　　　　　　　　　　2009-05-01 实施

中华人民共和国国家质量监督检验检疫总局
中国国家标准化管理委员会　发布

前　言

本标准由全国饲料工业标准化技术委员会(SAC/TC 76)提出并归口。

本标准负责起草单位:广东恒兴集团有限公司。

本标准主要起草人:张海涛、黄智成、王华朗、于明超、蔡美英、王卓铎。

水产配合饲料
第 1 部分:斑节对虾配合饲料

1 范围

本标准规定了斑节对虾配合饲料的产品分类、技术要求、试验方法、检验规则以及标签、包装、运输和贮存。

本标准适用于斑节对虾配合饲料。

2 规范性引用文件

下列文件中的条款通过本标准的引用而成为本标准的条款。凡是注日期的引用文件,其随后所有的修改单(不包括勘误的内容)或修订版均不适用于本标准,然而,鼓励根据本标准达成协议的各方研究是否可使用这些文件的最新版本。凡是不注日期的引用文件,其最新版本适用于本标准。

GB/T 5918 饲料产品混合均匀度的测定

GB/T 6432 饲料中粗蛋白测定方法(GB/T 6432—1994,eqv ISO 5983:1979)

GB/T 6433 饲料中粗脂肪的测定(GB/T 6433—2006,ISO 6492:1999,IDT)

GB/T 6434 饲料中粗纤维的含量测定 过滤法(GB/T 6434—2006,ISO 6865:2000,IDT)

GB/T 6435 饲料中水分和其他挥发性物质含量的测定(GB/T 6435—2006,ISO 6496:1999,IDT)

GB/T 6436 饲料中钙的测定

GB/T 6437 饲料中总磷的测定 分光光度法

GB/T 6438 饲料中粗灰分的测定(GB/T 6438—2007,ISO 5984:2002,IDT)

GB 9969.1 工业产品使用说明书 总则

GB 10648 饲料标签

GB 13078 饲料卫生标准

GB/T 14699.1 饲料 采样(GB/T 14699.1—2005,ISO 6497:2002,IDT)

GB/T 16765—1997 颗粒饲料通用技术条件

GB/T 18246 饲料中氨基酸的测定

GB/T 18823 饲料检测结果判定的允许误差

NY 5072 无公害食品 渔用配合饲料安全限量

SC/T 2002—2002 对虾配合饲料

JJF 1070 定量包装商品净含量计量检验规则

定量包装商品计量监督管理办法(国家质量监督检验检疫总局[2005]第 75 号令)

3 产品分类

本标准将斑节对虾配合饲料产品分成幼虾饲料、中虾饲料、成虾饲料 3 种,产品规格应符合斑节对虾不同生长阶段的食性要求。

4 技术要求

4.1 原料与添加剂要求

饲料原料与添加剂均应符合相关饲料原料与添加剂的国家标准或行业标准的质量指标要求。卫生

指标应符合 GB 13078 和 NY 5072 的规定。

4.2 感官要求

色泽一致,无发霉,无异味,无杂物,无结块,无虫害。

4.3 加工质量指标

加工质量指标应符合表 1 要求。

表 1 斑节对虾配合饲料加工质量指标

项 目		指 标
水中稳定性(散失率)/%	幼虾料	≤18.0
	中虾料/成虾料	≤16.0
混合均匀度(CV)/%		≤7.0
粉化率/%		≤3.0

4.4 营养指标

主要营养指标应符合表 2 规定。

表 2 斑节对虾配合饲料主要营养指标

营养成分	幼虾料	中虾料	成虾料
粗蛋白质/%	≥38.0	≥37.0	≥35.0
粗脂肪/%		≥4.5	
粗纤维/%		≤5.0	
水分/%		≤12.0	
粗灰分/%		≤15.0	
钙/%		≤3.0	
总磷/%		0.90~1.45	
赖氨酸/%	≥2.0	≥1.8	≥1.6

4.5 卫生指标

卫生指标应符合 NY 5072 的规定。

4.6 净含量

定量包装产品的净含量应符合《定量包装商品计量监督管理办法》的规定。

5 试验方法

5.1 感官检验

取 100 g 样品放置在洁净的白瓷托盘(25 cm×30 cm)内,在非直射日光、光线充足、无异味的环境中,通过正常的感官检验进行评定。

5.2 混合均匀度的测定

按 GB/T 5918 的规定执行。

5.3 水中稳定性(散失率)的测定

按 SC/T 2002—2002 中 5.4 的规定执行。

5.4 粉化率的测定

按 GB/T 16765—1997 中 5.4.3 的规定执行(幼虾料所用试验筛的筛孔尺寸为 0.250 mm,中虾料、成虾料所用试验筛的筛孔尺寸为 0.425 mm)。

5.5 粗蛋白质的测定

按 GB/T 6432 的规定执行。

5.6 粗脂肪的测定

按 GB/T 6433 的规定执行。

5.7 粗纤维的测定

按 GB/T 6434 的规定执行。

5.8 水分的测定

按 GB/T 6435 的规定执行。

5.9 钙的测定

按 GB/T 6436 的规定执行。

5.10 总磷的测定

按 GB/T 6437 的规定执行。

5.11 粗灰分的测定

按 GB/T 6438 的规定执行。

5.12 氨基酸的测定

按 GB/T 18246 的规定执行。

5.13 卫生指标检验

按 NY 5072 的规定执行。

5.14 净含量的检验

按 JJF 1070 的规定执行。

6 检验规则

6.1 组批与抽样规则

6.1.1 批的组成

在原料及生产条件基本相同的情况下,同一班组生产的产品为一个检验批。

6.1.2 抽样方法

按 GB/T 14699.1 的规定执行。

6.2 检验分类

6.2.1 出厂检验

6.2.1.1 出厂检验项目:感官指标、水中稳定性、水分、粗蛋白质、包装、标签。

6.2.1.2 出厂检验由生产企业的质检部门进行。

6.2.1.3 判定:如检验中有一项指标不符合本标准要求,应进行复检(微生物指标超标不得复检),复检有一项指标不合格者即判定为不合格产品,不合格产品不可出厂销售。

6.2.2 型式检验

6.2.2.1 型式检验项目:型式检验应对产品质量、包装、标识、标签进行全面检查,检查项目为本标准技术指标中所有项目。

6.2.2.2 型式检验周期:型式检验每六个月至少检验一次,但有下列情况之一时,应进行型式检验:

  a) 新产品投产时;

  b) 正式生产后,原料、配方、工艺有较大改变,可能影响产品质量时;

  c) 正式生产后,工艺设备有较大改进时或主要设备进行大修时;

  d) 产品停产 3 个月以上,恢复生产时;

  e) 出厂检验结果与上次型式检验有较大的差异时;

  f) 国家质量监督机构提出进行型式检验的要求时。

6.2.2.3 型式检验由生产企业质检部门或委托法定饲料质检机构进行。

6.2.2.4 判定:型式检验中如有一项指标不符合本标准要求,应重新取样进行复检(微生物指标超标不

得复检），复检结果中有一项不合格者即判定为不合格。

6.2.2.5 型式检验不合格，应停产，找出不合格原因，重新试生产后，再进行型式检验，全部技术指标经检验合格后，方可再正式生产和销售。

6.3 生产企业检验合格的产品，由质检部门签发检验合格证，产品凭检验合格证方可出厂。

6.4 检验与仲裁判定各项指标合格与否时，应考虑分析允许误差，饲料检测结果判定的允许误差按GB/T 18823 的有关规定执行。

7 标签、包装、运输和贮存

7.1 标签

——销售产品的标签按 GB 10648 的规定执行；

——产品使用说明书的编写应符合 GB 9969.1 的规定，包装应随带产品说明书，以说明产品的主要技术指标和使用要求。

7.2 包装

包装材料应具有防潮、防漏、抗拉性能；产品采用复合包装袋缝合包装，缝合应牢固，不得破损漏气；包装袋应清洁卫生、无污染。

7.3 运输

产品运输时应注意防晒、防雨淋、防有毒物质污染；产品装卸时不能强烈摩擦、碰撞。

7.4 贮存

产品应贮存在通风干燥阴凉的仓库内，防止受潮，防止虫害、鼠害，不得与有毒有害物质混合堆放。产品堆放时应加垫，不得直接与地面接触。

7.5 保质期

在规定的贮存条件下，从生产之日起，原包装产品保质期为 75 d。

ICS 65.120
B 46

中华人民共和国国家标准

GB/T 22919.2—2008

水产配合饲料

第 2 部分：军曹鱼配合饲料

Aquafeed—Part 2:Formula feed for cobia(*Rachycentron canadum*)

2008-12-31 发布　　　　　　　　　　　2009-05-01 实施

中华人民共和国国家质量监督检验检疫总局
中国国家标准化管理委员会　发 布

前　言

本标准由全国饲料工业标准化技术委员会(SAC/TC 76)提出并归口。

本标准负责起草单位:广东恒兴集团有限公司。

本标准主要起草人:于明超、王华朗、张海涛、王蕾蕾。

水产配合饲料
第 2 部分:军曹鱼配合饲料

1 范围

本标准规定了军曹鱼配合饲料的产品分类、技术要求、试验方法、检验规则以及标签、包装、运输和贮存。

本标准适用于军曹鱼颗粒配合饲料。

2 规范性引用文件

下列文件中的条款通过本标准的引用而成为本标准的条款。凡是注日期的引用文件,其随后所有的修改单(不包括勘误的内容)或修订版均不适用于本标准,然而,鼓励根据本标准达成协议的各方研究是否可使用这些文件的最新版本。凡是不注日期的引用文件,其最新版本适用于本标准。

GB/T 5918 饲料产品混合均匀度的测定

GB/T 6432 饲料中粗蛋白测定方法(GB/T 6432—1994,eqv ISO 5983:1979)

GB/T 6433 饲料中粗脂肪的测定(GB/T 6433—2006,ISO 6492:1999,IDT)

GB/T 6434 饲料中粗纤维的含量测定 过滤法(GB/T 6434—2006,ISO 6865:2000,IDT)

GB/T 6435 饲料中水分和其他挥发性物质含量的测定(GB/T 6435—2006,ISO 6496:1999,IDT)

GB/T 6436 饲料中钙的测定

GB/T 6437 饲料中总磷的测定 分光光度法

GB/T 6438 饲料中粗灰分的测定(GB/T 6438—2007,ISO 5984:2002,IDT)

GB 9969.1 工业产品使用说明书 总则

GB 10648 饲料标签

GB 13078 饲料卫生标准

GB/T 14699.1 饲料 采样(GB/T 14699.1—2005,ISO 6497:2002,IDT)

GB/T 16765—1997 颗粒饲料通用技术条件

GB/T 18246 饲料中氨基酸的测定

GB/T 18823 饲料检测结果判定的允许误差

NY 5072 无公害食品 渔用配合饲料安全限量

SC/T 1077—2004 渔用配合饲料通用技术要求

JJF 1070 定量包装商品净含量计量检验规则

定量包装商品计量监督管理办法(国家质量监督检验检疫总局[2005]第 75 号令)

3 产品分类

本标准根据军曹鱼不同生长阶段的体重大小,将军曹鱼饲料产品分成稚鱼饲料、幼鱼饲料、中鱼饲料、成鱼饲料 4 种,产品规格应符合军曹鱼不同生长阶段的食性要求。

4 技术要求

4.1 原料与添加剂要求

饲料原料与添加剂均应符合相关饲料原料与添加剂的国家标准或行业标准的质量指标要求。卫生

指标应符合 GB 13078 和 NY 5072 的规定。

4.2 感官要求

4.2.1 外观

色泽均匀,饲料颗粒大小一致,表面平整;无发霉,无变质结块,无杂物,无虫害。

4.2.2 气味

具有饲料正常气味,无霉变、酸败、焦灼等异味。

4.3 加工质量指标

加工质量指标应符合表1的规定。

表 1 军曹鱼配合饲料加工质量指标

项目	稚鱼饲料	幼鱼饲料	中鱼饲料	成鱼饲料
混合均匀度(变异系数)/%	≤7.0			
水中稳定性(溶失率)/%	≤10.0			
颗粒粉化率/%	≤1.0			

4.4 营养指标

主要营养指标应符合表2规定。

表 2 军曹鱼配合饲料主要营养指标

营养指标	稚鱼饲料	幼鱼饲料	中鱼饲料	成鱼饲料
粗蛋白质/%	≥44.0	≥42.0	≥40.0	≥38.0
粗脂肪/%	≥6.0			
粗纤维/%	≤5.0			
水分/%	≤12.0			
粗灰分/%	≤16.0			
钙/%	≤3.5			
总磷/%	1.0～1.6			
赖氨酸/%	≥2.5	≥2.3	≥2.1	≥1.9

4.5 卫生指标

卫生指标应符合 NY 5072 的规定。

4.6 净含量

定量包装产品的净含量应符合《定量包装商品计量监督管理办法》的规定。

5 试验方法

5.1 感官检验

取 100 g 样品放置在洁净的白瓷托盘(25 cm×30 cm)内,在非直射日光、光线充足、无异味的环境中,通过正常的感官检验进行评定。

5.2 水中稳定性(溶失率)

按 SC/T 1077—2004 中第 A.2 章的规定执行。

5.3 混合均匀度的测定

按 GB/T 5918 的规定执行。

5.4 粉化率的测定

按 GB/T 16765—1997 中 5.4.3 的规定执行(所用试验筛的筛孔尺寸为 0.425 mm)。

5.5　粗蛋白质的测定

按 GB/T 6432 的规定执行。

5.6　粗脂肪的测定

按 GB/T 6433 的规定执行。

5.7　粗纤维的测定

按 GB/T 6434 的规定执行。

5.8　水分的测定

按 GB/T 6435 的规定执行。

5.9　钙的测定

按 GB/T 6436 的规定执行。

5.10　总磷的测定

按 GB/T 6437 的规定执行。

5.11　粗灰分的测定

按 GB/T 6438 的规定执行。

5.12　氨基酸的测定

按 GB/T 18246 的规定执行。

5.13　卫生指标的检验

按 NY 5072 的规定执行。

5.14　净含量的检验

按 JJF 1070 的规定执行。

6　检验规则

6.1　组批与抽样规则

6.1.1　批的组成

在原料及生产条件基本相同的情况下,同一班组生产的产品为一个检验批。

6.1.2　抽样方法

按 GB/T 14699.1 的规定执行。

6.2　检验分类

6.2.1　出厂检验

6.2.1.1　出厂检验项目:感官指标、水中稳定性、水分、粗蛋白质、包装、标签。

6.2.1.2　出厂检验由生产企业的质检部门进行。

6.2.1.3　判定:如检验中有一项指标不符合本标准要求,应进行复检(微生物指标超标不得复检),复检有一项指标不合格者即判定为不合格产品,不合格产品不可出厂销售。

6.2.2　型式检验

6.2.2.1　型式检验项目:型式检验应对产品质量、包装、标识、标签进行全面检查,检查项目为本标准技术指标中所有项目。

6.2.2.2　型式检验周期:型式检验每六个月至少检验一次,但有下列情况之一时,应进行型式检验:

　　a)　新产品投产时;

　　b)　正式生产后,原料、配方、工艺有较大改变,可能影响产品质量时;

　　c)　正式生产后,工艺设备有较大改进时或主要设备进行大修时;

　　d)　产品停产 3 个月以上,恢复生产时;

　　e)　出厂检验结果与上次型式检验有较大的差异时;

　　f)　国家质量监督机构提出进行型式检验的要求时。

6.2.2.3 型式检验由生产企业质检部门或委托法定饲料质检机构进行。

6.2.2.4 判定:型式检验中如有一项指标不符合本标准要求,应重新取样进行复检(微生物指标超标不得复检),复检结果中有一项不合格者即判定为不合格。

6.2.2.5 型式检验不合格,应停产,找出不合格原因,重新试生产后,再进行型式检验,全部技术指标经检验合格后,方可再正式生产和销售。

6.3 生产企业检验合格的产品,由企业质检部门签发检验合格证,产品凭检验合格证方可出厂。

6.4 检验与仲裁判定各项指标合格与否时,应考虑分析允许误差,饲料检测结果判定的允许误差按GB/T 18823 有关规定执行。

7 标签、包装、运输和贮存

7.1 标签

——销售产品的标签按 GB 10648 规定执行;

——产品使用说明书的编写应符合 GB 9969.1 规定,包装应随带产品说明书,以说明产品的主要技术指标和使用要求。

7.2 包装

包装材料应具有防潮、防漏、抗拉性能;产品采用复合包装袋缝合包装,缝合应牢固,不得破损漏气;包装袋应清洁卫生、无污染。

7.3 运输

产品运输时应注意防晒、防雨淋、防有毒物质污染;产品装卸时不能强烈摩擦、碰撞。

7.4 贮存

产品应贮存在通风干燥阴凉的仓库内,防止受潮,防止虫害、鼠害,不得与有毒有害物质混合堆放。产品堆放时应加垫,不得直接与地面接触。

7.5 保质期

在规定的贮存条件下,从生产之日起,原包装产品保质期为 75 d。

ICS 65.120
B 46

GB/T 22919.3—2008

中华人民共和国国家标准

水产配合饲料
第 3 部分：鲈鱼配合饲料

Aquafeed—Part 3：Formula feed for Japanese seabass（*Lateolabrax japonicus*）

2008-12-31 发布

2009-05-01 实施

中华人民共和国国家质量监督检验检疫总局
中国国家标准化管理委员会 发布

前　言

本标准由全国饲料工业标准化技术委员会(SAC/TC 76)提出并归口。

本标准起草单位:广东粤海饲料集团有限公司。

本标准主要起草人:张璐、彭卫正、程开敏、张其华、马学坤、刘贤敏、刘丽燕。

水产配合饲料
第3部分:鲈鱼配合饲料

1 范围

本标准规定了鲈鱼(*Lateolabrax japonicus*)配合饲料的产品分类、技术要求、试验方法、检验规则以及标签、包装、运输和贮存。

本标准适用于鲈鱼配合饲料。

2 规范性引用文件

下列文件中的条款通过本标准的引用而成为本标准的条款。凡是注日期的引用文件,其随后所有的修改单(不包括勘误的内容)或修订版均不适用于本标准,然而,鼓励根据本标准达成协议的各方研究是否可使用这些文件的最新版本。凡是不注日期的引用文件,其最新版本适用于本标准。

GB/T 5918 饲料产品混合均匀度的测定

GB/T 6432 饲料中粗蛋白测定方法(GB/T 6432—1994,eqv ISO 5983:1979)

GB/T 6433 饲料中粗脂肪的测定(GB/T 6433—2006,ISO 6492:1999,IDT)

GB/T 6434 饲料中粗纤维的含量测定 过滤法(GB/T 6434—2006,ISO 6865:2000,IDT)

GB/T 6435 饲料中水分和其他挥发性物质含量的测定(GB/T 6435—2006,ISO 6496:1999,IDT)

GB/T 6436 饲料中钙的测定

GB/T 6437 饲料中总磷的测定 分光光度法

GB/T 6438 饲料中粗灰分的测定(GB/T 6438—2007,ISO 5984:2002,IDT)

GB 10648 饲料标签

GB 13078 饲料卫生标准

GB/T 14699.1 饲料 采样(GB/T 14699.1—2005,ISO 6497:2002,IDT)

GB/T 16765—1997 颗粒饲料通用技术条件

GB/T 18246 饲料中氨基酸的测定

GB/T 18823 饲料检测结果判定的允许误差

NY 5072 无公害食品 渔用配合饲料安全限量

SC/T 1077—2004 渔用配合饲料通用技术要求

JJF 1070 定量包装商品净含量计量检验规则

定量包装商品计量监督管理办法(国家质量监督检验检疫总局[2005]第75号令)

3 术语和定义

下列术语和定义适用于本标准。

3.1

水中稳定性 water stability

供水产动物食用的颗粒饲料在水中抗溶蚀的能力,以"溶失率"表示。

4 产品分类

根据鲈鱼不同生长阶段的体重大小,将鲈鱼配合饲料产品分为稚鱼饲料、幼鱼饲料、中鱼饲料、成鱼饲料四种规格,产品规格应符合鲈鱼不同生长阶段的食性要求。

5 技术要求

5.1 原料要求

原料应符合各类原料的标准要求。

5.2 感官指标

外观:色泽一致,无发霉、变质、结块等现象,无虫害。

气味:具有饲料正常气味,无霉变、酸败等异味。

5.3 加工质量指标

5.3.1 水分不超过 12.0%。

5.3.2 颗粒粉化率不超过 1.0%。

5.3.3 溶失率不超过 10.0%。

5.3.4 混合均匀度(CV)不超过 7.0%。

5.4 营养指标

营养指标应符合表 1 规定。

表 1 营养指标

营养成分	稚鱼饲料	幼鱼饲料	中鱼饲料	成鱼饲料
粗蛋白质/%	≥40.0	≥38.0	≥37.0	≥36.0
粗脂肪/%	≥6.0			
粗纤维/%	≤5.0			
粗灰分/%	≤15.0			
钙/%	≤3.50			
总磷/%	0.90~1.50			
赖氨酸/%	≥2.20	≥2.10	≥2.00	≥1.80

5.5 卫生指标

卫生指标应符合 NY 5072 和 GB 13078 的规定。

5.6 净含量

定量包装产品的净含量应符合《定量包装商品计量监督管理办法》的规定。

6 试验方法

6.1 感官指标

取样品 100 g 置于白色瓷盘中,在光线充足、无异味干扰的条件下进行感官检验。

6.2 粉化率

按 GB/T 16765—1997 中 5.4.3 的规定执行(所用试验筛的筛孔尺寸为 0.425 mm)。

6.3 水中稳定性(溶失率)

按 SC/T 1077—2004 中第 A.2 章的规定执行。

6.4 混合均匀度

按 GB/T 5918 的规定执行。

6.5 粗蛋白质

按 GB/T 6432 的规定执行。

6.6 粗脂肪

按 GB/T 6433 的规定执行。

6.7 粗纤维

按 GB/T 6434 的规定执行。

6.8 水分

按 GB/T 6435 的规定执行。

6.9 钙

按 GB/T 6436 的规定执行。

6.10 总磷

按 GB/T 6437 的规定执行。

6.11 粗灰分

按 GB/T 6438 的规定执行。

6.12 赖氨酸

按 GB/T 18246 的规定执行。

6.13 安全卫生指标

按 NY 5072 和 GB 13078 的规定执行。

6.14 净含量

按 JJF 1070 的规定执行。

7 检验规则

7.1 组批和抽样

7.1.1 组批

以同配方、同原料、同班次生产的产品为一批。

7.1.2 抽样方法

按 GB/T 14699.1 的规定执行。

7.2 检验分类

检验分为出厂检验和型式检验。

7.2.1 出厂检验

每批产品应进行出厂检验,检验项目为感官指标、水分、粗蛋白质、包装、标签。

7.2.2 型式检验

检验项目为本标准规定的全部项目。有下列情况之一,应进行型式检验:

a) 新产品投产时;

b) 原料、配方、加工工艺等作了调整或变更影响产品性能时;

c) 正常生产时,应周期性进行检验(每年至少两次);

d) 产品停产 3 个月以上,恢复生产时;

e) 出厂检验结果与上次型式检验结果之间存在较大差异时;

f) 当国家质量监督部门提出进行型式检验要求时。

7.3 判定规则

7.3.1 检测与仲裁判定各项指标合格与否,需考虑分析允许误差,分析允许误差按 GB/T 18823 的规定执行。

7.3.2 所检项目检测结果均与本标准指标规定一致判定为合格产品。

7.3.3 检验中如有霉变、酸败、生虫等现象,则判定该批产品不合格。微生物指标超标不得复检。其他指标不符合本标准规定时,应加倍抽样,对不合格指标进行复检,复检结果有一项指标不合格,则判定该批产品为不合格。

8 标签、包装、运输、贮存

8.1 标签

按 GB 10468 的规定执行。

8.2 包装

采用无毒、无害、确保产品质量要求的包装袋,包装缝口应牢固,不得有破损泄漏,包装材料具有防潮、防漏、抗拉等性能。包装袋清洁、卫生、无污染,印刷字体清晰。

8.3 运输与贮存

8.3.1 产品应贮存在阴凉、通风、干燥处,不得与有害有毒物品一起堆放,开封后应尽快使用,以免变质或使用影响效果。

8.3.2 运输、贮存需符合保质、保量、运输安全和分类贮存要求,严防受潮和污染,防止虫害、鼠害。

8.3.3 运输过程中应小心轻放、防止包装破损,不得日晒、雨淋,禁止与有毒有害物品混贮共运。

8.4 保质期限

在符合本标准规定的贮运条件下,产品的保质期限为 75 d。

ICS 65.120
B 46

中华人民共和国国家标准

GB/T 22919.4—2008

水产配合饲料
第 4 部分：美国红鱼配合饲料

Aquafeed—Part 4：Formula feed for red drum（*Sciaenops ocellatus*）

2008-12-31 发布

2009-05-01 实施

中华人民共和国国家质量监督检验检疫总局
中国国家标准化管理委员会 发布

前　言

本标准由全国饲料工业标准化技术委员会(SAC/TC 76)提出并归口。

本标准负责起草单位：广东恒兴集团有限公司。

本标准主要起草人：黄智成、张海涛、王华朗、刘珂珂。

水产配合饲料
第 4 部分：美国红鱼配合饲料

1 范围

本标准规定了美国红鱼配合饲料的产品分类、技术要求、试验方法、检验规则以及标签、包装、运输和贮存。

本标准适用于美国红鱼颗粒配合饲料。

2 规范性引用文件

下列文件中的条款通过本标准的引用而成为本标准的条款。凡是注日期的引用文件，其随后所有的修改单（不包括勘误的内容）或修订版均不适用于本标准，然而，鼓励根据本标准达成协议的各方研究是否可使用这些文件的最新版本。凡是不注日期的引用文件，其最新版本适用于本标准。

GB/T 5918　饲料产品混合均匀度的测定

GB/T 6432　饲料中粗蛋白测定方法（GB/T 6432—1994,eqv ISO 5983:1979）

GB/T 6433　饲料中粗脂肪的测定（GB/T 6433—2006,ISO 6492:1999,IDT）

GB/T 6434　饲料中粗纤维的含量测定　过滤法（GB/T 6434—2006,ISO 6865:2000,IDT）

GB/T 6435　饲料中水分和其他挥发性物质含量的测定（GB/T 6435—2006,ISO 6496:1999,IDT）

GB/T 6436　饲料中钙的测定

GB/T 6437　饲料中总磷的测定　分光光度法

GB/T 6438　饲料中粗灰分的测定（GB/T 6438—2007,ISO 5984:2002,IDT）

GB 9969.1　工业产品使用说明书　总则

GB 10648　饲料标签

GB 13078　饲料卫生标准

GB/T 14699.1　饲料　采样（GB/T 14699.1—2005,ISO 6497:2002,IDT）

GB/T 16765—1997　颗粒饲料通用技术条件

GB/T 18246　饲料中氨基酸的测定

GB/T 18823　饲料检测结果判定的允许误差

NY 5072　无公害食品　渔用配合饲料安全限量

SC/T 1077—2004　渔用配合饲料通用技术要求

JJF 1070　定量包装商品净含量计量检验规则

定量包装商品计量监督管理办法（国家质量监督检验检疫总局［2005］第 75 号令）

3 产品分类

本标准根据美国红鱼不同生长阶段的体重大小，将美国红鱼饲料产品分成稚鱼饲料、幼鱼饲料、中鱼饲料、成鱼饲料 4 种，产品规格应符合美国红鱼不同生长阶段的食性要求。

4 技术要求

4.1 原料与添加剂要求

饲料原料与添加剂均应符合相关饲料原料与添加剂的国家标准或行业标准的质量指标要求。卫生

指标应符合 GB 13078 和 NY 5072 的规定。

4.2 感官要求

4.2.1 外观

色泽均匀,饲料颗粒大小一致,表面平整;无发霉,无变质结块,无杂物,无虫害。

4.2.2 气味

具有饲料正常气味,无霉变、酸败、焦灼等异味。

4.3 加工质量指标

加工质量指标应符合表 1 的规定。

表 1 美国红鱼配合饲料加工质量指标

项目	稚鱼饲料	幼鱼饲料	中鱼饲料	成鱼饲料
混合均匀度(变异系数)/%	≤7.0			
水中稳定性(溶失率)/%	≤10.0			
颗粒粉化率/%	≤1.0			

4.4 营养指标

主要营养指标应符合表 2 规定。

表 2 美国红鱼配合饲料主要营养指标

营养指标	稚鱼饲料	幼鱼饲料	中鱼饲料	成鱼饲料
粗蛋白质/%	≥42.0	≥40.0	≥38.0	≥36.0
粗脂肪/%	≥6.0			
粗纤维/%	≤5.0			
水分/%	≤12.0			
粗灰分/%	≤16.0			
钙/%	≤3.5			
总磷/%	1.0~1.6			
赖氨酸/%	≥2.3	≥2.1	≥1.9	≥1.8

4.5 卫生指标

卫生指标应符合 NY 5072 的规定。

4.6 净含量

定量包装产品的净含量应符合《定量包装商品计量监督管理办法》的规定。

5 试验方法

5.1 感官检验

取 100 g 样品放置在洁净的白瓷托盘(25 cm×30 cm)内,在非直射日光、光线充足、无异味的环境中,通过正常的感官检验进行评定。

5.2 水中稳定性(溶失率)

按 SC/T 1077—2004 中第 A.2 章的规定执行。

5.3 混合均匀度的测定

按 GB/T 5918 的规定执行。

5.4 粉化率的测定

按 GB/T 16765—1997 中 5.4.3 的规定执行(所用试验筛的筛孔尺寸为 0.425 mm)。

5.5 粗蛋白质的测定

按 GB/T 6432 的规定执行。

5.6 粗脂肪的测定

按 GB/T 6433 的规定执行。

5.7 粗纤维的测定

按 GB/T 6434 的规定执行。

5.8 水分的测定

按 GB/T 6435 的规定执行。

5.9 钙的测定

按 GB/T 6436 的规定执行。

5.10 总磷的测定

按 GB/T 6437 的规定执行。

5.11 粗灰分的测定

按 GB/T 6438 的规定执行。

5.12 氨基酸的测定

按 GB/T 18246 的规定执行。

5.13 卫生指标的检验

按 NY5072 的规定执行。

5.14 净含量的检验

按 JJF 1070 的规定执行。

6 检验规则

6.1 组批与抽样规则

6.1.1 批的组成

在原料及生产条件基本相同的情况下,同一班组生产的产品为一个检验批。

6.1.2 抽样方法

按 GB/T 14699.1 的规定执行。

6.2 检验分类

6.2.1 出厂检验

6.2.1.1 出厂检验项目:感官指标、水中稳定性、水分、粗蛋白质、包装、标签。

6.2.1.2 出厂检验由生产企业的质检部门进行。

6.2.1.3 判定:如检验中有一项指标不符合本标准要求,应进行复检(微生物指标超标不得复检),复检有一项指标不合格者即判定为不合格产品,不合格产品不可出厂销售。

6.2.2 型式检验

6.2.2.1 型式检验项目:型式检验应对产品质量、包装、标识、标签进行全面检查,检查项目为本标准技术指标中所有项目。

6.2.2.2 型式检验周期:型式检验每六个月至少检验一次,但有下列情况之一时,应进行型式检验:

    a) 新产品投产时;

    b) 正式生产后,原料、配方、工艺有较大改变,可能影响产品质量时;

    c) 正式生产后,工艺设备有较大改进时或主要设备进行大修时;

    d) 产品停产 3 个月以上,恢复生产时;

    e) 出厂检验结果与上次型式检验有较大的差异时;

    f) 国家质量监督机构提出进行型式检验的要求时。

6.2.2.3 型式检验由生产企业质检部门或委托法定饲料质检机构进行。

6.2.2.4 判定：型式检验中如有一项指标不符合本标准要求，应重新取样进行复检（微生物指标超标不得复检），复检结果中有一项不合格者即判定为不合格。

6.2.2.5 型式检验不合格，应停产，找出不合格原因，重新试生产后，再进行型式检验，全部技术指标经检验合格后，方可再正式生产和销售。

6.3 生产企业检验合格的产品，由质检部门签发检验合格证，产品凭检验合格证方可出厂。

6.4 检验与仲裁判定各项指标合格与否时，应考虑分析允许误差，饲料检测结果判定的允许误差按GB/T 18823 的有关规定执行。

7 标签、包装、运输和贮存

7.1 标签

——销售产品的标签按 GB 10648 的规定执行；

——产品使用说明书的编写应符合 GB 9969.1 的规定，包装应随带产品说明书，以说明产品的主要技术指标和使用要求。

7.2 包装

包装材料应具有防潮、防漏、抗拉性能；产品采用复合包装袋缝合包装，缝合应牢固，不得破损漏气；包装袋应清洁卫生、无污染。

7.3 运输

产品运输时应注意防晒、防雨淋、防有毒物质污染；产品装卸时不能强烈摩擦、碰撞。

7.4 贮存

产品应贮存在通风干燥阴凉的仓库内，防止受潮，防止虫害、鼠害，不得与有毒有害物质混合堆放。产品堆放时应加垫，不得直接与地面接触。

7.5 保质期

在规定的贮存条件下，从生产之日起，原包装产品保质期为 75 d。

ICS 65.120
B 46

中华人民共和国国家标准

GB/T 22919.5—2008

水产配合饲料
第5部分：南美白对虾配合饲料

Aquafeed—Part 5：Formula feed for white shrimp（*Litopenaeus vannamei*）

2008-12-31 发布　　　　　　　　　　　　2009-05-01 实施

中华人民共和国国家质量监督检验检疫总局
中国国家标准化管理委员会　发布

前　言

本标准由全国饲料工业标准化技术委员会(SAC/TC 76)提出并归口。

本标准负责起草单位:广东恒兴集团有限公司。

本标准主要起草人:王华朗、张海涛、黄智成、于明超、王喜波、徐志雄。

水产配合饲料
第5部分:南美白对虾配合饲料

1 范围

本标准规定了南美白对虾配合饲料的产品分类、技术要求、试验方法、检验规则以及标签、包装、运输和贮存。

本标准适用于南美白对虾配合饲料。

2 规范性引用文件

下列文件中的条款通过本标准的引用而成为本标准的条款。凡是注日期的引用文件,其随后所有的修改单(不包括勘误的内容)或修订版均不适用于本标准,然而,鼓励根据本标准达成协议的各方研究是否可使用这些文件的最新版本。凡是不注日期的引用文件,其最新版本适用于本标准。

GB/T 5918 饲料产品混合均匀度的测定

GB/T 6432 饲料中粗蛋白测定方法(GB/T 6432—1994,eqv ISO 5983:1979)

GB/T 6433 饲料中粗脂肪的测定(GB/T 6433—2006,ISO 6492:1999,IDT)

GB/T 6434 饲料中粗纤维的含量测定 过滤法(GB/T 6434—2006,ISO 6865:2000,IDT)

GB/T 6435 饲料中水分和其他挥发性物质含量的测定(GB/T 6435—2006,ISO 6496:1999,IDT)

GB/T 6436 饲料中钙的测定

GB/T 6437 饲料中总磷的测定 分光光度法

GB/T 6438 饲料中粗灰分的测定(GB/T 6438—2007,ISO 5984:2002,IDT)

GB 9969.1 工业产品使用说明书 总则

GB 10648 饲料标签

GB 13078 饲料卫生标准

GB/T 14699.1 饲料 采样(GB/T 14699.1—2005,ISO 6497:2002,IDT)

GB/T 16765—1997 颗粒饲料通用技术条件

GB/T 18246 饲料中氨基酸的测定

GB/T 18823 饲料检测结果判定的允许误差

NY 5072 无公害食品 渔用配合饲料安全限量

SC/T 2002—2002 对虾配合饲料

JJF 1070 定量包装商品净含量计量检验规则

定量包装商品计量监督管理办法(国家质量监督检验检疫总局[2005]第75号令)

3 产品分类

本标准将南美白对虾配合饲料产品分成幼虾饲料、中虾饲料、成虾饲料3种,产品规格应符合南美白对虾不同生长阶段的食性要求。

4 技术要求

4.1 原料与添加剂要求

饲料原料与添加剂均应符合相关饲料原料与添加剂的国家标准或行业标准的质量指标要求。卫生

指标应符合 GB 13078 和 NY 5072 的规定。

4.2 感官要求

色泽一致,无发霉,无异味,无杂物,无结块,无虫害。

4.3 加工质量指标

加工质量指标应符合表1要求。

表 1 南美白对虾配合饲料加工质量指标

项　　目		指　　标
水中稳定性(散失率)/%	幼虾料	≤18.0
	中虾料/成虾料	≤16.0
混合均匀度(CV)/%		≤7.0
粉化率/%		≤3.0

4.4 营养指标

主要营养指标应符合表2规定。

表 2 南美白对虾配合饲料主要营养指标

营养成分	幼虾料	中虾料	成虾料
粗蛋白质/%	≥36.0	≥34.0	≥32.0
粗脂肪/%	≥4.0		
粗纤维/%	≤5.0		
水分/%	≤12.0		
粗灰分/%	≤15.0		
钙/%	≤3.0		
总磷/%	0.90~1.45		
赖氨酸/%	≥1.8	≥1.6	≥1.4

4.5 卫生指标

卫生指标应符合 NY 5072 的规定。

4.6 净含量

定量包装产品的净含量应符合《定量包装商品计量监督管理办法》的规定。

5 试验方法

5.1 感官检验

取 100 g 样品放置在洁净的白瓷托盘(25 cm×30 cm)内,在非直射日光、光线充足、无异味的环境中,通过正常的感官检验进行评定。

5.2 混合均匀度的测定

按 GB/T 5918 的规定执行。

5.3 水中稳定性(散失率)的测定

按 SC/T 2002—2002 中 5.4 的规定执行。

5.4 粉化率的测定

按 GB/T 16765—1997 中 5.4.3 的规定执行(幼虾料所用试验筛的筛孔尺寸为 0.250 mm,中虾料、成虾料所用试验筛的筛孔尺寸为 0.425 mm)。

5.5 粗蛋白质的测定

按 GB/T 6432 的规定执行。

5.6 粗脂肪的测定

按 GB/T 6433 的规定执行。

5.7 粗纤维的测定

按 GB/T 6434 的规定执行。

5.8 水分的测定

按 GB/T 6435 的规定执行。

5.9 钙的测定

按 GB/T 6436 的规定执行。

5.10 总磷的测定

按 GB/T 6437 的规定执行。

5.11 粗灰分的测定

按 GB/T 6438 的规定执行。

5.12 氨基酸的测定

按 GB/T 18246 的规定执行。

5.13 卫生指标检验

按 NY 5072 的规定执行。

5.14 净含量的检验

按 JJF 1070 的规定执行。

6 检验规则

6.1 组批与抽样规则

6.1.1 批的组成

在原料及生产条件基本相同的情况下,同一班组生产的产品为一个检验批。

6.1.2 抽样方法

按 GB/T 14699.1 的规定执行。

6.2 检验分类

6.2.1 出厂检验

6.2.1.1 出厂检验项目:感官指标、水中稳定性、水分、粗蛋白质、包装、标签。

6.2.1.2 出厂检验由生产企业的质检部门进行。

6.2.1.3 判定:如检验中有一项指标不符合本标准要求,应进行复检(微生物指标超标不得复检),复检有一项指标不合格者即判定为不合格产品,不合格产品不可出厂销售。

6.2.2 型式检验

6.2.2.1 型式检验项目:型式检验应对产品质量、包装、标识、标签进行全面检查,检查项目为本标准技术指标中所有项目。

6.2.2.2 型式检验周期:型式检验每六个月至少检验一次,但有下列情况之一时,应进行型式检验:

a) 新产品投产时;

b) 正式生产后,原料、配方、工艺有较大改变,可能影响产品质量时;

c) 正式生产后,工艺设备有较大改进时或主要设备进行大修时;

d) 产品停产 3 个月以上,恢复生产时;

e) 出厂检验结果与上次型式检验有较大的差异时;

f) 国家质量监督机构提出进行型式检验的要求时。

6.2.2.3 型式检验由生产企业质检部门或委托法定饲料质检机构进行。

6.2.2.4 判定:型式检验中如有一项指标不符合本标准要求,应重新取样进行复检(微生物指标超标不

得复检），复检结果中有一项不合格者即判定为不合格。

6.2.2.5 型式检验不合格，应停产，找出不合格原因，重新试生产后，再进行型式检验，全部技术指标经检验合格后，方可再正式生产和销售。

6.3 生产企业检验合格的产品，由质检部门签发检验合格证，产品凭检验合格证方可出厂。

6.4 检验与仲裁判定各项指标合格与否时，应考虑分析允许误差，饲料检测结果判定的允许误差按GB/T 18823 的有关规定执行。

7 标签、包装、运输和贮存

7.1 标签

——销售产品的标签按 GB 10648 的规定执行；

——产品使用说明书的编写应符合 GB 9969.1 的规定.包装应随带产品说明书，以说明产品的主要技术指标和使用要求。

7.2 包装

包装材料应具有防潮、防漏、抗拉性能；产品采用复合包装袋缝合包装，缝合应牢固，不得破损漏气；包装袋应清洁卫生、无污染。

7.3 运输

产品运输时应注意防晒、防雨淋、防有毒物质污染；产品装卸时不能强烈摩擦、碰撞。

7.4 贮存

产品应贮存在通风干燥阴凉的仓库内，防止受潮，防止虫害、鼠害，不得与有毒有害物质混合堆放。产品堆放时应加垫，不得直接与地面接触。

7.5 保质期

在规定的贮存条件下，从生产之日起，原包装产品保质期为 75 d。

ICS 65.120
B 46

中华人民共和国国家标准

GB/T 22919.6—2008

水产配合饲料

第 6 部分：石斑鱼配合饲料

Aquafeed—Part 6：Formula feed for grouper（*Epinephelus* sp.）

2008-12-31 发布   2009-05-01 实施

中华人民共和国国家质量监督检验检疫总局
中国国家标准化管理委员会   发 布

前　言

本标准由全国饲料工业标准化技术委员会(SAC/TC 76)提出并归口。

本标准负责起草单位:广东恒兴集团有限公司。

本标准主要起草人:黄智成、张海涛、于明超、姜永杰、刘兴旺。

水产配合饲料
第6部分：石斑鱼配合饲料

1 范围

本标准规定了石斑鱼配合饲料的产品分类、技术要求、试验方法、检验规则以及标签、包装、运输和贮存。

本标准适用于石斑鱼膨化颗粒配合饲料。

2 规范性引用文件

下列文件中的条款通过本标准的引用而成为本标准的条款。凡是注日期的引用文件，其随后所有的修改单（不包括勘误的内容）或修订版均不适用于本标准，然而，鼓励根据本标准达成协议的各方研究是否可使用这些文件的最新版本。凡是不注日期的引用文件，其最新版本适用于本标准。

GB/T 5918　饲料产品混合均匀度的测定

GB/T 6432　饲料中粗蛋白测定方法（GB/T 6432—1994，eqv ISO 5983:1979）

GB/T 6433　饲料中粗脂肪的测定（GB/T 6433—2006，ISO 6492:1999，IDT）

GB/T 6434　饲料中粗纤维的含量测定　过滤法（GB/T 6434—2006，ISO 6865:2000，IDT）

GB/T 6435　饲料中水分和其他挥发性物质含量的测定（GB/T 6435—2006，ISO 6496:1999，IDT）

GB/T 6436　饲料中钙的测定

GB/T 6437　饲料中总磷的测定　分光光度法

GB/T 6438　饲料中粗灰分的测定（GB/T 6438—2007，ISO 5984:2002，IDT）

GB 9969.1　工业产品使用说明书　总则

GB 10648　饲料标签

GB 13078　饲料卫生标准

GB/T 14699.1　饲料　采样（GB/T 14699.1—2005，ISO 6497:2002，IDT）

GB/T 16765—1997　颗粒饲料通用技术条件

GB/T 18246　饲料中氨基酸的测定

GB/T 18823　饲料检测结果判定的允许误差

NY 5072　无公害食品　渔用配合饲料安全限量

SC/T 1077—2004　渔用配合饲料通用技术要求

JJF 1070　定量包装商品净含量计量检验规则

定量包装商品计量监督管理办法（国家质量监督检验检疫总局[2005]第75号令）

3 产品分类

本标准根据石斑鱼不同生长阶段的体重大小，将石斑鱼饲料产品分成稚鱼饲料、幼鱼饲料、中鱼饲料、成鱼饲料4种，产品规格应符合石斑鱼不同生长阶段的食性要求。

4 技术要求

4.1 原料与添加剂要求

饲料原料与添加剂均应符合相关饲料原料与添加剂的国家标准或行业标准的质量指标要求。卫生

指标应符合 GB 13078 和 NY 5072 的规定。

4.2 感官要求

4.2.1 外观:色泽均匀,饲料颗粒大小一致,表面平整;无发霉,无变质结块,无杂物,无虫害。

4.2.2 气味:具有饲料正常气味,无霉变、酸败、焦灼等异味。

4.3 加工质量指标

加工质量指标应符合表 1 的规定。

表 1 石斑鱼配合饲料加工质量指标

项目	稚鱼饲料	幼鱼饲料	中鱼饲料	成鱼饲料
混合均匀度(变异系数)/%	≤7.0			
水中稳定性(溶失率)/%	≤10.0			
颗粒粉化率/%	≤1.0			

4.4 营养成分指标

主要营养成分指标应符合表 2 规定。

表 2 石斑鱼配合饲料主要营养指标

营养成分	稚鱼饲料	幼鱼饲料	中鱼饲料	成鱼饲料
粗蛋白质/%	≥45.0	≥43.0	≥40.0	≥38.0
粗脂肪/%	≥6.0			
粗纤维/%	≤5.0			
水分/%	≤12.0			
粗灰分/%	≤16.0			
钙/%	≤3.5			
总磷/%	1.0~1.6			
赖氨酸/%	≥2.5	≥2.3	≥2.1	≥1.9

4.5 卫生指标

卫生指标应符合 NY 5072 的规定。

4.6 净含量

定量包装产品的净含量应符合《定量包装商品计量监督管理办法》的规定。

5 试验方法

5.1 感官检验

取 100 g 样品放置在洁净的白瓷托盘(25 cm×30 cm)内,在非直射日光、光线充足、无异味的环境中,通过正常的感官检验进行评定。

5.2 水中稳定性(溶失率)

按 SC/T 1077—2004 中第 A.2 章的规定执行。

5.3 混合均匀度的测定

按 GB/T 5918 的规定执行。

5.4 粉化率的测定

按 GB/T 16765—1997 中 5.4.3 的规定执行(所用试验筛的筛孔尺寸为 0.425 mm)。

5.5 粗蛋白质的测定

按 GB/T 6432 的规定执行。

5.6 粗脂肪的测定

按 GB/T 6433 的规定执行。

5.7 粗纤维的测定

按 GB/T 6434 的规定执行。

5.8 水分的测定

按 GB/T 6435 的规定执行。

5.9 钙的测定

按 GB/T 6436 的规定执行。

5.10 总磷的测定

按 GB/T 6437 的规定执行。

5.11 粗灰分的测定

按 GB/T 6438 的规定执行。

5.12 氨基酸的测定

按 GB/T 18246 的规定执行。

5.13 卫生指标的检验

按 NY 5072 的规定执行。

5.14 净含量的检验

按 JJF 1070 的规定执行。

6 检验规则

6.1 组批与抽样规则

6.1.1 批的组成

在原料及生产条件基本相同的情况下,同一班组生产的产品为一个检验批。

6.1.2 抽样方法

按 GB/T 14699.1 的规定执行。

6.2 检验分类

6.2.1 出厂检验

6.2.1.1 出厂检验项目:感官指标、水中稳定性、水分、粗蛋白质、包装、标签。

6.2.1.2 出厂检验由生产企业的质检部门进行。

6.2.1.3 判定:如检验中有一项指标不符合本标准要求,应进行复检(微生物指标超标不得复检),复检有一项指标不合格者即判定为不合格产品,不合格产品不可出厂销售。

6.2.2 型式检验

6.2.2.1 型式检验项目:型式检验应对产品质量、包装、标识、标签进行全面检查,检查项目为本标准技术指标中所有项目。

6.2.2.2 型式检验周期:型式检验每六个月至少检验一次,但有下列情况之一时,应进行型式检验:

　　a) 新产品投产时;

　　b) 正式生产后,原料、配方、工艺有较大改变,可能影响产品质量时;

　　c) 正式生产后,工艺设备有较大改进时或主要设备进行大修时;

　　d) 产品停产 3 个月以上,恢复生产时;

　　e) 出厂检验结果与上次型式检验有较大的差异时;

　　f) 国家质量监督机构提出进行型式检验的要求时。

6.2.2.3 型式检验由生产企业质检部门或委托法定饲料质检机构进行。

6.2.2.4 判定:型式检验中如有一项指标不符合本标准要求,应重新取样进行复检(微生物指标超标不

得复检),复检结果中有一项不合格者即判定为不合格。

6.2.2.5 型式检验不合格,应停产,找出不合格原因,重新试生产后,再进行型式检验,全部技术指标经检验合格后,方可再正式生产和销售。

6.3 生产企业检验合格的产品,由企业质检部门签发检验合格证,产品凭检验合格证方可出厂。

6.4 检验与仲裁判定各项指标合格与否时,应考虑分析允许误差,饲料检测结果判定的允许误差按GB/T 18823 有关规定执行。

7 标签、包装、运输和贮存

7.1 标签

——销售产品的标签按 GB 10648 规定执行;

——产品使用说明书的编写应符合 GB 9969.1 规定,包装应随带产品说明书,以说明产品的主要技术指标和使用要求。

7.2 包装

包装材料应具有防潮、防漏、抗拉性能;产品采用复合包装袋缝合包装,缝合应牢固,不得破损漏气;包装袋应清洁卫生、无污染。

7.3 运输

产品运输时应注意防晒、防雨淋、防有毒物质污染;产品装卸时不能强烈摩擦、碰撞。

7.4 贮存

产品应贮存在通风干燥阴凉的仓库内,防止受潮,防止虫害、鼠害,不得与有毒有害物质混合堆放。产品堆放时应加垫,不得直接与地面接触。

7.5 保质期

在规定的贮存条件下,从生产之日起,原包装产品保质期为 75 d。

ICS 65.120
B 46

中华人民共和国国家标准

GB/T 22919.7—2008

水产配合饲料
第 7 部分：刺参配合饲料

Aquafeed—Part 7：Formula feed for sea cucumber（*Stichopus japonicus*）

2008-12-31 发布

2009-05-01 实施

中华人民共和国国家质量监督检验检疫总局
中国国家标准化管理委员会 发布

前　言

本标准由全国饲料工业标准化技术委员会(SAC/TC 76)提出并归口。

本标准起草单位：山东六和集团、中国饲料工业协会。

本标准主要起草人：朱伟、粟胜兰、李会涛、吕明斌、周茂澲、毛玉泽。

水产配合饲料
第7部分：刺参配合饲料

1 范围

本标准规定了刺参配合饲料的术语和定义、产品分类、要求、检验方法、检验规则以及标签、包装、运输和贮存。

本标准适用于粉状和颗粒状刺参配合饲料。

2 规范性引用文件

下列文件中的条款通过本标准的引用而成为本标准的条款。凡是注日期的引用文件，其随后所有的修改单（不包括勘误的内容）或修订版均不适用于本标准，然而，鼓励根据本标准达成协议的各方研究是否可使用这些文件的最新版本。凡是不注日期的引用文件，其最新版本适用于本标准。

GB/T 5917.1 饲料粉碎粒度测定 两层筛筛分法

GB/T 5918 饲料产品混合均匀度的测定

GB/T 6003.1 金属丝编织网试验筛（GB/T 6003.1—1997,eqv ISO 3310-1:1990）

GB/T 6432 饲料中粗蛋白测定方法（GB/T 6432—1994,eqv ISO 5983:1979）

GB/T 6433 饲料中粗脂肪的测定（GB/T 6433—2006,ISO 6492:1999,IDT）

GB/T 6434 饲料中粗纤维的含量测定 过滤法（GB/T 6434—2006,ISO 6865:2000,IDT）

GB/T 6435 饲料中水分和其他挥发性物质含量的测定（GB/T 6435—2006,ISO 6496:1999,IDT）

GB/T 6436 饲料中钙的测定

GB/T 6437 饲料中总磷的测定 分光光度法

GB/T 6438 饲料中粗灰分的测定（GB/T 6438—2007,ISO 5984:2002,IDT）

GB/T 6439 饲料中水溶性氯化物的测定（GB/T 6439—2007,ISO 6495:1999,IDT）

GB/T 8946 塑料编织袋

GB 10648 饲料标签

GB 13078 饲料卫生标准

GB/T 14699.1 饲料 采样（GB/T 14699.1—2005,ISO 6497:2002,IDT）

GB/T 16764 配合饲料企业卫生规范

GB/T 18246 饲料中氨基酸的测定

GB/T 18823 饲料检测结果判定的允许误差

NY 5072 无公害食品 渔用配合饲料安全限量

JJF 1070 定量包装商品净含量计量检验规则

动物源性饲料产品安全卫生管理办法（中华人民共和国农业部令第40号）

3 术语和定义

下列术语和定义适用于本标准。

3.1

稚参 sea cucumber seed

幼体附着后至体长（自然伸展）≤1 cm 的刺参。

3.2

幼参 young sea cucumber

体长(自然伸展)1 cm～5 cm 的刺参。

3.3

养成参 grow-out sea cucumber

体长(自然伸展)5 cm 至培育成商品的刺参。

4 产品分类

刺参配合饲料产品分类及规格应符合表 1 的规定。

表 1 刺参配合饲料产品分类及规格

产品名称	颗粒规格	适用阶段
稚参配合饲料	0.075 mm 筛孔试验筛筛上物小于 5%	稚参
幼参配合饲料	0.125 mm 筛孔试验筛筛上物小于 5%	幼参
养成参配合饲料	0.180 mm 筛孔试验筛筛上物小于 5% 或制成颗粒	养成参

5 要求

5.1 感官指标

细度均匀一致,无霉变、结块和异味。

5.2 成品粒度

符合表 1 的要求。

5.3 水分

粉末状饲料水分含量不应高于 10%;颗粒状饲料水分含量不应高于 12%。

5.4 混合均匀度

刺参配合饲料混合均匀度的变异系数(CV)小于等于 10%。

5.5 营养成分指标

刺参配合饲料营养成分指标应符合表 2 规定。

表 2 营养成分指标

产品名称		稚参配合饲料	幼参配合饲料	养成参配合饲料
粗蛋白(CP)/%	≥	20	18	16
粗脂肪(EE)/%	≤	5	5	5
粗纤维(CF)/%	≤	6	8	8
水分(H_2O)/%	≤	10	10	10(颗粒料 12)
粗灰分(Ash)/%	≤	25	25	25
钙(Ca)/%	≥	1.3	1.3	1.3
总磷(P)/%		0.6～1.0	0.6～1.0	0.6～1.0
盐分(以 NaCl 计)/%	≤	3	3	3
赖氨酸(Lys)/%	≥	0.8	0.8	0.8

5.6 安全卫生指标

安全卫生指标符合 NY 5072 的规定。

5.7 原料要求

按 GB 13078 和《动物源性饲料产品安全卫生管理办法》的规定执行。

6 检验方法

6.1 感官要求

取 50 g 样品于 20 cm×30 cm 白瓷方盘内,观察其细度、气味、状态是否正常,应符合 5.1 的要求。

6.2 粉碎粒度

根据表 1 的要求,选取符合 GB/T 6003.1 规定的 0.075 mm、0.125 mm、0.180 mm 试验筛,按 GB/T 5917.1的规定执行。

6.3 混合均匀度

按 GB/T 5918 的规定执行。

6.4 粗蛋白

按 GB/T 6432 的规定执行。

6.5 粗脂肪

按 GB/T 6433 的规定执行。

6.6 粗纤维

按 GB/T 6434 的规定执行。

6.7 水分

按 GB/T 6435 的规定执行。

6.8 钙

按 GB/T 6436 的规定执行。

6.9 总磷

按 GB/T 6437 的规定执行。

6.10 粗灰分

按 GB/T 6438 的规定执行。

6.11 盐分

按 GB/T 6439 的规定执行。

6.12 赖氨酸

按 GB/T 18246 的规定执行。

7 检验规则

7.1 批次

在保证产品质量,原料、配方和生产工艺没有改变的情况下,以一个班次生产的一批成品,为一个检验批次。

7.2 采样方法

按 GB/T 14699.1 的规定执行。

7.3 检验分类

检验分出厂检验和型式检验。

7.3.1 出厂检验

7.3.1.1 出厂检验项目:感官指标、水分、粗蛋白质和成品粒度。

7.3.1.2 出厂检验由生产企业的质检部门进行。

7.3.1.3 判定:如检验中有一项指标不符合本标准要求,应进行复检,复检有一项指标不合格者即判定为不合格品,不合格的产品不可出厂销售。

7.3.2 型式检验

7.3.2.1 型式检验周期:型式检验每六个月至少检验一次,但有下列情况之一时,应进行型式检验:

a) 新产品投产时;

b) 正式生产以后,原料及配方有较大变化,可能影响产品质量时;

c) 停产 3 个月以上或工艺设备有较大改进及主要设备进行大修,重新恢复生产时;

d) 出厂检验与上次检验相差太大时;

e) 国家质量监督机构提出进行型式检验要求时。

7.3.2.2 型式检验由生产企业质检部门或委托法定饲料质检机构进行。

7.3.2.3 判定:型式检验中如有一项指标不符合本标准要求,应重新取样进行复检,复检结果中有一项不合格者即判定为不合格。

7.4 出厂

生产企业检验合格的产品,由质检部门签发检验合格证,产品凭检验合格证方可出厂。

7.5 允许误差

检验与仲裁判定各项指标合格与否时,应考虑分析允许误差,饲料检测结果判定的允许误差按 GB/T 18823 执行。

8 标签、包装、运输和贮存

8.1 标签

产品标签应符合 GB 10648 的规定。

8.2 包装

8.2.1 包装应符合 JJF 1070 的规定。

8.2.2 包装物采用复合编织袋,包装材料应符合 GB/T 8946 的要求。

8.3 运输

8.3.1 运输工具应符合 GB/T 16764 的要求。

8.3.2 运输工具和装卸场地应定期清洗和消毒。

8.3.3 不应与化肥、农药和其他化工产品混装混运。

8.4 贮存

8.4.1 饲料产品贮存应符合 GB/T 16764 的要求。

8.4.2 饲料贮存场地不应有有毒有害物质。

8.4.3 原包装在规定的贮存条件下保质期为 3 个月,开封后应尽快用完。

ICS 65.120
B 46

中华人民共和国国家标准

GB/T 23185—2008

宠物食品 狗咬胶

Pet food—Dog chews

2008-12-31 发布

2009-05-01 实施

中华人民共和国国家质量监督检验检疫总局
中国国家标准化管理委员会 发布

前　言

本标准由全国饲料工业标准化技术委员会提出并归口。

本标准起草单位：温州佩蒂宠物用品有限公司、中华人民共和国温州出入境检验检疫局。

本标准主要起草人：陈振标、唐照波、王忠才、李新珏、黄会秋、郑香兰。

宠物食品 狗咬胶

1 范围

本标准规定了宠物食品狗咬胶的术语和定义、原料要求、技术要求、添加剂、试验方法、检验规则以及标志、包装、运输、贮存和保质期。

本标准适用于宠物食品狗咬胶。

2 规范性引用文件

下列文件中的条款通过本标准的引用而成为本标准的条款。凡是注日期的引用文件,其随后所有的修改单(不包括勘误的内容)或修订版均不适用于本标准,然而,鼓励根据本标准达成协议的各方研究是否可使用这些文件的最新版本。凡是不注日期的引用文件,其最新版本适用于本标准。

GB/T 191 包装储运图示标志(GB/T 191—2008,ISO 780:1997,MOD)

GB 2760 食品添加剂使用卫生标准

GB/T 6432 饲料中粗蛋白测定方法

GB/T 6433 饲料中粗脂肪的测定

GB/T 6435 饲料中水分和其他挥发性物质含量的测定

GB/T 6438 饲料中粗灰分的测定

GB 10648 饲料标签

GB/T 13079 饲料中总砷的测定

GB/T 13080 饲料中铅的测定 原子吸收光谱法

GB/T 13088 饲料中铬的测定

GB/T 13091 饲料中沙门氏菌的检测方法(GB/T 13091—2002,ISO 6579:1993,MOD)

GB 14880 食品营养强化剂使用卫生标准

JJF 1070 定量包装商品净含量计量检验规则

SN 0169 出口食品中大肠菌群、粪大肠菌群和大肠杆菌检验方法

定量包装商品计量监督管理办法(国家质量监督检验检疫总局令[2005]第 75 号)

饲料添加剂品种目录(中华人民共和国农业部公告[2008]1126 号)

3 术语和定义

下列术语和定义适用于本标准。

3.1

狗咬胶 dog chews

以生畜皮、畜禽肉及骨等动物源性原料为主要原料,经前处理、成形、高温杀菌、包装等工艺制作而成的各种形状的供宠物狗咀嚼、玩耍和食用的宠物食品。

4 原料要求

4.1 原料需来自非疫区,经检验检疫合格的畜、禽产品。

4.2 原、辅料不得掺入国家相关部门明令禁止的药物、添加剂及其违禁成分。

5 技术要求

5.1 感官要求

应符合表 1 的规定。

表 1 感官要求

项 目	指 标
色 泽	色泽均匀,表面洁净、无污渍
气 味	气味正常,无霉味及其他异味
形 状	形状规则,符合设计要求
杂 质	不允许有肉眼可见杂物以及最大尺寸超过 2 mm 的金属异物

5.2 理化指标

应符合表 2 的规定。

表 2 理化指标

项 目		指 标
粗蛋白/(g/100 g)	≥	50
粗脂肪/(g/100 g)	≤	8.0
水 分/(g/100 g)	≤	14
粗灰分/(g/100 g)	≤	4.0
总砷(以 As 计)/(mg/kg)	≤	10
铅(以 Pb 计)/(mg/kg)	≤	20
铬(以 Cr 计)/(mg/kg)	≤	10

5.3 微生物指标

应符合表 3 的规定。

表 3 微生物指标

项 目	指 标
大肠菌群/(个/g)	<300
沙门氏菌	不得检出

5.4 净含量负偏差

应符合国家质量监督检验检疫总局令[2005]第 75 号的规定。

6 添加剂

6.1 添加剂质量应符合相应的标准和有关规定。

6.2 添加剂品种及其使用量应符合中华人民共和国农业部公告[2008]1126 号的规定。

6.3 可同时使用 GB 2760 及 GB 14880 中规定的添加剂品种及使用量。

7 试验方法

7.1 感官检验

采用目测和嗅觉方法检验,金属异物采用金属探测器检测。

7.2 理化指标检验

7.2.1 粗蛋白

按 GB/T 6432 的规定进行。

7.2.2 粗脂肪

按 GB/T 6433 的规定进行。

7.2.3 水分

按 GB/T 6435 的规定进行。

7.2.4 粗灰分

按 GB/T 6438 的规定进行。

7.2.5 总砷

按 GB/T 13079 的规定进行。

7.2.6 铅

按 GB/T 13080 的规定进行。

7.2.7 铬

按 GB/T 13088 的规定进行。

7.3 微生物检验

7.3.1 大肠菌群

按 SN 0169 的规定进行。

7.3.2 沙门氏菌

按 GB/T 13091 的规定进行。

7.4 净含量偏差

按 JJF 1070 规定的方法检验。

8 检验规则

8.1 组批

以同一原料、同一班次、同一加工工艺的产品为一批次。

8.2 抽样

8.2.1 每批随机抽取 12 个最小独立包装(不含净含量抽样),样本量不少于 1 kg。6 个供感官指标、理化指标检验,2 个供微生物检验,另 4 个备用。

8.2.2 净含量抽样按照 JJF 1070 的规定进行。

8.3 检验分类

产品检验分为出厂检验和型式检验。

8.3.1 出厂检验

8.3.1.1 产品出厂前,应经企业质量检验部门按本标准规定逐批进行检验,检验合格后方可出厂。

8.3.1.2 出厂检验项目为:感官、水分、净含量、大肠菌群、沙门氏菌。

8.3.2 型式检验

8.3.2.1 有下列情况之一时,应进行型式检验:

    a) 新产品鉴定时;

    b) 正式生产后,每年至少检验一次;

    c) 原料、工艺出现大的变化时;

    d) 停产半年以上恢复生产时;

    e) 出厂检验结果与上次型式检验有较大差异时;

    f) 国家质量监督机构提出进行型式检验的要求时。

8.3.2.2 型式检验项目为第 5 章的全部项目。

8.3.3 判定规则

8.3.3.1 检验项目全部符合本标准规定时,判为合格品。

8.3.3.2 检验项目中有两项以上指标不符合本标准规定时,判为不合格;两项以下(含两项)不符合本标准规定时(微生物除外),可在同批产品中加倍抽样复验,复验后仍有一项不符合要求时,则判该批产品为不合格品。

8.3.3.3 微生物项目有一项不符合本标准规定时,不得复验,判该批产品为不合格品。

9 标志、包装、运输、贮存和保质期

9.1 标志

9.1.1 产品包装储运图形标志应符合 GB/T 191 的规定。

9.1.2 产品销售包装的标签应符合 GB 10648 的规定,并标示"宠物食品"字样。

9.2 包装

包装物应无毒无害,符合国家相关标准的规定。

9.3 运输

运输工具应清洁卫生,不得与有毒、有害、有异味、有腐蚀性等的货物混运。运输途中应防止挤压、碰撞、烈日曝晒、雨淋。装卸时应轻放,严禁抛掷。

9.4 贮存

产品应根据要求分类贮存在干燥、通风的仓库内,不得与有毒、有害、有异味、有腐蚀性等的货物混贮,避免阳光直射和靠近热源。

9.5 保质期

在本标准规定的贮运条件下,含动物肉的狗咬胶保质期不低于 24 个月,其他狗咬胶保质期不低于 36 个月。

中华人民共和国商业行业标准

后备母猪、妊娠猪、哺乳母猪、种公猪配合饲料

SB/T 10075—92

1 主题内容与适用范围

本标准规定了后备母猪、妊娠猪、哺乳母猪、种公猪配合饲料的水分、感官性状、加工质量、营养成分指标及检验规则、卫生指标、标志、包装、运输、贮存等要求。

本标准适用于饲料行业加工、销售、调拨、出口的后备母猪、妊娠猪、哺乳母猪、种公猪配合饲料。

2 引用标准

GB 5917　配合饲料粉碎粒度测定方法

GB 5918　配合饲料混合均匀度测定方法

GB 6432　饲料粗蛋白测定方法

GB 6434　饲料中粗纤维测定方法

GB 6435　饲料水分的测定方法

GB 6436　饲料中钙的测定方法

GB 6437　饲料中总磷量的测定方法　光度法

GB 6438　饲料中粗灰分的测定方法

GB 6439　饲料中水溶性氯化物的测定方法

GB 10648　饲料标签

LS 81.1　饲料营养成分测定方法　一般规定

3 技术要求

3.1 感官指标

色泽一致,无发酵霉变、结块及异味、异嗅。

3.2 水分

3.2.1 北方:不高于 14.0%。

3.2.2 南方:不高于 12.5%。

符合下列情况之一时可允许增加 0.5% 的含水量。

a. 平均气温在 10℃ 以下季节;

b. 从出厂到饲喂期不超过十天者;

c. 配合饲料中添加有规定量的防霉剂者(标签中注明)。

3.3 加工质量指标

3.3.1 成品粒度(粉料)

99% 通过 2.80mm 编织筛,但不得有整粒谷物,1.40mm 编织筛筛上物不得大于 15%。

3.3.2 混合均匀度

中华人民共和国商业部 1992-08-14 批准　　　　1992-12-01 实施

配合饲料应混合均匀,其变异系数(CV)应不大于10%。

3.4 营养成分指标见表:

类 别	指 标	粗蛋白 % ≥	钙 %	磷 % ≥	粗纤维 % ≤	粗灰分 % ≤	食 盐 %	消化能≥ MJ/kg (Mcal)
后 备 母 锗	20～60kg	14	0.60～1.2	0.45	7	5	0.3～0.8	12.13 (2.96)
	60～90kg	12.5	0.60～1.2	0.45	8	6	0.3～0.8	12.13 (2.90)
妊娠猪		12.0	0.60～1.2	0.45	10	6	0.3～0.8	11.72 (2.80)
哺乳母猪		13.5	0.60～1.2	0.45	8	6	0.35～0.9	12.13 (2.90)
种公猪		12.0	0.60～1.2	0.45	8	5	0.35～0.9	12.55 (3.0)

注:1. 消化能为参考指标。

2. 以上指标均以87.5%干物质为基础计算。

3.5 卫生指标

按照中华人民共和国有关饲料卫生标准的规定执行。

4 试验方法

4.1 样品采集与制备:暂按 LS 81.1 执行。

4.2 检验方法

4.2.1 水分按照 GB 6435 执行。

4.2.2 饲料粒度按照 GB 5917 执行。

4.2.3 混合均匀度按照 GB 5918 执行。

4.2.4 粗蛋白按照 GB 6432 执行。

4.2.5 粗纤维按照 GB 6434 执行。

4.2.6 粗灰分按照 GB 6438 执行。

4.2.7 磷按照 GB 6437 执行。

4.2.8 钙按照 GB 6436 执行。

4.2.9 食盐按照 GB 6439 执行。

4.2.10 消化能:暂以组成配方的原料通过查表值(中国饲料成分及营养价值表,中国饲料数据库最新版,必要时检索)计算。

4.3 试验测定值的双试验相对偏差按 GB 6432～6439、GB 5917 的规定执行。

4.4 监测与仲裁判定各项指标合格与否时必须考虑分析允许误差,在我国有关分析允许误差的通用标准尚未公布前可暂按下面的建议值执行。

4.4.1 允许误差(绝对误差、百分单位)

4.4.1.1 水分:+0.40

4.4.1.2 粗蛋白:—0.50

4.4.1.3 食盐:±0.10

4.4.1.4 粗纤维:+0.30

4.4.1.5 粗灰分:+0.20

4.4.1.6 磷:±0.05

4.4.1.7 钙:±0.11

4.4.1.8 混合均匀度:+1.0

5 检验规则

5.1 感官指标、成品粒度、水分、粗蛋白为出厂检验项目(交收检验项目),由生产厂或公司的质检部门进行检验,其余为型式检验项目(例行检验项目)。

5.2 在保证产品质量的前提下,生产厂可根据工艺、设备、配方原料等的变化情况,自行确定出厂检验的批量。

6 判定规则

6.1 感官指标、水分、混合均匀度、粗蛋白、粗灰分、粗纤维、钙、磷等为判定合格指标,如检验中有一项指标不符合标准,应重新取样进行复验,复验结果中有一项不合格者即判定为不合格。

6.2 消化能、粗脂肪、食盐、成品粒度为参考指标,必要时可按本标准检测或验收。

7 标志、包装、运输、贮存

7.1 标志

按 GB 10648 规定执行,凡添加药物添加剂的饲料在标签上应注明药物名称及含量。

7.2 包装、运输、贮存

配合饲料包装、运输和贮存必须符合保质、保量、运输安全和分类、分等贮存的要求,严防污染。

附加说明:

本标准由中华人民共和国商业部提出并归口。

本标准由辽宁省饲料公司起草。

本标准主要起草人吴龙、苑文才、刘纯仁。

中华人民共和国商业行业标准

SB/T 10077—92

水 貂 配 合 饲 料

1 主题内容与适用范围

本标准规定了产皮水貂育成期及冬毛生长期配合饲料感官性状、质量指标、检验方法、判定规则以及包装、运输和贮存等项的技术要求。

本标准适用于饲料行业加工、销售、调拨、出口的产皮水貂育成期及冬毛生长期的配合饲料。

2 引用标准

GB 5918　配合饲料混合均匀度测定方法

GB 6435　饲料水分的测定方法

GB 6432　饲料粗蛋白测定方法

GB 6433　饲料粗脂肪测定方法

GB 6434　饲料中粗纤维测定方法

GB 6438　饲料中粗灰分的测定方法

GB 6436　饲料中钙的测定方法

GB 6437　饲料中总磷量的测定方法　光度法

GB 6439　饲料中水溶性氯化物的测定方法

GB 10648　饲料标签

LS 81.1　饲料营养成分测定方法　一般规定

3 技术要求

3.1 感官指标

色泽正常,无酸败霉变、结块及异味、异嗅。

3.2 质量标准

3.2.1 水分

≤10.0%

3.3 加工质量指标

3.3.1 混合均匀度

配合饲料混合均匀度,经测试后其均匀度之变异系数(CV)应≤10.0%。

3.3.2 糊化度:淀粉中糊化淀粉与全部淀粉量之比的百分数。

Ⅰ级:≥75.0%

Ⅱ级:≥50.0%

3.4 能量与营养成分指标见表:

指标	代谢能		粗蛋白质 %DM ≥	粗脂肪 %DM ≥	粗纤维 %DM ≥	粗灰分 %DM ≤	钙 %DM ≤	钙磷比	食盐 %DM
	McalME/kgDM	MJME/kgDM							
产品名称	≥（计算值）								
育成期	4.08	17.1	38.0	19.0	4.5	10.0	1.0	1:1	0.5
冬毛生长期			34.0	21.0				2:1	0.9

注：ME……代谢能　　　DM……干基

3.5 卫生指标

3.5.1 按照中华人民共和国有关饲料卫生标准规定执行。

3.5.2 应符合中华人民共和国有关饲料添加剂的规定。

4 检验方法

4.1 试样及其制备

暂按 LS 81.1 饲料营养成分测定方法一般规定执行。

4.2 检验方法

4.2.1 水分：按 GB 6435 执行。

4.2.2 混合均匀度：按 GB 5918 执行。

4.2.3 粗蛋白质：按 GB 6432 执行。

4.2.4 粗脂肪：按 GB 6433 执行。

4.2.5 粗纤维：按 GB 6434 执行。

4.2.6 粗灰分：按 GB 6438 执行。

4.2.7 钙：按 GB 6436 执行。

4.2.8 磷：按 GB 6437 执行。

4.2.9 食盐：按 GB 6439 执行。

4.2.10 糊化度：按附录 B 方法测定。

4.3 计算法　代谢能采用下列公式计算：

$$ME=(P\times0.85\times4.5+F\times0.90\times9.5+C\times0.75\times4.0)/100$$

式中：ME——代谢能，McalME/kgDM；

P——粗蛋白质含量，%DM；

F——粗脂肪含量，%DM；

C——碳水化合物含量，%DM；

$$C=100-(P+F+A)$$

A——粗灰分含量，%DM。

4.4 试验测定值的双试验相对偏差按 GB 6432～6439、GB 5917 的规定执行。

4.5 监测与仲裁判定各项指标合格与否时必须考虑分析允许误差，在我国有关分析允许误差的通用标准尚未公布前可暂按附录 A 中的建议值执行。

5 检验规则

5.1 感官指标、水分、糊化度、粗蛋白质、粗脂肪为出厂检验项目（交收检验项目），由生产厂或公司的质检部门进行检验，其余为型式检验项目（例行检验项目）。

5.2 在保证产品质量的前提下，生产厂可根据工艺、设备、配方、原料等的变化情况，自行确定出厂检验的批量。

6 判定规则

6.1 感官指标、水分、混合均匀度（粉料产品）、糊化度、粗蛋白质、粗脂肪、粗纤维、粗灰分、钙、钙磷比、食盐等为判定合格指标，如检验中有一项指标不符合标准，应重新取样进行复验，复验结果中有一项不合格者即判定为不合格。

6.2 代谢能为参考指标，必要时可按本标准检测或验收。

7 标志、包装、运输、贮存

7.1 标志

按 GB 10648 规定执行，凡添加药物添加剂的饲料在标签上应注明药物名称及含量。

7.2 包装、运输、贮存

配合饲料包装、运输和贮存，必须符合保质、保量、运输安全和分类、分等贮存的要求，严防污染。

附　录　A
各项指标的分析允许误差建议值
(补充件)

表 A1

测定项目	标准规定值 %	分析允许误差 (绝对误差) %	判定合格的界限 %
水分	≤10.0	0.4	≤10.4
混合均匀度	≤10.0	1.0	≤11.0
糊化度	≥50.0	2.0	≥48.0
	≥75.0	3.0	≥72.0
粗蛋白质(DM)	≥34.0	0.7	≥33.3
	≥38.0	0.8	≥37.2
粗脂肪(DM)	≥19.0	1.1	≥17.9
	≥21.0	1.3	≥19.7
粗纤维(DM)	≤4.5	0.8	≤5.3
粗灰分(DM)	≤10.0	0.2	≤10.2
钙(DM)	≥1.0	0.1	≥0.9
磷(DM)	≥0.54	0.9	≥0.45
食盐(DM)	0.5~1.0	0.1	0.4~1.1

附　录　B
糊化度测定方法
(补充件)

B1　原理

β-淀粉酶在适当的 pH 值和温度下,能在一定的时间内,将糊化淀粉转化成还原糖及 β-糊精,转化的糖量与淀粉的糊化程度成比例。用铁氰化钾法测其还原糖量,即可计算出淀粉的糊化度。

B2　仪器和设备

B2.1　分析天平:感量 0.1mg

B2.2　多孔恒温水浴锅:可控温度 40±1℃

B2.3　定性滤纸:中速,φ7~9cm

B2.4　碱式滴定管:25mL(刻度 0.1mL)

B2.5　移液管:2mL、5mL、15mL、25mL

B2.6　玻璃漏头:ϕ6cm

B2.7　容量瓶:100mL

B3　试剂和溶液

B3.1　10%(V/V)磷酸盐缓冲液(pH=6.8)

甲液:溶解 71.64g 磷酸氢二钠于蒸馏水中,并稀释至 1L。

乙液:溶解 31.21g 磷酸氢二钠于蒸馏水中,并稀释至 1L。

取甲液 49mL 与乙液 51mL 合并为 100mL,再加入 900mL 蒸馏水即为 10%(V/V)磷酸盐缓冲液。

B3.2　60g/Lβ-淀粉酶溶液

溶解 6.0gβ-淀粉酶(pH=6.8,40℃时活力大于 8 万单位,细度为 80%以上通过 60 目)于 100mL 10%磷酸盐缓冲液中成乳浊液。(β-淀粉酶贮于冰箱内,用时现配)

B3.3　10%(V/V)硫酸溶液

将 10mL 浓硫酸用蒸馏水稀释至 100mL。

B3.4　120g/L 钨酸钠溶液

溶解 12.0g 钨酸钠于 100mL 蒸馏水中。

B3.5　0.1mol/L 碱性铁氰化钾溶液

溶解 32.9g 铁氰化钾和 44.0g 无水碳酸钠于蒸馏水中并稀释至 1L,贮于棕色瓶内。

B3.6　醋酸盐溶液

溶解 70.0g 氯化钾和 40.0g 硫酸锌于蒸馏水中加热溶解,冷却至室温,再缓缓加入冰乙酸并稀释至 1L。

B3.7　100g/L 碘化钾溶液

溶解 10.0g 碘化钾于 100mL 蒸馏水中,加入几滴饱和氢氧化钠溶液,防止氧化,贮于棕色瓶内。

B3.8　0.1mol/L 硫代硫酸钠溶液

溶解 24.82g 硫代硫酸钠和 3.8g 硼酸钠于蒸馏水中,并稀释至 1L,贮于棕色瓶内(此液放置二星期后使用)。

B3.9　10g/L 淀粉指示剂

溶解 1.0g 可溶性淀粉于煮沸的蒸馏水中,再煮沸一分钟,冷却,稀释至 100mL。

B4　试样的制备

取要检测的颗粒饲料样品 50g 左右,在实验室样品磨中粉碎,其细度通过 40 目编织筛,混匀,放于密闭容器内,贴上标签作为试样。

样品应低温保存(4~10℃)。

B5　分析步骤

B5.1　分别称取试样 1.0000±0.0003g(淀粉含量不大于 0.5g)二份,置于二只 150mL 三角烧瓶中,标上 A、B。另取一只 150mL 三角瓶,不加试样,作空白,并标上 C。在这三只三角瓶中各用 50mL 量筒加入 40±1mL 磷酸盐缓冲液。

B5.2　将 A 置于沸水浴中煮沸 30min,取出快速冷却至 60℃以下。

B5.3　将 A、B、C 置于 40±1℃恒温水浴锅中预热 3min 后,各用 5mL 移液管加入 5±0.1mLβ-淀粉酶溶液,保温(40±1℃)1h(每隔 15min 轻轻摇匀一次)。

B5.4　1h 后,将三只三角瓶取出,用移液管分别加入 2±0.1mL 硫酸溶液摇匀,再加入 2±0.1mL 钨酸钠溶液摇匀。并将它们全部转移到三只 100mL 容量瓶中(用蒸馏水荡洗三角瓶 3 次以上,荡洗液也转移至相应的容量瓶内)。最后用蒸馏水定容至 100mL,并贴上标签。

B5.5 摇晃容量瓶,静置 2min 后,用中速定性滤纸过滤。留滤液作为下面测定试样。

B5.6 用 5mL 移液管分别吸取上述滤液 5±0.05mL,放入洁净的 150mL 三角瓶内,再用 15mL 移液管加入 15±0.05mL 碱性铁氰化钾溶液,摇匀后置于沸水浴中准确加热 20min 后取出,用冷水快速冷却至室温,用 25mL 移液管缓慢加入 25±0.1mL 醋酸盐溶液,并摇匀。

B5.7 用 5mL 移液管加入 5±0.05mL 碘化钾溶液摇匀,立即用硫代硫酸钠溶液滴定,当溶液颜色变成淡黄色时,加入几滴淀粉指示剂,继续滴定到蓝色消失。各三角瓶分别逐一滴定,并记下相应的滴定量。

B5.8 结果计算

所测试样糊化度 $\alpha(\%)$,按下式计算:

$$\alpha = \frac{P-n}{P-m} \times 100$$

式中:P——空白滴定量,mL;

m——完全糊化样品溶液滴定量,mL;

n——样品溶液滴定量,mL。

B5.9 精密度

每个试样取两个平行样进行测定,以其算术平均值为结果。

双试验的相对误差:糊化度在 50% 以下时,不超过 10%;糊化度在 50% 以上时,不超过 5%。

注意事项:

a. β-淀粉酶在贮存期间内会有不同程度的失活,一般每贮藏三个月测一次酶活力(活力测定方法见附录 C)。

为了保证样品酶解完全,以酶活力 8 万单位,酶用量 300mg 为准,如酶的活力降低,酶用量则按比例加大。

b. 在滴定时,指示剂不要过早地加入,否则会影响测定结果,同一样品滴定时,应在变成一样的淡黄色时加入淀粉指示剂。

附 录 C
β-淀粉酶活力测定方法(DNS 法)
(补充件)

(本法由中国科学院提供,但酶的最适温度由原 60℃改为 40℃)

C1 适用范围

本方法适用于由大豆粉提取的 β-淀粉酶。

C2 术语

酶活力单位:1mL 酶液或 1g 酶粉在 pH=6.8、40℃条件下,每小时水解 1% 淀粉液形成的麦芽糖毫克数为该酶的活力单位。

C3 原理

还原糖能与 DNS 溶液发生显色反应,通过比色法作出标准曲线,就可测出还原糖含量。

C4 仪器和设备

C4.1 分析天平:感量 0.1mg;

C4.2 恒温水浴锅:可控温 40±1℃;

C4.3 721 分光光度计;

C4.4 容量瓶:100mL;

C4.5 移液管:1mL、2mL、10mL。

C5 试剂和溶液

C5.1 10%(V/V)磷酸盐缓冲液(pH=6.8):配制与 B3.1 相同

C5.2 DNS 溶液

溶解 1g3,5-二硝基水杨酸、0.2g 苯酚、0.03g 亚硫酸钠、1g 氢氧化钠、20g 酒石酸钾钠于蒸馏水中并加热,冷却定容到 100mL,贮于棕色瓶内,一周后用于作标准曲线(每次配制后要重新作标准曲线)。

C5.3 1%(m/m)淀粉缓冲液

溶解 1g 可溶性淀粉于煮沸的蒸馏水中,再煮沸 1min,冷却,加 10mL 10%磷酸盐缓冲液再用蒸馏水定容到 99mL(用量筒定容)。

C6 标准曲线的绘制(采用 DNS 半量法)

准确称取在 105～110℃干燥后的葡萄糖 50mg,用蒸馏水溶解定容到 50mL,即为 1mg/mL 葡萄糖液,按下表比例在试管中操作后,开小火煮沸 15min,冷却,加入 10.5mL 蒸馏水,在 721 分光光度计 550nm 波长处比色,读光密度值 O.D 值填入下表。

编 号	含糖量 mg	1mg/mL 糖液量 mL	蒸馏水量 mL	DNS 量 mL	O.D 值
0	0	0	0.5	1.5	
1	0.1	0.1	0.4	1.5	
2	0.2	0.2	0.3	1.5	
3	0.3	0.3	0.2	1.5	
4	0.4	0.4	0.1	1.5	
5	0.5	0.5	0.0	1.5	

以读出的光密度值(O.D 值)为横坐标,含糖量为纵坐标,作出标准曲线。

C7 测定步骤

C7.1 稀释酶液试样配制:准确称取 β-淀粉酶 2g,溶解于 10%磷酸盐缓冲液中(测时现配)。

C7.2 吸取 9.9mL 1%淀粉缓冲液于 40℃预热 5min,加入 0.1mL 稀释酶液反应 30min,立即取 0.5mL 反应液于预先吸有 1.5mLDNS 溶液的试管中,开水煮沸 15min,冷却,加 10.5mL 蒸馏水,在 721 分光光度计 550nm 处比色,读出 O.D 值,空白试验由蒸馏水代替酶液。

C7.3 结果计算

$$酶活力单位/克 = X \times n \times 10 \times 2 \times 20 \times K$$

式中:X——由测出 O.D 值在标准曲线上查的糖含量,mg/mL;

n——酶稀释倍数,500;

10——0.1mL 酶液换算成 1mL 酶液的倍数;

2——30min 换算成 1h 的倍数；

20——0.5mL 反应液换算成 10mL 反应液的倍数；

K——葡萄糖含量换算成麦芽糖的系数，1.9。

所得结果取整数。

附加说明：

本标准由中华人民共和国商业部提出并归口。

本标准由南京粮食经济学院、山东省饲料公司等负责起草。

本标准主要起草人顾华孝、陈建立、陈恩泽、杜向红、沈新春、苏振渝、盛亚白、谢正军。

中华人民共和国商业行业标准

SB/T 10078—92

长 毛 兔 配 合 饲 料

1 主题内容与适用范围

本标准规定了长毛兔配合饲料、浓缩饲料、精料补充料的质量指标及分级标准。

本标准适用于加工、销售、调拨、出口的长毛兔配合饲料,浓缩饲料和精料补充料。

2 引用标准

GB 5917 配合饲料粉碎粒度测定方法

GB 5918 配合饲料混合均匀度测定方法

GB 6432 饲料粗蛋白测定方法

GB 6434 饲料中粗纤维测定方法

GB 6435 饲料水分的测定方法

GB 6436 饲料中钙的测定方法

GB 6437 饲料中总磷量的测定方法 光度法

GB 6438 饲料中粗灰分的测定方法

LS 81.1 饲料营养成分测定方法 一般规定

GB 10648 饲料标签

3 技术要求

3.1 感官性状

色泽新鲜一致,无发霉变质,结块及异味、异嗅。

3.2 水分

3.2.1 北方:配合饲料、精料补充料不高于 14.0%,浓缩饲料不高于 12.0%。

3.2.2 南方:配合饲料、精料补充料不高于 12.5%,浓缩饲料不高于 10.0%。

3.2.3 符合下列情况之一时可允许增加 0.5% 的含水量:

a. 平均气温在 10℃ 以下的季节;

b. 从出厂到饲喂期不超过十天者;

c. 产品中添加有规定量的防霉剂者(标签中注明)。

3.3 加工质量指标

3.3.1 成品粒度(粉料)

99% 通过 2.80mm 编织筛,但不得有整粒谷物,1.40mm 编织筛筛上物不得大于 15%。

3.3.2 混合均匀度

混合均匀度经测试其变异系数(CV)应不大于 10%。

3.4 营养成分指标见下表:

指 标 产 品 名 称		消化能 MJ/kg (Mcal/kg) (不低于)	粗蛋白,% (不低于)	粗脂肪,% (不低于)	粗纤维,% (不低于)	粗灰分,% (不高于)	钙,%	钙:磷	蛋氨酸+ 胱氨酸 % (不低于)
成年产毛兔 配合饲料	一级	10.87 (2.60)	16.0	2.5	10.0～16.0	10.0	0.5～1.0	1～2：1	0.65
	二级	9.62 (2.30)	14.0	2.5	10.0～20.0	12.0	0.5～1.0	1～2：1	—
浓缩饲料		11.71 (2.80)	30.0	3.5	6.0～10.0	16.0	2.0～4.0	2～4：1	1.70
精料补充料		12.34 (2.95)	18.0	2.5	5.0～12.0	12.0	0.75～1.50	1～2：1	0.85

注：(1) 各项营养成分指标，均以 87.5％干物质为基础计算。

(2) 浓缩饲料营养成分指标，按日粮中添加比例 25％折算。

(3) 精料补充料营养成分指标，按日粮中添加比例 65％折算。

3.5 卫生指标

3.5.1 按照中华人民共和国有关饲料卫生标准的规定执行。

3.5.2 应符合中华人民共和国有关饲料添加剂的规定。

4 试验方法

4.1 试样及其制备：暂按 LS 81.1 执行。

4.2 检验方法

4.2.1 水分：按 GB 6436 测定。

4.2.2 成品粒度：按 GB 5917 测定。

4.2.3 混合均匀度：按 GB 5918 测定。

4.2.4 粗蛋白：按 GB 6432 测定。

4.2.5 粗脂肪：按 GB 6433 测定。

4.2.6 粗纤维：按 GB 6434 测定。

4.2.7 粗灰分：按 GB 6438 测定。

4.2.8 钙：按 GB 6436 测定。

4.2.9 磷：按 GB 6437 测定。

4.2.10 消化能、蛋氨酸+胱氨酸：鉴于目前我国尚未发布有关消化能、蛋氨酸+胱氨酸的直接测定方法标准，该两项指标暂以组成配方的原料通过查表值（中国饲料成分及营养价值表，中国饲料数据库最新版，必要时检索）计算。

4.3 试验测定值的双试验相对偏差按 GB 6432～6438，GB 5917 的规定执行。

4.4 监测与仲裁判定各项指标合格与否时必须考虑分析允许误差，在我国有关分析允许误差的通用标准尚未公布前可暂按附录 A 中的建议值执行。

5 检验规则

5.1 感官性状、成品粒度、水分、粗蛋白、粗纤维为出厂检验项目（交收检验项目），由生产厂或公司的质检部门进行检验，其余为型式检验项目（例行检验项目）。

5.2 在保证产品质量的前提下，生产厂可根据工艺、设备、配方原料等的变化情况，自行确定出厂检验的批量。

6 判定规则

6.1 感官性状、水分、混合均匀度、粗蛋白、粗纤维、粗灰分、钙、磷等为判定合格指标,如检验中有一项指标不符合标准,应重新取样进行复验,复验结果中有一项不合格者即判定为不合格。

6.2 消化能、粗脂肪、蛋氨酸＋胱氨酸、成品粒度为参考指标,必要时可按本标准检测或验收。

7 标志、包装、运输、贮存

7.1 标志

7.1.1 按 GB 10648 规定执行。凡添加药物添加剂者,应在标签上注明其名称及含量。

7.1.2 应标明表中所列营养成分的保证值,并对其相应的使用范围和方法提出要求。

7.2 包装、运输、贮存

配合饲料、浓缩饲料、精料补充料的包装、运输和贮存,必须符合保质、保量、运输安全和分类、分等贮存的要求,严防污染。

附 录 A
各项营养成分的分析允许误差建议值
（补充件）

表 A1

测定项目	标准规定值，%	分析允许误差（绝对误差）%	判定合格或验收的界限，%
水 分	≤10.0 (≤10.5)	0.4	≤10.4 (≤10.9)
	≤12.0 (≤12.5)	0.4	≤12.4 (≤12.9)
	≤12.5 (≤13.0)	0.4	≤12.9 (≤13.4)
	≤14.0 (≤14.5)	0.4	≤14.4 (≤14.9)
粗蛋白	≥14.0	0.5	≥13.5
	≥16.0	0.6	≥15.4
	≥18.0	0.7	≥17.3
	≥30.0	1.2	≥28.8
粗脂肪	≥2.5	0.3	≥2.2
	≥3.5	0.4	≥3.1
粗纤维	5.0～12.0	0.5	4.5～12.5
	6.0～10.0	0.5	5.5～10.5
	10.0～16.0	0.8	9.2～16.8
	10.0～20.0	0.8	9.2～20.8
粗灰分	≤10.0	0.1	≤10.1
	≤12.0	0.2	≤12.2
	≤16.0	0.3	≤16.3
钙	0.5～1.0	0.12	0.38～1.12
	0.75～1.50	0.15	0.60～1.65
	2.0～4.0	0.20	1.80～4.20
蛋氨酸＋胱氨酸	≥0.65	0.05	≥0.60
	≥0.85	0.06	≥0.79
	≥1.70	0.10	≥1.60

附加说明：

本标准由中华人民共和国商业部提出并归口。

本标准由浙江省饲料公司负责起草。

本标准主要起草人马茂高、陈伯有、王贤勇、韩剑众、余期明。

中华人民共和国商业行业标准

SB/T 10079—92

肉 牛 精 料 补 充 料

1 主题内容与适用范围

本标准规定了肉牛精料补充料加工质量标准、营养成分指标、水分、感官性状及检验规则、卫生指标、标志、包装、运输、贮存等要求。

本标准适用于饲料行业加工、销售、调拨、出口的肉牛精料补充料。

2 引用标准

GB 5917　配合饲料粉碎粒度测定方法

GB 5918　配合饲料混合均匀度测定方法

GB 6432　饲料粗蛋白测定方法

GB 6434　饲料中粗纤维测定方法

GB 6435　饲料水分的测定方法

GB 6436　饲料中钙的测定方法

GB 6437　饲料中总磷量的测定方法　光度法

GB 6438　饲料中粗灰分的测定方法

GB 6439　饲料中水溶性氯化物的测定方法

LS 81.1　饲料营养成分测定方法　一般规定

GB 10648　饲料标签

3 技术要求

3.1 感官性状

色泽一致,无发霉变质、无结块及异味。

3.2 水分

北方≤14%,南方≤12.5%。

符合下列情况之一时可允许增加0.5%的含水量。

a. 平均气温在10℃以下的季节;

b. 从出厂到饲喂期不超过十天者;

c. 配合饲料中添加有规定量的防霉剂者(标签中注明)。

3.3 加工质量指标

3.3.1 粉碎粒度

一级料99%通过2.8mm编织筛,但不得有整粒谷物;1.40mm编织筛筛上物不得大于20%。

二、三级料99%通过3.35mm编织筛,但不得有整粒谷物;1.70mm编织筛筛上物不得大于20%。

3.3.2 混合均匀度

变异系数(CV)不大于10%。

3.4 营养成分指标见表1:

中华人民共和国商业部1992-08-14批准　　　　1992-12-01实施

表1

指标 产品级别	粗蛋白 % 不低于	粗脂肪 % 不低于	粗纤维 % 不高于	粗灰分 % 不高于	钙 %	磷 % 不低于	食盐 %	适用范围
一级料	17	2.5	6	9	0.5~1.2	0.4	0.3~1.0	犊牛阶段肥育牛
二级料	14	2.5	8	7	0.5~1.2	0.4	0.3~1.0	生长期牛
三级料	11	2.5	8	8	0.5~1.2	0.3	0.3~1.0	肥育牛

注：精料补充料占日粮比例：犊牛55%~65%，肥育牛80%。

3.5 能量参考指标见表2：

表2

能量 指标 产品级别	肉牛能量单位 RND/kg （干基）	消化能≥ MJ/kg（干基）	综合净能值≥ MJ/kg
一级料	0.95	15	7.7
二级料	1.00	15.3	8.1
三级料	1.05	15.6	8.5

3.6 肉牛精料补充料添加尿素，一般不得高于1.5%。且需注明添加物名称，含量，用法及注意事项。犊牛料不得添加尿素。

3.7 卫生指标

按中华人民共和国有关饲料卫生标准规定执行。

4 试验方法

4.1 试样及其制备：暂按 LS 81.1 执行。

4.2 检验方法

4.2.1 水分：按 GB 6435 测定。

4.2.2 成品粒度：按 GB 5917 测定。

4.2.3 混合均匀度：按 GB 5918 测定。

4.2.4 粗蛋白质：按 GB 6432 测定。

4.2.5 粗纤维：按 GB 6434 测定。

4.2.6 粗灰分：按 GB 6438 测定。

4.2.7 钙：按 GB 6436 测定。

4.2.8 食盐：按 GB 6439 测定。

4.2.9 肉牛能量单位：按1991年版《肉牛饲养标准（生长育肥部分）试行草案》规定：1千克中等玉米所含8.08MJ综合净能值为一个肉牛能量单位。

4.2.10 消化能：按1991年版《肉牛饲养标准试行草案》查表计算。

4.2.11 综合净能值：按1991年版《肉牛饲养标准试行草案》查表计算。

4.3 试验测定值的双试相对偏差按 GB 6432~6439、GB 5917 的规定执行。

4.4 监测与仲裁判定各项指标合格与否时必须考虑分析允许误差。在我国有关分析允许误差的通用标准尚未公布前可暂按附录 A 的建议值执行。

5 检验规则

5.1 感官指标、成品粒度、水分、粗蛋白为出厂检验项目(交收检验项目)。由生产厂或公司的质检部门进行检验,其余为型式检验项目(例行检验项目)。

5.2 出厂检验的批量由生产厂确定,在工艺、设备、配方原料均不变的连续生产条件下,可适当扩大分批的数量。

6 判定规则

6.1 感官指标、水分、混合均匀度、粗蛋白、粗灰分、粗纤维、钙、磷等为判定合格指标,如检验中有一项指标不符合标准,应重新取样进行复验,复验结果中有一项不合格者即判定为不合格。

6.2 代谢能、粗脂肪、食盐、成品粒度为参考指标,必要时可按本标准检测或验收。

7 标志、包装、运输、贮存

7.1 标志

按 GB 10648 规定执行。凡添加药物添加剂的饲料在标签上应注明药物添加剂的名称及含量。

7.2 包装、运输、贮存

饲料包装、运输和贮存,必须符合保质、保量、运输安全和分类、分等贮存的要求,严防污染。

附 录 A
各项成分分析允许误差建议值
（补充件）

表 A1

测定项目	标准规定值,%	分析允许误差 （绝对误差） %	判定合格或验 收的界限,%
水　分	≤14	0.4	≤14.4
	≤12.5	0.4	≤12.9
粗蛋白	≥17	0.7	≥16.3
	≥14	0.6	≥13.4
	≥11	0.5	≥10.5
粗脂肪	≥2.5	0.3	≥2.2
粗纤维	≤6	0.8	≤6.8
	≤8	1.0	≤9.0
粗灰分	≤9	0.2	≤9.2
	≤7	0.1	≤7.1
	≤8	0.2	≤8.2
钙	0.5～1.2	0.12	0.38～1.32
磷	≥0.4	0.08	≥0.32
	≥0.3	0.07	≥0.23
食　盐	0.3～1.0	0.1	0.2～1.1

附加说明：

本标准由中华人民共和国商业部提出并归口。

本标准由哈尔滨市科学研究所、内蒙古粮食科学研究设计所负责起草。

本标准主要起草人柏树泉、牛文生、刘志双、王道光、宋亚平、商剑平。

中华人民共和国商业行业标准

SB/T 10080—92

食 用 仔 鹅 精 料 补 充 料

1 主题内容与适用范围

本标准规定了肉用仔鹅精料补充料感官性状、水分含量、加工质量指标、营养成分指标、检验规则、饲料卫生指标、标志、包装、运输和贮存。

本标准适用于饲料行业加工、销售、调拨、出口的肉用仔鹅精料补充料。

2 引用标准

GB 5917 配合饲料粉碎粒度测定方法

GB 5918 配合饲料混合均匀度测定方法

GB 6432 饲料粗蛋白测定方法

GB 6434 饲料中粗纤维测定方法

GB 6435 饲料水分的测定方法

GB 6436 饲料中钙的测定方法

GB 6437 饲料中总磷量的测定方法 光度法

GB 6438 饲料中粗灰分的测定方法

GB 6439 饲料中水溶性氯化物的测定方法

ZB B43 005 鸡的饲养标准

LS 81.1 饲料营养成分测定方法一般规定

GB 10648 饲料标签

3 技术要求

3.1 感官性状

色泽正常,无发酵霉变,结块及异味、异嗅。

3.2 水分

3.2.1 北方:不高于 14%。

3.2.2 南方:不高于 12.5%。

符合下列情况之一时可允许增加 0.5% 的含水量。

a. 平均气温在 10℃ 以下的季节;

b. 从出厂到饲喂期不超过十天者;

c. 配合饲料中添加有规定量的防霉剂者(标签中注明)。

3.3 加工质量指标

3.3.1 粉碎粒度

肉用仔鹅精料补充料 99% 通过 3.35mm 编织筛。但不得有整粒谷物,1.7mm 编织筛,筛上物 ≤15%。

3.3.2 混合均匀度

肉用仔鹅精料补充料应混合均匀。其变异系数（CV）应不大于.10%。

3.4 营养成分指标见表：

指标 种类等级		代谢能（参考值）		粗蛋白,% ≥	粗纤维,% ≤	粗灰分,% ≤	钙,%	磷,% ≥	食盐,%
		MJ/kg ≥	Mcal/kg ≥						
肉用仔鹅	前期	10.9	2.60	18	7	8	0.8～1.5	0.6	0.3～0.8
	后期	11.3	2.70	15	8	8	0.8～1.5	0.6	0.3～0.8

注：各项营养成分指标的计算基准一律以 87.5% 的干物质含量折算。

3.5 卫生标准

按照中华人民共和国有关饲料卫生标准的规定执行。

3.6 添加剂按中华人民共和国有关添加剂使用的规定执行。

4 试验方法

4.1 试样及其制备：暂按 LS 81.1 饲料营养成分测定方法一般规定执行。

4.2 检验方法

4.2.1 水分：按 GB 6435 测定。

4.2.2 成品粒度：按 GB 5917 测定。

4.2.3 混合均匀度：按 GB 5918 测定。

4.2.4 粗蛋白质：按 GB 6432 测定。

4.2.5 粗纤维：按 GB 6434 测定。

4.2.6 粗灰分：按 GB 6438 测定。

4.2.7 钙：按 GB 6436 测定。

4.2.8 磷：按 GB 6437 测定。

4.2.9 食盐：按 GB 6439 测定。

4.2.10 代谢能：鉴于目前我国尚未发布鹅饲料代谢能直接测定方法的标准，暂以组成配方的原料通过查表值计算（中国饲料成分及营养价值表,中国数据库每年最新版鸡的代谢能）。

4.3 试验测定值的双试验相对偏差按 GB 6432～6439、GB 5917 的规定执行。

4.4 监测与仲裁判定各项指标合格与否时必须考虑分析允许误差。在我国有关分析允许误差的通用标准尚未公布前可暂按附录 A 的建议值执行。

5 检验规则

5.1 感官指标、成品粒度、水分、粗蛋白为出厂检验项目（交收检验项目）。由生产厂或公司的质检部门进行检验,其余为型式检验项目（例行检验项目）。

5.2 出厂检验的批量由生产厂确定,在工艺、设备、配方原料均不变的连续生产条件下,可适当扩大分批的数量。

6 判定规则

6.1 感官指标、水分、混合均匀度、粗蛋白、粗灰分、粗纤维、钙、磷等为判定合格指标,如检验中有一项指标不符合标准,应重新取样进行复验,复验结果中有一项不合格者即判定为不合格。

6.2 代谢能、粗脂肪、食盐、成品粒度为参考指标,必要时可按本标准检测或验收。

7 标志、包装、运输、贮存

7.1 标志

按 GB 10648 规定执行。凡添加药物添加剂的饲料在标签上应注明药物添加剂的名称及含量。

7.2 包装、运输、贮存

饲料包装、运输和贮存,必须符合保质、保量、运输安全和分类、分等贮存的要求,严防污染。

附 录 A
各项成分分析允许误差建议值
（补充件）

表 A1

测定项目	标准规定值	分析允许误差（绝对误差）%	判定合格或验收的界限,%
水　　分	≤14.0	0.4	≤14.4
	≤12.5	0.4	≤12.9
粗 蛋 白	≥18	0.7	≥17.3
	≥15	0.6	≥14.4
粗 纤 维	≤7	0.9	≤7.9
	≤8	1.0	≤9.0
粗 灰 分	≤8	0.2	≤8.2
钙	0.8～1.5	0.16	0.64～1.66
磷	≥0.6	0.12	≥0.48
食　　盐	0.3～0.8	0.10	0.2～0.90

附加说明：

本标准由中华人民共和国商业部提出并归口。

本标准由扬州市饲料科学研究所起草。

本标准主要起草人李百华、赵连元、张晓驷、江绵珍、季兵。

中华人民共和国商业行业标准

肉 兔 配 合 饲 料

SB/T 10247—1995

Table Rabbit Formula Feed

1 主题内容与适用范围

本标准规定了肉兔配合饲料的技术要求、试验方法、检验规则、判定规则及标签、包装、运输、贮存要求。

本标准适用于饲料行业加工、销售、调拨、出口的肉兔配合饲料。

2 引用标准

GB/T 5917 配合饲料粉碎粒度测定法

GB/T 5918 配合饲料混合均匀度测定法

GB/T 6432 饲料中粗蛋白测定方法

GB/T 6433 饲料粗脂肪测定方法

GB/T 6434 饲料中粗纤维测定方法

GB/T 6435 饲料水分的测定方法

GB/T 6436 饲料中钙的测定方法

GB/T 6437 饲料中总磷量的测定方法 光度法

GB/T 6438 饲料中粗灰分的测定方法

GB/T 6439 饲料中水溶性氯化物的测定方法

GB/T 14699.1 饲料采样方法

GB 10648 饲料标签

3 技术要求

3.1 感官指标

色泽一致,无发酵霉变,结块及异味、异嗅。

3.2 水分

3.2.1 北方:不高于14.0%。

3.2.2 南方:不高于12.5%

符合下列情况之一时可允许增加0.5%的含水量。

a. 平均气温在10℃以下的季节;

b. 从出厂到饲喂期不超过10天者;

c. 配合饲料中添加有规定量的防霉剂者(标签中注明)。

3.3 加工质量标准

3.3.1 成品粒度(粉料)

99%通过2.80 mm编织筛,但不得有整粒谷物,1.40 mm编织筛筛上物不得大于15%。

中华人民共和国国内贸易部 1995-02-15 批准

1995-10-01 实施

3.3.2 混合均匀度

配合饲料应混合均匀,其变异系数(CV)应不大于10%。

3.4 营养成分指标

营养成分指标见表1。

表 1

产品名称			消化能 不低于 MJ/kg	粗蛋白质 不低于 %	粗纤维 %	粗脂肪 不低于 %	粗灰分 不高于 %	钙 %	钙磷比
肉兔	配合饲料	一级	10.47	16	10～16	2	10	0.5～1.0	2:1
		二级	9.63	14	10～20	2	12	0.5～1.0	2:1
	精料补充料		11.72	18	5～12	3	8	0.8～1.5	2:1

注:各项营养成分指标含量均以87.5%干物质为基础计算。

3.5 卫生指标

3.5.1 按照中华人民共和国有关饲料卫生标准的规定执行。

3.5.2 应符合中华人民共和国有关饲料添加剂的规定。

4 试验方法

4.1 饲料采样方法:按GB/T 14699.1执行。

4.2 水分:按GB/T 6435执行。

4.3 成品粒度:按GB/T 5917执行。

4.4 混合均匀度:按GB/T 5918执行。

4.5 粗蛋白质:按GB/T 6432执行。

4.6 粗脂肪:按GB/T 6433执行。

4.7 粗纤维:按GB/T 6434执行。

4.8 粗灰分:按GB/T 6438执行。

4.9 钙:按GB/T 6436执行。

4.10 磷:按GB/T 6437执行。

4.11 消化能:暂以组成配方的原料通过查表值(中国饲料数据库最新版,必要时检索)计算。

4.12 试验测定值的双试验相对偏差按GB/T 6432～6439、GB/T 5917的规定执行。

4.13 监测与仲裁判定各项指标合格与否时必须考虑分析允许误差。在我国有关分析允许误差的通用标准尚未公布前可暂按附录A中的建议值执行。

5 检验规则

5.1 第3章中规定的全部指标项目为型式检验项目,其中感官指标、成品粒度、水分、粗蛋白质为出厂检验项目。

5.2 在保证产品质量的前提下,生产厂可根据工艺、设备、配方、原料等的变化情况,自行确定出厂检验的批量。

6 判定规则

6.1 感官指标、水分、混合均匀度、粗蛋白质、粗灰分、粗纤维、钙、磷等为判定合格指标。如检验中有一项指标不符合标准,应重新取样进行复验,复验结果中有一项不合格者即判定为不合格。

6.2 消化能、粗脂肪、成品粒度为参考指标,必要时可按本标准检测或验收。

7 标签、包装、运输、贮存

7.1 标签

应符合 GB 10648 的要求,凡添加药物饲料添加剂的饲料在标签上应注明药物名称及含量。

7.2 包装、运输、贮存

配合饲料包装、运输和贮存,必须符合保质、保量、运输安全和分类、分等贮存的要求,严防污染。

附　录　A
各项营养成分的分析允许误差表
（补充件）

%

测定项目	标准规定值	分析允许误差 （绝对误差）	判定合格或 验收的界限
水分	≤12.5 （≤13.0） ≤14.0 （≤14.5）	0.4 0.4	≤12.9 （≤13.4） ≤14.4 （≤14.9）
粗脂肪	≥2 ≥3	0.2 0.3	≥1.8 ≥2.7
粗蛋白质	≥14 ≥16 ≥18	0.5 0.6 0.7	≥13.5 ≥15.4 ≥17.3
粗纤维	10～16 10～20 5～12	1.2 1.4 2.3	11.2～17.8 11.2～22.3 5.7～13.4
粗灰分	10 12 8	0.2	10.2 12.2 8.2
钙	0.5～1.0 0.5～1.0 0.8～1.5	0.10 0.12 0.14	0.4～0.11 0.4～1.1 0.66～1.64

附加说明：

本标准由中华人民共和国国内贸易部提出。

本标准由全国饲料工业标准化技术委员会归口。

本标准由国内贸易部饲料工业办公室、北京市营养源研究所、四川粮油科研所负责起草。

本标准主要起草人：叶沪生、李群芳、邹缦云。

前　言

　　奶牛精料补充料是为补充以粗饲料、青饲料、青贮饲料为基础的草食饲养动物营养,而用多种饲料原料按一定比例配制的饲料产品。

　　自本标准实施之日起,同时代替原国家标准 GB 8961—1988。

　　本标准附录 A 是标准的附录。

　　本标准删去了原标准中不能直接检测的能量要求,增加饲料分级,调整粗蛋白质和粗纤维要求,明确了使用非蛋白氮物质的用量限制。

　　本标准由中华人民共和国国内贸易部提出。

　　本标准由全国饲料工业标准化技术委员会归口。

　　本标准起草单位:哈尔滨市饲料科学研究所、中华人民共和国国内贸易部饲料工业办公室。

　　本标准主要起草人:王道光、邹缦云、房臣、方卫江、商剑平、马承昌。

中华人民共和国商业行业标准

SB/T 10261—1996

奶 牛 精 料 补 充 料

代替 GB 8961—1988

1 范围

本标准规定了奶牛精料补充料的技术要求及分级、试验方法、检验规则、判定规则、标签、包装、运输、贮存的要求。

本标准适用于饲料行业加工、销售、调拨、出口的奶牛精料补充料。

2 引用标准

下列标准所包含的条文,通过在本标准中引用而构成为本标准的条文。本标准出版时,所示版本均为有效。所有标准都会被修订,使用本标准的各方应探讨使用下列标准最新版本的可能性。

GB/T 5917—1986 配合饲料粉碎粒度测定法

GB/T 5918—1986 配合饲料混合均匀度测定法

GB/T 6432—1994 饲料中粗蛋白测定方法

GB/T 6433—1994 饲料粗脂肪测定方法

GB/T 6434—1994 饲料中粗纤维测定方法

GB/T 6435—1986 饲料水分的测定方法

GB/T 6436—1992 饲料中钙的测定方法

GB/T 6437—1992 饲料中总磷量的测定方法 光度法

GB/T 6438—1992 饲料中粗灰分的测定方法

GB/T 6439—1992 饲料中水溶性氯化物的测定方法

GB 10648—1993 饲料标签

GB/T 14699.1—1993 饲料采样方法

GB/T 10647—1989 饲料工业通用术语

3 技术要求

3.1 感官要求

色泽一致,无发酵霉变、结块及异味、异嗅。

3.2 水分

3.2.1 北方:不高于14.0%。

3.2.2 南方:不高于12.5%

符合下列情况之一时可允许增加0.5%的含水量。

a. 平均气温在10℃以下的季节;

b. 从出厂到饲喂期不超过10日者;

c. 精料补充料中添加有规定量的防霉剂者(标签中注明)。

3.3 加工质量

3.3.1 成品粒度(粉料)

中华人民共和国国内贸易部1996-04-19批准

1996-10-01实施

353

精料补充料 99% 通过 2.80 mm 编织筛,1.40 mm 编织筛筛上物不得大于 20%。

3.3.2 混合均匀度

精料补充料混合均匀,其变异系数(CV)应不大于 10%。

3.4 营养成分指标

精料补充料的营养成分指标见表 1。

表 1

%

产品分级	营养成分				
	粗蛋白质 不低于	粗纤维 不高于	粗灰分 不高于	钙	磷 不低于
一级料	22	9	9	0.7～1.8	0.5
二级料	20	9	9	0.7～1.8	0.5
三级料	16	12	10	0.7～1.8	0.5

注:精料补充料中若包括外加非蛋白氮物质,以尿素计,应不超过精料量的 1%(高产奶牛和使用氨化秸秆的奶牛慎用)并在标签中注明。

3.5 卫生指标

按照中华人民共和国有关饲料卫生标准的规定执行(奶牛精料补充料卫生标准待定)。

4 试验方法

4.1 饲料采样方法:按 GB/T 14699.1 执行。

4.2 水分:按 GB/T 6435 执行。

4.3 成品粒度:按 GB/T 5917 执行。

4.4 混合均匀度:按 GB/T 5918 执行。

4.5 粗蛋白质:按 GB/T 6432 执行。

4.6 粗纤维:按 GB/T 6434 执行。

4.7 粗灰分:按 GB/T 6438 执行。

4.8 钙:按 GB/T 6436 执行。

4.9 磷:按 GB/T 6437 执行。

4.10 试验测定值的双试验相对偏差按 GB/T 6432～6439 和 GB/T 5917 的标准规定执行。

4.11 监测与仲裁判定各项指标合格与否时,必须考虑允许误差,在我国有关分析允许误差的通用标准尚未公布以前暂按附录 A(标准的附录)中的建议值执行。

5 检验规则

5.1 第 3 章中规定的全部指标项目为型式检验项目,其中感官要求、成品粒度、水分、粗蛋白为出厂试验项目。

5.2 在保证产品质量的前提下,生产厂可根据工艺、设备、配方、原料等的变化情况,自行确定出厂检验的批量。

6 判定规则

感官指标、水分、混合均匀度、粗蛋白质、粗灰分、粗纤维、钙、磷等为判定合格指标。如检验中有一项指标不符合标准,应重新取样进行复验,复验结果中有一项不合格者即判为不合格。

7 标签、包装、运输、贮存

7.1 标签应符合 GB 10648 的要求。

7.2 包装、运输和贮存

　　精料补充料包装、运输和贮存应符合保质、保量、运输安全和分类、分等贮存的要求,严防污染。

附 录 A

（标准的附录）

精料补充料营养成分分析允许误差表

表 A1 　　　　　　　　　　　　　　　　　　　　　　　　　　　　　　　　　　　　%

测定项目	标准规定值	分析允许误差 （绝对误差）	判定合格或 验收的界线
水分	≤12.5 ≤14.0	0.4 0.4	≤12.9 ≤14.4
粗蛋白质	≥16.0 ≥20.0 ≥22.0	0.6 0.8 0.9	≥15.4 ≥19.2 ≥21.1
粗纤维	≤9.0 ≤12.0	0.9 1.2	≤9.9 ≤13.2
粗灰分	≤9.0 ≤10.0	0.2 0.2	≤9.2 ≤10.2
钙	0.70～1.80	0.14	0.56～1.94
磷	≥0.5	0.1	≥0.4

前　言

GB 8962～8964—1988《生长鸭、肉用仔鸭、产蛋鸭和种鸭配合饲料》通过几年的生产实践发现存在一些问题，如水分指标没考虑贮存时间及是否加有防霉剂等因素，磷、食盐指标上下幅度过窄等，有必要进行修订。

课题组经过大量调查研究，参考了美国 NRC 及日本饲养标准与营养需要，吸收了国内对肉鸭营养研究的科研成果，对原标准中水分、加工质量、营养成分中的一些指标进行了修改，并增加了肉用仔鸭饲料产品档次；检验规则、判定规则及各项营养成分的分析允许误差也进行了修订。

自本标准实施之日起，同时代替 GB 8962—1988、GB 8963—1988 和 GB 8964—1988。

本标准的附录 A 是标准的附录。

本标准由中华人民共和国国内贸易部提出。

本标准由全国饲料工业标准化技术委员会归口。

本标准由国内贸易部饲料工业办公室、广东恒昌实业股份湛江饲料厂、无锡轻工大学共同起草。

本标准主要起草人：冯所积、邹缦云、刘当慧。

中华人民共和国商业行业标准

SB/T 10262—1996

生长鸭、产蛋鸭、肉用仔鸭配合饲料

代替 GB 8962—1988
GB 8963—1988
GB 8964—1988

1 范围

本标准规定了生长鸭、产蛋鸭、肉用仔鸭配合饲料的技术要求、试验方法、检验规则、判定规则及标签、包装、运输、贮存要求。

本标准适用于饲料行业加工、销售、调拨、出口的生长鸭、产蛋鸭、肉用仔鸭配合饲料。

2 引用标准

下列标准所包含的条文,通过在本标准中引用而构成为本标准的条文。本标准出版时,所示版本均为有效。所有标准都会被修定,使用本标准的各方应探讨使用下列标准最新版本的可能性。

GB/T 5917—1986 配合饲料粉碎粒度测定法
GB/T 5918—1986 配合饲料混合均匀度测定法
GB/T 6432—1994 饲料中粗蛋白测定方法
GB/T 6433—1994 饲料粗脂肪测定方法
GB/T 6434—1994 饲料中粗纤维测定方法
GB/T 6435—1986 饲料水分的测定方法
GB/T 6436—1992 饲料中钙的测定方法
GB/T 6437—1992 饲料中总磷量的测定方法 光度法
GB/T 6438—1992 饲料中粗灰分的测定方法
GB/T 6439—1992 饲料中水溶性氯化物的测定方法
GB 10648—1993 饲料标签
GB/T 14699.1—1993 饲料采样方法

3 要求

3.1 感官要求

色泽一致,无发酵霉变、结块及异味、异嗅。

3.2 水分

3.2.1 北方:不高于 14.0%。

3.2.2 南方:不高于 12.5%

符合下列情况之一时可允许增加 0.5%的含水量。

a. 平均气温在 10℃以下的季节;

b. 从出厂到饲喂期不超过 10 天者;

c. 配合饲料中添加有规定量的防霉剂者(标签中注明)。

3.3 加工质量

3.3.1 成品粒度(粉料)

3.3.1.1 肉用仔鸭前期配合饲料、生长鸭(前期)配合饲料 99%通过 2.80 mm 编织筛,但不得有整粒

谷物,1.40 mm 编织筛筛上物不得大于 15%。

3.3.1.2 肉用仔鸭中后期配合饲料、生长鸭(中期、后期)配合饲料 99% 通过 3.35 mm 编织筛,但不得有整粒谷物,1.70 mm 编织筛筛上物不得大于 15%。

3.3.1.3 产蛋鸭配合饲料全部通过 4.00 mm 编织筛,但不得有整粒谷物,2.00 mm 编织筛筛上物不得大于 15%。

3.3.2 混合均匀度

配合饲料混合均匀,其变异系数(CV)应不大于 10%。

3.4 营养成分

配合饲料的营养成分指标见表 1。

表 1

产品名称	适用饲喂期	指 标 项 目							
		粗脂肪 % 不低于	粗蛋白质 % 不低于	粗纤维 % 不高于	粗灰分 % 不高于	钙 %	磷 % 不低于	食盐 %	代谢能 不低于 MJ/kg
生长鸭 配合饲料	前期	2.5	18.0	6.0	8.0	0.80～1.50	0.60	0.30～0.80	11.51
	中期	2.5	16.0	6.0	9.0	0.80～1.50	0.60	0.30～0.80	11.51
	后期	2.5	13.0	7.0	10.0	0.80～1.50	0.60	0.30～0.80	10.88
产蛋鸭 配合饲料	高峰期	2.5	17.0	6.0	13.0	2.60～3.60	0.50	0.30～0.80	11.51
	产蛋期	2.5	15.5	6.0	13.0	2.60～3.60	0.50	0.30～0.80	11.09
肉用仔鸭 配合饲料	前期	2.5	19.0	6.0	8.0	0.80～1.50	0.60	0.30～0.80	11.72
	中期	2.5	16.5	6.0	9.0	0.80～1.50	0.60	0.30～0.80	11.72
	后期	2.5	14.0	7.0	10.0	0.80～1.50	0.60	0.30～0.80	11.09

注:各项营养成分含量均以 87.5% 干物质为基础计算。

4 试验方法

4.1 饲料采样方法:按 GB 14699.1 执行。

4.2 水分:按 GB/T 6435 执行。

4.3 成品粒度:按 GB/T 5917 执行。

4.4 混合均匀度:按 GB/T 5918 执行。

4.5 粗蛋白质:按 GB/T 6432 执行。

4.6 粗脂肪:按 GB/T 6433 执行。

4.7 粗纤维:按 GB/T 6434 执行。

4.8 粗灰分:按 GB/T 6438 执行。

4.9 钙:按 GB/T 6436 执行。

4.10 磷:按 GB/T 6437 执行。

4.11 食盐:按 GB/T 6439 执行。

4.12 代谢能:暂以组成配方的原料通过查表值(中国饲料成分及营养价值表,中国饲料数据库最新版,必要时检索)计算。

4.13 试验测定值的双试验相对偏差按 GB/T 6432～6439 和 GB/T 5917 的规定执行。

4.14 监测与仲裁判定各项指标合格与否时,必须考虑分析允许误差,在我国有关分析允许误差的通用标准尚未公布前可暂按附录中的建议值执行。

5 检验规则

5.1 第3章中规定的全部指标项目为型式试验项目,其中感官要求、成品粒度、水分、粗蛋白为出厂试验项目。

5.2 在保证产品质量的前提下,生产厂可根据工艺、设备、配方、原料等的变化情况,自行确定出厂检验的批量。

6 判定规则

6.1 感官指标、水分、混合均匀度、粗蛋白质、粗灰分、粗纤维、钙、磷、食盐等为判定合格指标,如检验中有一项指标不符合标准,应重新取样进行复验,复验结果中有一项不合格者即判定为不合格。

6.2 代谢能、粗脂肪、成品粒度为参考指标,必要时可按本标准检测或验收。

7 标签、包装、运输、贮存

7.1 标签

应符合 GB 10648 的要求,凡添加药物饲料添加剂的饲料,在标签上应注明药物名称及含量。

7.2 包装、运输、贮存

配合饲料包装、运输和贮存,必须符合保质、保量、运输安全和分类、分等贮存的要求,严防污染。待有关标准发布后,按标准的要求执行。

附　录　A

（标准的附录）

各项营养成分的分析允许误差表

表 A1 %

测定项目	标准规定值	分析允许误差 （绝对误差）	判定合格或 验收的界限
水分	≤12.5 （≤13.0）	0.4	≤12.9 （≤13.4）
	≤14.0 （≤14.5）	0.4	≤14.4 （≤14.9）
粗脂肪	≥2.5	0.3	≥2.2
	≥3.5	0.4	≥3.1
	≥4.0	0.4	≥3.6
粗蛋白质	≥13.0	0.5	≥12.5
	≥14.0	0.6	≥13.4
	≥15.5	0.6	≥14.9
	≥16.0	0.6	≥15.4
	≥16.5	0.7	≥15.8
	≥17.0	0.7	≥16.3
	≥18.0	0.7	≥17.3
	≥19.0	0.8	≥18.2
	≥21.0	0.8	≥20.2
粗纤维	≤4.5	0.6	≤5.1
	≤5.0	0.7	≤5.7
	≤5.5	0.8	≤6.3
	≤6.0	0.8	≤6.8
	≤7.0	0.9	≤7.9
粗灰分	≤6.5	0.1	≤6.6
	≤8.0	0.2	≤8.2
	≤9.0	0.2	≤9.2
	≤10.0	0.2	≤10.2
	≤13.0	0.3	≤13.3
钙	0.50～1.00	0.12	0.38～1.12
	0.60～1.10	0.13	0.47～1.23
	0.70～1.20	0.14	0.56～1.34
	0.80～1.50	0.16	0.64～1.66
	2.60～3.60	0.33	2.27～3.93
	3.00～4.40	0.35	2.65～4.75
	3.20～4.40	0.37	2.83～4.77
磷	≥0.40	0.08	≥0.32
	≥0.50	0.10	≥0.40
	≥0.55	0.11	≥0.44
	≥0.60	0.12	≥0.48
食盐	0.30～0.80	0.10	0.20～0.90

ICS 67.120.30
B 54

中华人民共和国水产行业标准

SC/T 1024—2002
代替 SC/T 1024—1997

草鱼配合饲料

Formula feed for grass carp

2002-11-05 发布

2002-12-20 实施

中华人民共和国农业部 发布

前　言

　　本标准全面规定了草鱼配合饲料的性能指标。原 SC/T 1024—1997《草鱼配合饲料营养标准》只是规定了草鱼配合饲料的营养成分含量和相应的检测方法,本标准既包含了 SC/T 1024—1997 的技术内容,又对部分指标作了调整。

　　本标准的附录 A 为资料性附录。

　　本标准由农业部渔业局提出。

　　本标准由全国水产标准化技术委员会淡水养殖分技术委员会归口。

　　本标准起草单位:中国水产科学研究院长江水产研究所。

　　本标准主要起草人:廖朝兴、文华、周瑞琼、徐忠法。

　　本标准所代替标准的历次版本发布情况为:SC/T 1024—1997。

草鱼配合饲料

1 范围

本标准规定了草鱼配合颗粒饲料的产品分类、产品规格、技术要求、试验方法、检验规则、标签、包装、运输和贮存。

本标准适用于草鱼配合颗粒饲料。

2 规范性引用文件

下列文件中的条款通过本标准的引用而成为本标准的条款。凡是注日期的引用文件,其随后所有的修改单(不包括勘误的内容)或修订版均不适用于本标准,然而,鼓励根据本标准达成协议的各方研究是否可使用这些文件的最新版本。凡是不注日期的引用文件,其最新版本适用于本标准。

GB/T 5917—1986 配合饲料粉碎粒度测定法

GB/T 5918—1997 配合饲料混合均匀度的测定

GB/T 6003.1—1997 金属丝编织网试验筛

GB/T 6432 饲料中粗蛋白测定方法

GB/T 6433 饲料粗脂肪测定方法

GB/T 6434 饲料中粗纤维测定方法

GB/T 6435 饲料水分的测定方法

GB/T 6437 饲料中总磷量的测定方法 光度法

GB/T 6438 饲料中粗灰分的测定方法

GB 10648 饲料标签

GB/T 14699.1 饲料采样方法

GB/T 16765—1997 颗粒饲料通用技术条件

GB/T 18246—2000 饲料中氨基酸的测定

NY 5072 无公害食品 渔用配合饲料安全限量

3 产品分类

草鱼配合颗粒饲料分鱼苗饲料、鱼种饲料、食用鱼饲料三种。各种配合饲料的喂养对象见表1。

表 1 各种配合饲料的相应喂养对象

单位为克

产品类别	鱼苗饲料	鱼种饲料	食用鱼饲料
喂养对象的体重	<2.1	2.1~150	>150

4 产品规格

草鱼配合饲料产品规格见表2。

表 2 草鱼配合饲料产品规格

产品类别	鱼苗饲料			鱼种饲料			食用鱼饲料		
编号	C_1	C_2	C_3	P_1	P_2	P_3	P_4	P_5	P_6
粒径/mm	0.15～0.45	0.5～1.2	1.3～2.0	2.5	3.0	3.5	4.0	5.0	6.0

注：C 为细粒状或不规则细粒状；P 为颗粒状，颗粒饲料的长度为粒径的 1 倍～2 倍。

5 技术要求

5.1 原辅料要求

不得使用发霉变质的原料；使用的添加剂应符合国家有关饲料添加剂的规定。

5.2 物理指标

物理指标应符合表 3 的要求。

表 3 草鱼配合饲料的物理指标

项　目		指　标
感官指标		色泽一致，大小均匀，无发酵霉变、结块或异味，无虫滋生
混合均匀度（CV）/（%）		≤10.0
颗粒饲料水中稳定性（溶失率）/（%）	鱼苗饲料（水中浸泡 5 min）	≤20.0
	鱼种饲料（水中浸泡 5 min）	≤10.0
	食用苗饲料（水中浸泡 5 min）	≤10.0
颗粒饲料粉化率/（%）	鱼苗饲料	≤10.0
	鱼种饲料	≤4.0
	食用鱼饲料	≤4.0
原料粉碎粒度（筛上物）/（%）	鱼苗饲料（筛孔尺寸 0.250 mm）	≤15.0
	鱼种饲料（筛孔尺寸 0.355 mm）	≤10.0
	食用鱼饲料（筛孔尺寸 0.500 mm）	≤10.0

5.3 化学成分指标

化学成分指标应符合表 4 的要求。

表 4 草鱼配合饲料的化学成分指标　　　　　　　　　　　　　　　　　%

项目	水分	粗蛋白质	粗脂肪	粗纤维	粗灰分	含硫氨基酸[a]	赖氨酸	总磷
鱼苗饲料	≤12.5	≥38	≥5	≤5	≤16	≥1.4	≥2.4	≥1.0
鱼种饲料	≤12.5	≥30	≥4	≤8	≤13	≥0.9	≥1.5	≥1.0
食用鱼饲料	≤12.5	≥25	≥4	≤12	≤12	≥0.7	≥1.25	≥0.9

　　[a]　含硫氨基酸为蛋氨酸和胱氨酸。

其他营养成分含量推荐值，见附录 A。

5.4 安全卫生指标

按 NY 5072 的规定执行。

6 试验方法

6.1 感官指标测定

将样品放在白色瓷盘内,在无外界干扰的条件下,通过正常的感官检验进行评定。

6.2　原料粉碎粒度的测定

鱼苗饲料、鱼种饲料、食用鱼饲料分别选用符合 GB/T 6003.1—1997 规定的筛孔基本尺寸为 0.250 mm、0.355 mm 和 0.500 mm 的试验筛,按 GB/T 5917—1986 的方法执行。

6.3　混合均匀度的测定

按 GB/T 5918—1997 执行。

6.4　水中稳定性测定

6.4.1　仪器和设备

天平:感量为 0.01 g;

金属筛网盘:高 6.5 cm、直径 12 cm,筛孔基本尺寸比被测颗粒直径小一级;

温度计:精度 0.1℃;

秒表。

6.4.2　测定步骤

准确称取 10 g 直径和长度相同的颗粒饲料均匀地分布在筛盘中,然后置于 25℃~28℃水族箱或水箱中的静水中。如果颗粒结团或漂浮起来,可将另一筛盘置于颗粒之上使之分散在水中。待浸泡 5 min 后,将筛盘从水中取出,斜放使水沥干,取出经浸泡的饲料置于 105℃烘箱中干燥至恒重。同时另取未浸水饲料,测其水分含量。配合饲料的水中稳定性以溶失率表示,用式(1)计算:

$$P = \frac{m_1(1-X) - m_2}{m_1(1-X)} \times 100 \quad\cdots\cdots\cdots\cdots\cdots\cdots\cdots\cdots\cdots\cdots\cdots\cdots(1)$$

式中:

m_1——用作试样的配合饲料质量,单位为克(g);

m_2——烘干后的筛盘内饲料质量,单位为克(g);

P——溶失率,%;

X——水分百分含量,%。

每个试样应取两个平行样进行测定,以其算术平均值为结果,允许相对偏差为 4% 以内。

6.5　颗粒饲料粉化率的测定

按 GB/T 16765—1997 的规定执行,其中试验筛的筛孔基本尺寸应比测定颗粒直径小一级。

6.6　水分的测定

按 GB/T 6435 执行。

6.7　粗蛋白质的测定

按 GB/T 6432 执行。

6.8　粗脂肪的测定

按 GB/T 6433 执行。

6.9　粗纤维的测定

按 GB/T 6434 执行。

6.10　粗灰分的测定

按 GB/T 6438 执行。

6.11　总磷量的测定

按 GB/T 6437 执行。

6.12　赖氨酸和含硫氨基酸的测定

按 GB/T 18246—2000 执行。

6.13　安全卫生的检验

按 NY 5072 执行。

7 检验规则

7.1 检验分类

7.1.1 出厂检验

对标准中规定的感官指标、水分、粗蛋白质、粗脂肪、粗灰分、包装、标签进行检验。

7.1.2 型式检验

型式检验为本标准规定的所有项目,有下列情况之一时进行型式检验:

——新产品投产时;

——材料、配方、工艺有较大改变,可能影响产品性能时;

——正常生产时,定期或积累一定产量后,应周期进行一次检验;

——长期停产后,恢复生产时;

——出厂检验结果与上次型式检验有较大差异时;

——国家质量监督检验机构提出进行型式检验的要求时。

7.2 抽样与组批规则

7.2.1 批的组成

以一个班次生产的成品为一个批号产品。

7.2.2 抽样方法

按 GB/T 14699.1 的规定执行。

7.3 判定规则

检验中如发现产品有明显的发霉变质、生虫、结块或异味则判定该产品不合格。安全限量、混合均匀度、水分、粗蛋白质、粗脂肪、粗灰分、总磷指标有一项不符合,应在原样本中加倍抽样复验,复验结果中仍有一项不合格则判定该产品为不合格。其他指标中任何两项或以上经复验不合格,则判定该产品为不合格。

8 标签、包装、运输、贮存

8.1 标签

产品标签按 GB 10648 规定执行,其中钙、食盐保证值,本标准不作要求。

8.2 包装

鱼苗饲料应以防潮聚乙烯编织袋 10 kg、20 kg 或 40 kg 包装。

鱼种饲料和食用鱼饲料应以防潮聚乙烯编织袋 40 kg 或 50 kg 包装。

包装应随带产品说明书,以说明产品的主要技术指标和使用要求。

8.3 运输

包装运输。注意防潮、防湿、防有毒物质污染。严禁用手钩搬运,应小心轻放。

8.4 贮存

应在干燥、通风性能良好的仓库中贮存,避免阳光直射。堆放时每垛重量不超过 20 t,高度不超过 10 层。同时注意防虫害、鼠害,也要防止有毒物质污染。

在规定的贮存条件下,产品的保质期不得低于 2 个月。

附 录 A
（资料性附录）
其他营养物质含量推荐值

A.1 其他必需氨基酸含量

其他必需氨基酸含量推荐值见表 A.1。

表 A.1 其他必需氨基酸含量推荐值　　　　　　　　　　　　　　　　　%

项目	精氨酸	组氨酸	苏氨酸	缬氨酸	异亮氨酸	亮氨酸	苯丙氨酸	色氨酸
鱼苗饲料	2.13	0.85	1.28	1.72	1.49	2.51	1.38	0.30
鱼种饲料	1.68	0.67	1.01	1.36	1.18	1.98	1.09	0.24
食用鱼饲料	1.40	0.56	0.84	1.13	0.98	1.65	0.91	0.20

A.2 其他无机元素含量

其他无机元素含量推荐值见表 A.2。

表 A.2 其他无机元素含量推荐值　　　　　　　　　　单位为克每千克

项目	镁	钙	钾	钠	氯	硫	铁	铜	钴	锌	锰	碘
含量	0.3	20	4.6	2.0	0.3	0.97	0.20	4×10^{-3}	1.2×10^{-4}	4×10^{-2}	2×10^{-2}	8×10^{-4}

A.3 维生素含量

维生素含量推荐值见表 A.3。

表 A.3 维生素含量推荐值

项目	维生素 B_1/ (mg/kg)	维生素 B_2/ (mg/kg)	维生素 B_6/ (mg/kg)	烟酸/ (mg/kg)	泛酸钙/ (mg/kg)	肌醇/ (mg/kg)	生物素/ (mg/kg)	维生素 B_{12}/ (mg/kg)	维生素 K/ (mg/kg)	维生素 E/ (mg/kg)	氯化胆碱/ (mg/kg)	叶酸/ (mg/kg)	维生素 C/ (mg/kg)	维生素 A/ IU	维生素 D/ IU
含量	5.0	10.0	10.0	100.0	40.0	200.0	1.0	0.02	10.0	50.0	600.0	5.0	300.0	2 000	400

ICS 67.120.30
B 54

中华人民共和国水产行业标准

SC/T 1026—2002
代替 SC/T 1026—1998

鲤鱼配合饲料

Formula feed for common carp

2002-11-05 发布

2002-12-20 实施

中华人民共和国农业部 发布

前　言

　　本标准全面规定了鲤鱼配合饲料的性能特征,并具有可检验性和适用性。SC/T 1026—1998《鲤鱼配合饲料营养标准》只是规定了鲤鱼配合饲料的营养成分含量和相应的检测方法。本标准中的营养指标既包含了 SC/T 1026—1998 的技术内容,又对部分指标作了调整。本标准还规定水中稳定性和原料粉碎粒度等重要的性状指标,以提高饲料利用率。安全卫生指标的规定参照 NY 5072—2002《无公害食品渔用饲料安全限量》的规定。

　　本标准的附录 A 为资料性附录。

　　本标准由农业部渔业局提出。

　　本标准由中国水产科学研究院长江水产研究所归口。

　　本标准起草单位:国家水产品质量监督检验中心、青岛海洋大学、湖北省水产科学研究所。

　　本标准主要起草人:李晓川、李爱杰、王联珠、季文娟、吴遵霖。

　　本标准所代替标准的历次版本发布情况为:SC/T 1026—1998。

鲤鱼配合饲料

1 范围

本标准规定了鲤鱼配合饲料产品的分类、要求、试验方法、检验规则、标签、包装、运输和贮存。

本标准适用于鲤鱼颗粒状配合饲料。

2 引用标准

下列文件中的条款通过本标准的引用而成为本标准的条款。凡是注日期的引用文件,其随后所有的修改单(不包括堪误的内容)或修订版均不适用于本标准,然而,鼓励根据本标准达成协议的各方研究是否可使用这些文件的最新版本。凡是不注日期的引用文件,其最新版本适用于本标准。

GB/T 5917 配合饲料粉碎粒度测定法

GB/T 5918 配合饲料混合均匀度测定法

GB/T 6003.1 金属丝编织网试验筛

GB/T 6432 饲料中粗蛋白测定方法

GB/T 6433 饲料粗脂肪测定方法

GB/T 6434 饲料中粗纤维测定方法

GB/T 6435 饲料水分的测定方法

GB/T 6436 饲料中钙的测定方法

GB/T 6437 饲料中总磷量的测定方法 光度法

GB/T 6438 饲料中粗灰分的测定方法

GB/T 6439 饲料中水溶性氯化物的测定方法

GB 10648 饲料标签

GB/T 14699.1 饲料采样方法

GB/T 15398 饲料有效赖氨酸测定方法

GB/T 15399 饲料中含硫氨基酸测定方法 离子交换色谱法

GB/T 16765—1997 颗粒饲料通用技术条件

NY 5072 无公害食品 渔用饲料安全限量

3 产品分类

配合饲料产品规格与分类应符合表1的要求。

表 1 配合饲料产品规格与分类

产品分类	鲤鱼体重/g	配合饲料粒径/mm	配合饲料粒长/mm
鱼种前期饲料	≤10	0.5～1.5	破碎料
鱼种后期饲料	10～100	1.5～3	为粒径的1倍～3倍
成鱼前期饲料	100～250	3～4	为粒径的1倍～3倍
成鱼后期饲料	≥250	4～6	为粒径的1倍～3倍
注:圆柱形颗粒配合饲料的规格包括粒径和粒长,圆球形颗粒配合饲料(膨化料)的规格只计粒径。			

4 要求

4.1 感官要求

颗粒均匀,表面光滑,色泽一致,无发霉、变质、结块现象,无霉变、酸败等异味,不得有虫、卵滋生。

4.2 加工质量指标

加工质量指标应符合表2的规定。

表 2 饲料加工质量指标   %

项　　目		产　品　种　类			
		鱼种饲料		成鱼饲料	
原料粉碎粒度(筛上物)		0.425 mm 筛孔试验筛	≤1	0.600 mm 筛孔试验筛	≤1
		0.250 mm 筛孔试验筛	≤10	0.425 mm 筛孔试验筛	≤10
混合均匀度 (变异系数)	粉料	≤10		≤10	
	预混合料添加剂	≤5		≤5	
水中稳定性 (溶失率)	颗粒饲料	≤10(水中浸泡 5 min)		≤10(水中浸泡 5 min)	
	膨化饲料	≤10(水中浸泡 20 min)		≤10(水中浸泡 20 min)	
颗粒粉化率	颗粒饲料	0.425 mm 筛孔试验筛	≤2	0.600 mm 筛孔试验筛	≤3
	膨化饲料		≤1		≤1
水分		≤12			

4.3 主要营养成分指标

主要营养成分指标应符合表3的规定。

表 3 主要营养成分指标   %

项　　目	产　品　种　类		
	鱼种前期饲料	鱼种后期饲料	成鱼饲料
粗蛋白质	≥38	≥31	≥30
粗脂肪	≥7	≥5	≥4
粗纤维	≤4	≤8	≤10
粗灰分	≤12	≤14	≤14
氯化钠	≤2		
钙	≥2.5	≥2.2	2～4
总磷	≥1.4	≥1.2	≥1.1
赖氨酸	≥2.2	≥2.0	≥1.5
蛋氨酸	≥1.0	≥0.8	≥0.6

4.4 安全卫生指标

安全卫生指标应符合 NY 5072 的规定。

4.5 其他营养成分

其他营养成分只有在有要求时才作为考核指标,见附录 A。

5 试验方法

5.1 感官检验

取 50 g 样品平摊在白瓷盘内,在非直射阳光的充足光线下进行检查。

5.2 加工质量指标

5.2.1 原料粉碎粒度

按饲料种类的不同,根据 GB/T 6003.1 规定选取孔径为 0.600 mm、0.425 mm(或 0.425 mm、0.250 mm)的试验筛后,按 GB/T 5917 规定进行原料粉碎粒度的测定。

5.2.2 混合均匀度

混合均匀度的测定按 GB/T 5918 规定进行。

5.2.3 水中稳定性

称取 10 g 样品(准确至 0.1 g)放入已备好的圆筒形网筛内(网筛框高 6.5 cm,直径为 6.5 cm,金属网筛孔径为 0.850 mm),网筛置于盛有水深为 5.5 cm 的容器中,水温为 25 ℃～28 ℃,浸泡(颗粒饲料浸泡时间为 5 min,膨化饲料浸泡时间为 20 min)后,把网筛从水中提升露出水面,又缓慢沉入水中,使饲料离开筛底,如此反复三次后,取出网筛,把网筛内饲料置于 105 ℃烘箱内烘至恒重。另取未浸水的同样饲料,置 105 ℃烘箱内烘至恒重测其含水量。溶失率按式(1)计算。

$$A = \frac{G(1-X) - G_1}{G(1-X)} \times 100 \quad\cdots\cdots\cdots\cdots\cdots (1)$$

式中:

A——溶失率,%;

X——试样的含水率,%;

G——试样的量,单位为克(g);

G_1——烘干后金属网筛内试样量,单位为克(g)。

每个试样应取两个平行样进行测定,以其算术平均值为结果。允许相对误差≤4%。

5.2.4 颗粒粉化率

根据饲料种类不同,按 GB/T 6003.1 规定选取孔径为 0.600 mm(成鱼饲料)、0.425 mm(鱼种饲料)的试验筛后,再按 GB/T 16765—1997 中 5.4 条的规定进行颗粒粉化率的测定。

5.2.5 水分

水分的测定按 GB/T 6435 规定。

5.3 主要营养成分指标

5.3.1 粗蛋白

粗蛋白的测定按 GB/T 6432 规定。

5.3.2 粗脂肪

粗脂肪的测定按 GB/T 6433 规定。

5.3.3 粗纤维

粗纤维的测定按 GB/T 6434 规定。

5.3.4 粗灰分

粗灰分的测定按 GB/T 6438 规定。

5.3.5 氯化钠

氯化钠的测定按 GB/T 6439 规定进行。结果按式(2)计算。

$$\mathrm{NaCl}(\%) = \frac{(V_1 - V_2 \times F \times 100/50) \times c \times 150 \times 0.058\,5}{m \times 50} \times 100 \quad\cdots\cdots\cdots (2)$$

式中:

m——样品质量,单位为克(g);

V_1——硝酸银溶液体积,单位为毫升(mL);

V_2——滴定消耗的硫氰酸铵溶液体积,单位为毫升(mL);

F——硝酸银与硫氰酸铵溶液体积比；

c——硝酸银的摩尔浓度，单位为摩尔每升(mol/L)；

0.058 5——与 1.00 mL 硝酸银标准溶液[$c(AgNO_3)=1.000\ 0$ mol/L]相当的以克表示的氯化钠的质量。

所得结果表示至两位小数。

5.3.6 钙

钙的测定按 GB/T 6436 规定。

5.3.7 总磷

总磷的测定按 GB/T 6437 规定。

5.3.8 赖氨酸

赖氨酸的测定按 GB/T 15398 规定。

5.3.9 蛋氨酸

蛋氨酸的测定按 GB/T 15399 规定。

5.4 安全卫生指标

安全卫生指标的检验按 NY 5072 规定。

6 检验规则

6.1 组批规则

在原料及生产条件基本相同下，同一天或同一班组生产的产品为一个检验批。

6.2 抽样方法

鲤鱼配合饲料产品的抽样按 GB/T 14699.1 的规定。

成品抽样地点应在生产者成品仓库内按批号进行抽样，批量在 1 t 以下时，按其袋数的四分之一抽取。批量在 1 t 以上时，抽样袋数不少于 10 袋。沿堆积立面以×形或 W 型对各袋抽取。产品未堆垛时应在各部位随机抽取，样品抽取时一般应用钢管或铜管制成的槽形取样器。由各袋取出的样品应充分混均后按四分法分别留样。每批饲料的检验用样品不少于 500 g。另有同样数量的样品作留样备查，所抽样品需防潮保存。测定混合均匀度的样品按 GB/T 5918 的要求在生产现场抽取。供生物测试的样品的取样数量可另行规定。

应填写取样单，内容包括：样品名称、抽样时间、地点、产品批号、抽样数量、抽样人签字等。必要时应注明抽样地点、环境条件及仓储情况等内容。

6.3 检验分类

产品检验分为出厂检验与型式检验。

6.3.1 出厂检验

每批产品应进行出厂检验，出厂检验由生产单位质量检验部门执行；检验项目由生产单位自行确定，应选择能快速、准确反映产品质量的主要技术指标，一般为感官指标、水分、粗蛋白质、粗脂肪、粗纤维、粗灰分。检验合格签发检验合格证，产品凭检验合格证入库或出厂。

6.3.2 型式检验

有下列情况之一时，应进行型式检验：

——长期停产，恢复生产时；

——原料变化改变主要生产工艺，可能影响产品质量时；

——国家质量监督机构提出要求时；

——出厂检验与上次型式检验有大差异时；

——正常生产时，每年至少一次周期性检验。

型式检验项目为 5.1～5.4 的所有项目。

6.4 判定规则

6.4.1 所检项目的检验结果全部符合标准规定的判为合格批。

6.4.2 安全性指标有一项不符合要求或有霉变、腐败、生虫等现象时,该批产品判为不合格且不应再使用。

6.4.3 其他指标不符合规定时,应加倍抽样复验一次,按复验结果判定本批产品是否合格。

7 标签、包装、运输、贮存

7.1 标签

产品标签按 GB 10648 的规定执行,应标明产品名称、产品成分分析保证值、原料组成、产品标准号、使用说明、生产日期、保质期、生产者的名称、地址、生产许可证和产品批准文号及其他内容。

7.2 包装

包装材料应采用干净、防潮的纸袋或塑料编织袋,内衬塑料薄膜袋,缝口牢固。

7.3 运输

产品运输应保证运输工具的洁净,防止受农药、化学药品、煤炭、油类、石灰等有毒物质的污染;在装卸中应轻装轻卸;防日晒、雨淋;防霉潮、污染;装卸时禁用手钩。

7.4 贮存

贮存仓库应清洁、干燥、阴凉通风,防止受潮、霉变、虫、鼠害及有害物质的污染。产品保质期为 3 个月。

附 录 A
（资料性附录）
必需氨基酸、维生素、矿物质含量推荐值

A.1 饲料中必需氨基酸含量推荐值

饲料中必需氨基酸含量推荐值见表 A.1。

表 A.1 饲料中必需氨基酸含量推荐值 %

饲料种类	精氨酸	组氨酸	苏氨酸	异亮氨酸	亮氨酸	缬氨酸	苯丙氨酸	色氨酸
鱼苗饲料	1.7	0.9	1.6	1.0	1.4	1.5	2.7	0.4
鱼种饲料	1.6	0.8	1.5	0.9	1.3	1.4	2.5	0.3
成鱼饲料	1.2	0.6	1.2	0.7	1.0	1.1	1.9	0.2

A.2 饲料中维生素含量推荐值

饲料中维生素含量推荐值见表 A.2。

表 A.2 饲料中维生素含量推荐值

维生素	维生素 A/(IU/kg)	维生素 E/(mg/kg)	维生素 B_1/(mg/kg)	维生素 B_2/(mg/kg)	维生素 B_6/(mg/kg)	维生素 D_3/(IU/kg)	泛酸钙/(mg/kg)	烟酸/(mg/kg)	生物素/(mg/kg)	苊酸(维生素 B_3)/(mg/kg)	维生素 C/(mg/kg)	肌醇/(mg/kg)	胆碱/(mg/kg)
推荐值	2 000～10 000	80～100	4	20	20	1 500～5 000	30～50	25～30	1.0	5～6	300～500	200～400	500～4 000

A.3 饲料中矿物质含量推荐值见表 A.3。

表 A.3 饲料中矿物质含量推荐值 mg/kg

微量元素	镁(Mg)	钠(Na)	钾(K)	氯(Cl)	铁(Fe)	铜(Cu)	锌(Zn)	锰(Mn)	碘(I)	钴(Co)	硒(Se)
推荐值	2 000	1 000	1 000	1 000	100～150	1～3	150～200	12～13	0.1～0.3	0.005～0.01	0.15～0.4

A.4 饲料中其他成分推荐值

饲料中其他成分推荐值见表 A.4。

表 A.4 饲料中其他有效成分含量推荐值

其他成分	必需脂肪酸/(%)		可消化能(DJ)/(MJ/kg)
	亚麻酸(C18:3n-3)	亚油酸(C18:2n-6)	
推荐值	0.5	0.5	11.8～13.5

前　　言

本标准为《虹鳟养殖技术规范》系列标准的第七个标准。

本标准的附录 A 是标准的附录。

本标准由农业部渔业局提出。

本标准由中国水产科学研究院长江水产研究所归口。

本标准由中国水产科学研究院黑龙江水产研究所负责起草。

本标准主要起草人：魏立贤、宋苏祥。

中华人民共和国水产行业标准

虹鳟养殖技术规范
配合颗粒饲料

SC/T 1030.7—1999

Technical specifications for rainbow trout culture
—Formulated pellets

1 范围

本标准规定了虹鳟(*Oncorhynchus mykiss* Walbaum)配合颗粒饲料的颗粒型号与规格、技术要求、产品检验、标志、包装及贮运。

本标准适用于虹鳟配合颗粒饲料。

2 引用标准

下列标准所包含的条文,通过在本标准中引用而构成为本标准的条文。本标准出版时,所示版本均为有效。所有标准都会被修订,使用本标准的各方应探讨使用下列标准最新版本的可能性。

GB/T 5538—1985 油脂过氧化值测定
GB/T 5917—1986 配合饲料粉碎粒度测定方法
GB/T 5918—1986 配合饲料混合均匀度测定方法
GB/T 6432—1994 饲料中粗蛋白测定方法
GB/T 6433—1994 饲料粗脂肪测定方法
GB/T 6434—1994 饲料中粗纤维测定方法
GB/T 6435—1986 饲料水分的测定方法
GB/T 6436—1992 饲料中钙测定方法
GB/T 6437—1992 饲料中总磷量测定方法 光度法
GB/T 6438—1992 饲料粗灰分测定方法
GB 10648—1993 饲料标签
GB/T 13092—1991 饲料中霉菌的检验方法
GB/T 13093—1991 饲料中细菌总数的测定方法
GB/T 14699.1—1993 饲料采样方法

3 颗粒型号与规格

虹鳟配合颗粒饲料的型号与规格见表1。

表 1 虹鳟配合颗粒饲料型号与规格

编 号	形 状	规 格		适合鱼体重,g	适合鱼体长,cm
		粒径,mm	径长比		
00	屑粒	0.3	—	≤0.2	≤2.5

中华人民共和国农业部 1999-03-22 批准

1999-06-01 实施

表 1（完）

编　号	形　状	规　格		适合鱼体重,g	适合鱼体长,cm
		粒径,mm	径长比		
0	屑粒	0.3～0.5	—	0.2～0.5	2.5～3.5
1	碎粒	0.5～1.0	—	0.5～2.5	3.5～6.0
2	碎粒	1.0～1.5	1.2	2.5～10	6～10
3	颗粒	1.5～2.0	1.2	10～30	10～14
4	颗粒	2.0～3.0	1.2	30～60	14～17
5	颗粒	3.0～4.0	1.2	60～100	17～20
6	颗粒	5.0	1.2	100～250	20～28
7	颗粒	7.0	1.2	＞250	＞28

注：00～1 号为鱼苗饲料，1～3 号为鱼种饲料，3 号以上为育成鱼和亲鱼饲料。

4. 技术要求

4.1 感官性状

颗粒光滑、色泽一致、大小均匀，无杂质，无异味，无霉变和无结块。

4.2 水分

饲料含水分小于 11％。

4.3 加工质量

4.3.1 原料粉碎粒度

鱼苗料全部通过孔径≤0.15 mm 筛孔；鱼种料通过孔径 0.3 mm 筛孔；育成鱼及亲鱼料通过 0.45 mm孔径的筛子。

4.3.2 混合均匀度

配合的原料应混合均匀，变异系数小于 10％。

4.3.3 含粉率及水中稳定性

颗粒含粉率小于 3％，水中浸泡 10 min 散碎小于 20％。

4.4 卫生指标

饲料中霉菌总数小于 4×10^4 个/g，细菌总数小于 3×10^6 个/g，脂肪过氧化值小于 0.3％，饲料中不得添加国家尚未批准使用的激素及有关药品。

4.5 营养成分

4.5.1 主要营养成分含量见表 2。

表 2　虹鳟配合颗粒饲料主要营养成分含量　　　　　　　　　　　　　　　　　　　%

项　　目	鱼　苗	鱼　种	育　成　鱼	亲　鱼
粗蛋白	≥45	≥42	≥40	≥42
粗脂肪	≥5	≥6	≥8	≥5
粗纤维	≤3	≤3.5	≤4	≤5
粗灰分	≤13	≤14	≤14	≤14
钙(Ca)	0.5～1.0	0.5～1.0	0.5～1.0	0.5～1.0
有效磷(P)	0.6～0.8	0.6～0.8	0.6～0.8	0.6～0.8

4.5.2 其他营养物质需要量推荐值，见附录 A（标准的附录）。

5 检验

5.1 检验规则

每批饲料原料及产品应进行常规检验,经检验合格的产品方可出厂。

5.2 采样方法

按 GB/T 14699.1 的规定执行。

5.3 检测方法

5.3.1 感官性状:用正常感官进行。

5.3.2 原料粉碎粒度的测定:按 GB/T 5917 的规定执行。

5.3.3 混合均匀度的测定:按 GB/T 5918 的规定执行。

5.3.4 颗粒含粉率的测定:采用筛孔孔径小于颗粒粒径的筛子过筛,称重筛下物与样品重量,即可算出含粉率。

5.3.5 水中稳定性的测定:取一定数量的颗粒饲料于水中浸泡 10 min,观察、过数已散碎的颗粒数,即可算出散碎颗粒所占的百分数。

5.3.6 饲料中霉菌的检验:按 GB/T 13092 的规定执行。

5.3.7 饲料中细菌总数的测定:按 GB/T 13093 的规定执行。

5.3.8 脂肪过氧化值的测定:按 GB/T 5538 的规定执行。

5.3.9 粗蛋白含量的测定:按 GB/T 6432 的规定执行。

5.3.10 粗脂肪含量的测定:按 GB/T 6433 的规定执行。

5.3.11 粗纤维含量的测定:按 GB/T 6434 的规定执行。

5.3.12 粗灰分含量的测定:按 GB/T 6438 的规定执行。

5.3.13 钙含量的测定:按 GB/T 6436 的规定执行。

5.3.14 磷含量的测定:按 GB/T 6437 的规定执行。

5.3.15 饲料中水分含量的测定:按 GB/T 6435 的规定执行。

6 标志、包装及贮运

6.1 标志

产品标志按 GB/T 10648 有关规定执行,应标明保质期。

6.2 包装

出厂产品应附产品合格证,重量应规格化,包装材料应坚固、清洁、防潮,无污染,无破漏。

6.3 贮运

6.3.1 贮存

产品应在干燥、阴凉、通风性能良好的仓库中贮存,库房相对湿度不大于 60%,并注意防潮、防鼠、防虫、防污染。

6.3.2 运输

应有防雨、防晒措施,搬运时避免强烈摔撞。不得使用受农药、石油类、化学物品有毒物质污染而未经清洗的运输工具装运。

附 录 A
（标准的附录）
其他营养物质需要量推荐值

A1 维生素

饲料中维生素的需要量推荐值不得低于表 A1 规定。

表 A1 维生素最低需要量推荐值

项 目	脂 溶 性				水 溶 性										
	维生素 A IU	维生素 D IU	维生素 E mg/kg	维生素 K mg/kg	维生素 B₁ mg/kg	维生素 B₂ mg/kg	维生素 B₆ mg/kg	维生素 B₁₂ mg/kg	泛酸 mg/kg	叶酸 mg/kg	烟酸 mg/kg	生物素 mg/kg	胆碱 mg/kg	肌醇 mg/kg	维生素 C mg/kg
需要量	2 500	2 400	30	10	10	20	10	0.02	40	5	150	1	3 000	400	100

A2 必需氨基酸

饲料中必需氨基酸需要量推荐值见表 A2。

表 A2 必需氨基酸需要量推荐值 　　　　　　　　%

项 目	精氨酸	组氨酸	异亮氨酸	亮氨酸	赖氨酸	蛋氨酸[1]	苯丙氨酸	苏氨酸	色氨酸	缬氨酸
需要量	2.5	0.7	1.0	1.5	2.1	1.6	2.0	0.8	0.2	1.3

1) 含胱氨酸，如不含则为 0.5%。

A3 无机元素

饲料中其他无机元素含量推荐值见表 A3。

表 A3 其他无机元素含量推荐值 　　　　　　　　g/kg

项目	镁 (Mg)	钠 (Na)	钾 (K)	硫 (S)	氯 (Cl)	铁 (Fe)	锌 (Zn)	锰 (Mn)	铜 (Cu)	钴 (Co)	碘 (I)	硒 (Se)
需要量	0.6	2.2	1.6	3.0	1.0	15×10^{-2}	6×10^{-2}	12×10^{-3}	3×10^{-3}	12×10^{-5}	8×10^{-4}	1×10^{-5}

前　言

本标准广泛参考国内外学者(机构)相关研究成果和生产鳖粉末型配合饲料实际情况而制定。

本标准的附录 A 是提示的附录。

本标准由农业部渔业局提出。

本标准由中国水产科学研究院长江水产研究所归口。

本标准起草单位:华大(福州)饲料工业有限公司。

本标准主要起草人:刘金标、李衍娇、王传禹、王渊源。

中华人民共和国水产行业标准

中华鳖配合饲料

SC/T 1047—2001

Formula feed for soft-shelled turtle

1 范围

本标准规定了中华鳖(*Trionyx sinensis*)粉末型配合饲料的分类、技术要求、试验方法、检测规则、标志、包装、运输和贮存。

本标准适用于中华鳖粉末型配合饲料,其他鳖粉末型配合饲料也可参照使用。

2 引用标准

下列标准所包含的条文,通过在本标准中引用而构成为本标准的条文。本标准出版时,所示版本均为有效。所有标准都会被修订,使用本标准的各方应探讨使用下列标准最新版本的可能性。

GB/T 5009.44—1996 肉与肉制品卫生标准的分析方法

GB/T 5917—1986 配合饲料粉碎粒度测定法

GB/T 5918—1997 配合饲料混合均匀度测定

GB/T 6003.1—1997 金属丝编织网试验筛

GB/T 6432—1994 饲料中粗蛋白测定方法

GB/T 6433—1994 饲料粗脂肪测定方法

GB/T 6434—1994 饲料中粗纤维测定方法

GB/T 6435—1986 饲料水分的测定方法

GB/T 6436—1992 饲料中钙的测定方法

GB/T 6437—1992 饲料中总磷量的测定方法 光度法

GB/T 6438—1992 饲料中粗灰分的测定方法

GB/T 6439—1992 饲料中水溶性氯化物的测定方法

GB/T 8381—1987 饲料中黄曲霉素 B_1 的测定

GB 10648—1999 饲料标签

GB/T 13079—1991 饲料中总砷的测定

GB/T 13080—1991 饲料中铅的测定方法

GB/T 13081—1991 饲料中汞的测定方法

GB/T 13082—1991 饲料中镉的测定方法

GB/T 13083—1991 饲料中氟的测定方法

GB/T 13084—1991 饲料中氰化物的测定方法

GB/T 13088—1991 饲料中铬的测定方法

GB/T 13091—1991 饲料中沙门氏菌的检验方法

GB/T 13092—1991 饲料中霉菌的检验方法

GB/T 13093—1991 饲料中细菌总数的测定方法

GB/T 14699.1—1993 饲料采样方法

中华人民共和国农业部2001-06-01批准　　　　　　　　2001-10-01实施

SC/T 3501—1996 鱼粉

3 定义

本标准采用下列定义。

粘弹性 binder and elasticity

粉末饲料和水搅合作团后,体积明显膨胀,能承受压力展开成薄状,用手指轻按凹后能反弹复原的性能。

4 产品分类

中华鳖配合饲料分稚鳖饲料、幼鳖饲料、成鳖饲料三种,分别适用于稚鳖、幼鳖和成鳖。各类产品适宜喂养对象的体重见表1。

表 1 各类产品适宜喂养对象的体重   g

饲料类型	稚鳖饲料	幼鳖饲料	成鳖饲料
宜喂养体重	≤50	50～150	≥150

5 技术要求

5.1 主要原辅料及添加剂

5.1.1 主要原辅料

原料应符合各种原料的标准。

5.1.2 添加剂

应符合国家颁布的《饲料和饲料添加剂管理条例》的规定。

5.2 感官要求

感官要求见表2。

表 2 中华鳖粉末型配合饲料感官要求

项 目	指 标
气味	具有鳖饲料固有香腥味,无霉变、酸败等异味
外观	色泽一致,无霉变、变质、结块现象,不得有生虫和非饲用物
粘弹性	加适量水搅拌均匀作团后具有良好的粘弹性

5.3 理化指标

5.3.1 加工质量指标

加工质量指标见表3。

表 3 加工质量指标   %

项 目	饲料类别		
	稚鳖饲料	幼鳖饲料	成鳖饲料
粉碎粒度(筛上物[1])	≤4	≤6	≤8
混合均匀度(变异系数)	≤8	≤10	
水中稳定性(溶失率)	≤4		

1) 筛孔为 0.18 mm 的筛上物,采用 $\phi200\times50$-0.180/0.125 GB/T 6003.1—1997。

5.3.2 主要营养成分

主要营养成分见表4。

表 4 主要营养成分

项 目	饲料类别		
	稚鳖饲料	幼鳖饲料	成鳖饲料
水分,%	≤10		
粗蛋白质,%	≥46	≥43	≥40
粗脂肪,%	≥3		
粗纤维,%	≤1.5		≤2.0
粗灰分,%	≤18		
钙,%	≤5		
磷,%	≤3		
赖氨酸,%	2.3	2.1	2.0
盐分,%	≤2		≤3
砂分(盐酸不溶物),%	≤2		
挥发性盐基氮,mg/100 g	≤60		

中华鳖配合饲料必需氨基酸的推荐值见附录 A(提示的附录)。

5.4 卫生安全指标

卫生安全指标见表 5。

表 5 中华鳖粉末型配合饲料卫生安全指标

项 目	允 许 量
砷(以 As 计),mg/kg	≤2
铅(以 Pb 计),mg/kg	≤5
汞(以 Hg 计),mg/kg	≤0.1
镉(以 Cd 计),mg/kg	≤0.5
氟(以 F 计),mg/kg	≤100
铬(以 Cr 计),mg/kg	≤3.0
氰化物(以 HCN 计),mg/kg	≤50
黄曲霉毒素 B_1,mg/kg	≤0.01
沙门氏菌	不得检出
霉菌总数,个/g	≤40×10³
细菌总数,个/g	≤2×10⁶

6 试验方法

6.1 感官检验

6.1.1 气味与外观的检验

将样品倒入洁净白色瓷盘内,在无异味的环境下,通过正常的感官检验进行评定。

6.1.2 粘弹性的检验

6.1.2.1 仪器

　　a)立式搅拌器;

　　b)天平,感量为 0.5 g;

c）量筒 20 mL、500 mL；

d）温度计；

e）秒表。

6.1.2.2 试剂

蒸馏水。

6.1.2.3 检验步骤

从原始样品中称取 50 g，倒入加有 50～60 mL 蒸馏水的搅拌器中，在气温(25±2)℃环境下低速 (105 r/min)搅拌 20 s。搅拌完毕取出，平分成两份，一份立即做手感实验，应具有良好的粘弹性，且不粘 手，另一份保存 10 min 后再做手感实验，实验结果应保持上述特性。

6.2 理化指标检验

6.2.1 饲料粒度的测定

采用网孔基本尺寸为 0.18 mm 的 ϕ200×50-0.180/0.125 GB/T 6003.1—1997 试验筛。然后按照 GB/T 5917 标准执行。在筛分过程中用长毛刷轻轻刷动筛上物，直至不能筛下粉料为止，再将长毛刷在 筛框上轻轻敲打五下，以抖落其所带物料。

6.2.2 混合均匀度的测定

按 GB/T 5918 中的甲基紫法执行。

6.2.3 水中稳定性的测定

6.2.3.1 仪器

a）恒温烘干箱；

b）分析天平，感量为 0.1 mg；

c）立式搅拌器；

d）量筒 20 mL、500 mL；

e）温度计；

f）秒表。

6.2.3.2 试剂

蒸馏水。

6.2.3.3 测定步骤

准确称取两份中华鳖粉末型配合饲料各 200 g，按 6.1.2.3 进行搅拌粘合，平分成两份，取其一份放 置静水中，在水温(25±2)℃下浸泡 1 h，捞起后与另一份对照料同时放入烘箱中，在 105℃恒温下烘至 恒重后，分别准确称重，按式(1)计算。每个试样取两个平行样测定，以其算术平均值为结果，允许相对偏 差为 4%。

$$S = \frac{W_1 - W_2}{W_1} \times 100 \qquad \cdots\cdots\cdots\cdots\cdots\cdots\cdots（1）$$

式中：S——散失率，%；

W_1——对照料烘干后重量，g；

W_2——浸泡料烘干后重量，g。

6.2.4 粗蛋白质的测定

按 GB/T 6432 规定执行。

6.2.5 粗脂肪的测定

按 GB/T 6433 规定执行。

6.2.6 粗纤维的测定

按 GB/T 6434 规定执行。

6.2.7 水分的测定

按 GB/T 6435 规定执行。

6.2.8 总钙量的测定

按 GB/T 6436 规定执行。

6.2.9 总磷量的测定

按 GB/T 6437 规定执行。

6.2.10 粗灰分的测定

按 GB/T 6438 规定执行。

6.2.11 水溶性氯化物的测定

按 GB/T 6439 规定执行。

6.2.12 砂分的测定

按 SC/T 3501 的规定执行。

6.2.13 挥发性盐基氮的测定

称取样品 20 g 放入 200 mL 量筒内,加蒸馏水至 200 mL,转入组织捣碎机内,将样品打成匀浆,其他按 GB/T 5009.44 规定执行。

6.3 卫生安全指标检验

6.3.1 砷的测定按 GB/T 13079 规定执行。

6.3.2 铅的测定按 GB/T 13080 规定执行。

6.3.3 汞的测定按 GB/T 13081 规定执行。

6.3.4 镉的测定按 GB/T 13082 规定执行。

6.3.5 氟的测定按 GB/T 13083 规定执行。

6.3.6 氰化物的测定按 GB/T 13084 规定执行。

6.3.7 铬的测定按 GB/T 13088 规定执行。

6.3.8 黄曲霉毒素 B_1 测定按 GB/T 8381 规定执行。

6.3.9 沙门氏菌的检验按 GB/T 13091 规定执行。

6.3.10 霉菌总数的检验按 GB/T 13092 规定执行。

6.3.11 细菌总数的检验按 GB/T 13093 规定执行。

7 检验规则

7.1 检验分类

7.1.1 出厂检验

对标准中规定的感官要求、粗蛋白质、水分、粗灰分含量和包装进行检验。

7.1.2 型式检验

有下列情况之一时,进行型式检验:

——产品新型号投产时;

——工艺、配方有较大改变,主要原料来源发生变化,可能影响产品性能时;

——正常生产时,定期或积累一定的产量后,应周期性进行检验,每年至少一次;

——长期停产后,恢复生产时;

——出厂检验结果与上次型式检验有较大差异时;

——国家质量监督机构提出进行型式检验的要求时。

7.2 抽样与组批规则

7.2.1 批的组成

以一个班次生产的成品为一个检验批。

7.2.2 抽样方法

按 GB/T 14699.1 规定执行。

7.2.3 留样

从检验样品中留一份用于复检,将该样品装在棕色瓶中,密封保存于阴凉干燥处,防止样品变质至保质期满,备检。

7.3 判定规则

检验结果如有一项卫生安全指标不符合规定或有异味、生虫,明显结块等现象时,则判定产品不合格,理化指标若有不合格项目,应在原样品中加倍取样复检,一般复检一次,以复检结果为依据,倘有不合格项,则判定该产品不合格。

8 标志、包装、运输、贮存

8.1 产品标志

按 GB 10648 规定执行。

8.2 包装

产品采用包装袋缝口包装,缝口应牢固,不得破损漏气。包装材料应具有防潮、防漏、抗拉性能。包装袋必须清洁卫生、无毒、无污染,标签内容与印刷应符合 GB 10648 的规定。每袋 20 kg 为宜。

8.3 运输

产品运输时不得使用装过化学药品、农药、煤炭、石灰及其他污染而未经清理干净的运输工具装运。在运输途中应防止曝晒、雨淋与破包。

在装卸过程中,严禁用手钩搬运,应小心轻放。

8.4 贮存

8.4.1 产品应贮存在干燥、阴凉、通风的仓库内,防止受潮、鼠害、受有害物质污染和其他损害。产品堆放时,每垛不得超过 20 包,并按生产日期先后顺序堆放。

8.4.2 保质期限

产品应标明保质期,在规定条件下贮存,产品的保质期限为三个月。

附　录　A

（提示的附录）

中华鳖粉末型配合饲料必需氨基酸含量推荐值

中华鳖粉末型配合饲料必需氨基酸含量推荐值见表 A1。

表 A1　中华鳖粉末型配合饲料必需氨基酸含量推荐值　　　　　　　%

氨基酸种类	稚鳖饲料	幼鳖饲料	成鳖饲料
苏氨酸	2.1	1.9	1.8
缬氨酸	2.4	2.3	2.2
蛋氨酸	1.3	1.2	1.1
异亮氨酸	2.0	1.9	1.8
亮氨酸	3.7	3.6	3.5
苯丙氨酸	1.6	1.5	1.4
组氨酸	0.9	0.8	0.7
精氨酸	3.0	2.9	2.8
色氨酸	—	—	—

ICS 65.120
B54

中华人民共和国水产行业标准

SC/T 1066—2003

罗 氏 沼 虾 配 合 饲 料

Formulated feed of giant freshwater prawn

2003-07-30 发布　　　　　　　　　　　　　2003-10-01 实施

中华人民共和国农业部　发 布

SC/T 1066—2003

前 言

本标准由农业部渔业局提出。

本标准由全国水产标准化技术委员会淡水养殖分技术委员会归口。

本标准起草单位:广西壮族自治区水产研究所、国家水产品质量监督检验中心。

本标准主要起草人:张天来、梁万文、蒋伟明、李晓川、季文娟。

罗氏沼虾配合饲料

1 范围

本标准规定了罗氏沼虾[*Macrobrachium rosenbergii*(de Man)]配合饲料的产品分类、技术要求、试验方法、检验规则、标志、包装、运输和贮存。

本标准适用于罗氏沼虾配合饲料,其他淡水虾的配合饲料可参照执行。

2 规范性引用文件

下列文件中的条款通过本标准的引用而成为本标准的条款。凡是注日期的引用文件,其随后所有的修改单(不包括勘误的内容)或修订版均不适用于本标准,然而,鼓励根据本标准达成协议的各方研究是否可使用这些文件的最新版本。凡是不注日期的引用文件,其最新版本适用于本标准。

GB/T 191 包装储运图示标志(GB/T 191—2000,eqv ISO 780:1997)

GB/T 5917 配合饲料粉碎粒度测定法

GB/T 5918 配合饲料混合均匀度的测定

GB/T 6003.1—1997 金属丝编织网试验筛

GB/T 6432 饲料中粗蛋白测定方法(GB/T 6432—1994,eqv ISO 5983:1979)

GB/T 6433 饲料粗脂肪测定方法(GB/T 6433—1994,eqv ISO 5983:1979)

GB/T 6434 饲料中粗纤维测定方法(GB/T 6434—1994,eqv ISO 5983:1979)

GB/T 6435 饲料水分的测定方法(GB/T 6435—1986,neq ISO 6496:1983)

GB/T 6436 饲料中钙的测定

GB/T 6437 饲料中总磷的测定 分光光度法

GB/T 6438 饲料中粗灰分的测定方法(GB/T 6438—1992,idt ISO 5984:1978)

GB/T 6439 饲料中水溶性氯化物的测定方法

GB 9969.1 工业产品使用说明书 总则

GB 10648 饲料标签

GB/T 14699.1 饲料采样方法(GB/T 14699.1—1993,neq ISO 7002:1986)

GB/T 16765 颗粒饲料通用技术条件

GB/T 18246 饲料中氨基酸的测定

NY 5072 无公害食品 渔用配合饲料安全限量

3 产品分类

罗氏沼虾配合饲料产品分类与规格应符合表1的要求。

表 1 罗氏沼虾配合饲料产品分类与规格

产品类别	粒径/mm	形状	适宜投喂虾的体长/cm
幼虾料	0.3~1.0	多角形[a]	0.7~4.0
中虾料	1.6~2.0	圆柱[b]	4.1~8.0
成虾料	2.1~2.5	圆柱	>8.0
[a] 多角形为破碎筛分后的碎粒。			
[b] 圆柱颗粒的长度为粒径的1倍~3倍。			

4 技术要求

4.1 原辅料要求

按 NY 5072 的规定执行。

4.2 感官要求

色泽一致,颗粒均匀,表面光滑;无发霉,无异味,无杂物,无结块和无虫卵滋生。

4.3 加工质量指标

加工质量指标应符合表 2 的要求。

表 2 罗氏沼虾配合饲料加工质量指标

项 目		指 标
原料粉碎粒度(筛上物)/(%)	筛孔尺寸 0.425 mm 试验筛	≤5
	筛孔尺寸 0.250 mm 试验筛	≤15
混合均匀度(CV)/(%)		≤10
含 粉 率/(%)		≤1.0
水中稳定性(散失率)/(%)		≤12.0

4.4 营养成分指标

主要营养成分指标应符合表 3 的规定。

表 3 罗氏沼虾配合饲料主要营养成分指标 %

饲料类别	水分	粗蛋白质	粗脂肪	粗纤维	粗灰分	钙	总磷	食盐	赖氨酸	含硫氨基酸
幼虾料	≤12.0	≥36.0	≥3.0	≤5.0	≤18.0	≤4.0	≥1.0	≤3.0	≥1.5	≥0.8
中虾料	≤12.0	≥32.0	≥3.0	≤5.0	≤18.0	≤4.0	≥1.0	≤3.0	≥1.3	≥0.6
成虾料	≤12.0	≥30.0	≥3.0	≤5.0	≤18.0	≤4.0	≥1.0	≤3.0	≥1.2	≥0.4

注:含硫氨基酸为蛋氨酸+0.6×胱氨酸。

4.5 安全卫生指标

安全卫生指标应符合 NY 5072 的规定。

5 试验方法

5.1 感官检验

将样品放在洁净白色瓷盘内,在无异味的环境下,通过正常的感官检验进行评定。

5.2 原料粉碎粒度的测定

准确称取经粉碎后的原料 100 g,根据 GB/T 6003.1—1997 选取筛孔尺寸为 0.425 mm 和 0.250 mm 的试验筛,按 GB/T 5917 规定的方法执行。

5.3 混合均匀度的测定

按 GB/T 5918 规定执行。

5.4 含粉率的测定

按 GB/T 16765 规定执行。

5.5 水中稳定性(散失率)的测定

5.5.1 仪器和设备

a) 天平:感量为 0.01 g;

b) 恒温烘干箱;

c) 孔径为 0.850 mm 的金属筛网制作的网框(高为 6.5 cm,直径为 6.5 cm,呈圆筒形);

d) 刻度尺:精度为 0.1 cm;

e) 温度计:精度为 0.1℃;

f) 秒表。

5.5.2 步骤

称取 10 g 试料(准确至 0.1 g)放入已备好的圆筒形网筛内,然后置于水深为 5.5 cm 的容器中,水温为(25±2)℃,浸泡 120 min 后,把网筛从水中缓慢提升至水面,又缓慢沉入水中,使饲料离开筛底,如此反复三次,取出网筛,斜放沥干附水,把网筛内的饲料置于 105℃ 烘箱内烘干至恒重。同时,称取一份未浸水的同样的试料,置于 105℃ 烘箱内烘干至恒重,再分别称量。

5.5.3 计算

按式(1)计算。

$$S = \frac{m_1 - m_2}{m_1} \times 100 \quad\cdots\cdots\cdots\cdots\cdots\cdots\cdots\cdots\cdots\cdots\cdots\cdots\cdots\cdots\cdots\cdots\cdots\cdots\cdots\cdots \quad(1)$$

式中:

S——散失率,%;

m_1——对照料烘干后质量,单位为克(g);

m_2——浸泡料烘干后质量,单位为克(g)。

5.5.4 数据处理

每个试样取两个平行样进行测定,以算术平均值为结果,数值表示至一位小数,允许相对误差为 4%。

5.6 粗蛋白的测定

按 GB/T 6432 执行。

5.7 粗脂肪的测定

按 GB/T 6433 执行。

5.8 粗纤维的测定

按 GB/T 6434 执行。

5.9 水分的测定

按 GB/T 6435 执行。

5.10 钙的测定

按 GB/T 6436 执行。

5.11 总磷的测定

按 GB/T 6437 执行。

5.12 粗灰分的测定

按 GB/T 6438 执行。

5.13 食盐的测定

按 GB/T 6439 执行。

5.14 赖氨酸的测定

按 GB/T 18246 执行。

5.15 含硫氨基酸的测定

按 GB/T 18246 执行。

5.16 安全卫生指标的检验

按 NY 5072 的规定执行。

6 检验规则

6.1 抽样与组批规则

6.1.1 批的组成

按一个班次生产的成品为一个检验批。

6.1.2 抽样方法

按 GB/T 14699.1 执行。

6.2 检验分类

6.2.1 出厂检验

出厂检验的项目为：感官性状、含粉率、水分、粗蛋白质和包装、标志。

6.2.2 型式检验

有下列情况之一时，进行型式检验：

a) 新产品投产时；

b) 原料、配方、工艺有较大改变，可能影响产品性能时；

c) 正常生产时，定期或积累一定产量后，应周期性进行检验；

d) 长期停产后，恢复生产时；

e) 出厂检验结果与上次型式检验有较大差异时；

f) 国家质量监督机构提出进行型式检验的要求时。

6.3 产品合格判定

如产品有虫卵滋生、或已霉烂变质、或有明显的异味和结块，则判定该产品为不合格产品。其他指标若有不合格项，应在原样本中加倍取样复检，以复检结果为依据，若仍有不合格项，则判定该产品为不合格产品。

7 标志、包装、运输、贮存

7.1 标志

——储运图示标志按 GB/T 191 规定执行；

——销售产品的标签按 GB 10648 规定执行；

——产品使用说明书的编写必须符合 GB 9969.1 规定，包装应随带产品说明书，以说明产品的主要技术指标和使用要求。

7.2 包装

包装材料应具有防潮、防漏、抗拉性能；产品采用复合包装袋缝合包装，缝合应牢固，不得破损漏气；包装袋应清洁卫生、无污染。

7.3 运输

产品运输时应注意防晒、防雨淋、防有毒物质污染；产品装卸时不能强烈摩擦、碰撞。

7.4 贮存

产品应贮存在阴凉、通风、干燥的库房内，防止受潮、鼠害、虫蛀和有毒物质污染。

在规定的贮存条件下，产品的保质期为三个月。

中华人民共和国水产行业标准

牙鲆配合饲料

SC/T 2006—2001

Formula feed of flounder

1 范围

本标准规定了牙鲆(*Paralichthys olivaceus* T & S.)配合饲料的分类、技术要求、试验方法、检验规则和标签、包装、运输、储存要求。

本标准适用于牙鲆配合饲料生产和检验。

2 引用标准

下列标准所包含的条文,通过在本标准中引用而构成为本标准的条文。本标准出版时,所示版本均为有效。所有标准都会被修订,使用本标准的各方应探讨使用下列标准最新版本的可能性。

GB/T 5009.45—1996 水产品卫生标准的分析方法

GB/T 5917—1986 配合饲料粉碎粒度测定方法

GB/T 5918—1997 配合饲料混合均匀度的测定

GB/T 6432—1994 饲料中粗蛋白测定方法

GB/T 6433—1994 饲料粗脂肪测定方法

GB/T 6434—1994 饲料中粗纤维测定方法

GB/T 6435—1986 饲料水分的测定方法

GB/T 6436—1992 饲料中钙的测定方法

GB/T 6437—1992 饲料中总磷量的测定方法 光度法

GB/T 6438—1992 饲料中粗灰分的测定方法

GB 10648—1999 饲料标签

GB/T 13080—1991 饲料中铅的测定方法

GB/T 13081—1991 饲料中汞的测定方法

GB/T 13082—1991 饲料中镉的测定方法

GB/T 13091—1991 饲料中沙门氏菌的检验方法

GB/T 13092—1991 饲料中霉菌的检验方法

GB/T 13093—1991 饲料中细菌总数的测定方法

GB/T 14699.1—1993 饲料采样方法

GB/T 17480—1998 饲料中黄曲霉毒素 B_1 的测定 酶联免疫吸附法

SC/T 3501—1996 鱼粉

3 产品规格分类

牙鲆配合饲料分为稚鱼配合饲料、苗种配合饲料、成鱼配合饲料三种。产品规格分类和适用范围见表1。

中华人民共和国农业部 2001-06-01 批准　　　　　　　　　　　　　2001-10-01 实施

表 1　产品规格

产品类别	稚鱼配合饲料	苗种配合饲料	养成配合饲料
适用鱼的全长 cm	<5.0	5.0~15.0	>15.0

4　技术要求

4.1　感官要求

感官要求见表 2。

表 2　感官要求

项　目　　产品类别	稚鱼配合饲料	苗种配合饲料	养成配合饲料
气味	具有饲料正常气味,无酸败、油烧等异味		
外观	色泽均匀一致,无发霉、变质、结块现象,饲料无虫害		

4.2　理化指标

理化指标见表 3。

表 3　理化指标　　　　　　　　　　　　　　　　　　　　　　　　　%

项　目　　产品类别		稚鱼配合饲料	苗种配合饲料	养成配合饲料
原料粉碎粒度 (筛上物)	≤	0.20 mm 孔试验筛 5.0	0.25 mm 孔试验筛 2.0	0.25 mm 孔试验筛 5.0
混合均匀度 (变异系数)	≤	8.0	10.0	10.0
散失率	≤	4.0	4.0	4.0
粗蛋白	≥	50	45	40
粗脂肪	≥	6.5	5.5	4.5
粗纤维	≤	1	2	3
粗灰分	≤	15	16	16
水分	≤	10	10	10
钙	≤	4	4	4
总磷	≥	1.5	1.5	1.2
砂分 (盐酸不溶物)	≤	2.2	2.2	2.2

4.3　卫生指标

卫生指标应符合表 4 的要求。

表 4　卫生指标

项　目	允许量
无机砷(以 As 计),mg/kg	≤3
铅(以 Pb 计),mg/kg	≤5
汞(以 Hg 计),mg/kg	≤0.3
镉(以 Cd 计),mg/kg	≤1.0

表 4（完）

项　　目	允　许　量
黄曲霉毒素 B_1，mg/kg	≤0.01
霉菌总数（不含酵母菌），cfu/g	≤$4.0×10^4$
细菌总数，cfu/g	<$2×10^6$
沙门氏菌，cfu/g	不得检出

4.4　对激素、药物和添加剂的规定

饲料中不得添加国家禁止和未公布允许在配合饲料中使用的激素、药物和添加剂。

5　试验方法

5.1　感官指标检验

将样品放在洁净的白瓷盘内，在无异味干扰的条件下，通过正常的感官检验进行评定。

5.2　理化指标检验

5.2.1　饲料原料粉碎粒度的测定

选用相应孔径的标准试验筛，参照 GB/T 5917 方法操作后再用长毛刷轻轻刷动，直到不能筛下粉料为止，将毛刷在筛框上轻轻敲动，以振落其所带物料。称量并计算筛上物。

5.2.2　混合均匀度的测定按 GB/T 5918 中的氯离子选择性电极法执行。

5.2.3　散失率的测定

5.2.3.1　仪器和设备

a）天平：感量为 0.01 g。

b）稚鱼饲料用孔径为 0.20 mm、苗种饲料用孔径为 0.25 mm、养成鱼饲料用孔径为 0.25 mm 的金属筛网制作的网框（高 6.5 cm，直径为 6.5 cm，呈圆筒形）。

c）刻度尺：精度为 0.1 cm。

d）温度计：精度为 0.1℃。

e）秒表。

f）恒温电热烘箱：（105±2）℃。

g）干燥器。

5.2.3.2　测定步骤

在测定牙鲆干颗粒配合饲料散失率时，准确称取牙鲆配合饲料 10 g 放入已备好的网框中，网框置于内盛 5.5 cm 深海水容器中。海水水温（20±0.5）℃，盐度为 28‰～33‰，海水也可以用 2.8%～3.3% 的氯化钠溶液代替。待浸泡 0.5 h，把筛框从底部至水面提动上下各一次，下沉时使饲料离开筛框底面，然后取出网框，把网框饲料置 105℃烘箱烘至恒重。另取该样品未浸水饲料，测其含水量，并按式（1）计算散失率：

$$D(\%) = \frac{G(1-X)-W}{G(1-X)} \qquad\qquad\cdots\cdots\cdots\cdots\cdots（1）$$

式中：D——散失率；

　　G——用作试样的配合饲料重量，g；

　　X——水分百分含量；

　　W——烘干后的网框内饲料重量，g。

每个试样应取两个平行样进行测定，以其算术平均值为结果。允许相对偏差为 4%。

5.2.4　粗蛋白的测定按 GB/T 6432 规定执行。

5.2.5　粗脂肪的测定按 GB/T 6433 规定执行。

5.2.6 粗纤维的测定按 GB/T 6434 规定执行。

5.2.7 粗灰分的测定按 GB/T 6438 规定执行。

5.2.8 水分的测定按 GB/T 6435 规定执行。

5.2.9 总钙量的测定按 GB/T 6436 规定执行。

5.2.10 总磷量的测定按 GB/T 6437 规定执行。

5.2.11 砂分的测定按 SC/T 3501—1996 中 5.9 的规定执行。

5.3 卫生指标检验

5.3.1 无机砷的测定按 GB/T 5009.45 规定执行。

5.3.2 铅的测定按 GB/T 13080 规定执行。

5.3.3 汞的测定按 GB/T 13081 规定执行。

5.3.4 镉的测定按 GB/T 13082 规定执行。

5.3.5 黄曲霉毒素 B_1 的测定按 GB/T 17480 规定执行。

5.3.6 霉菌数的测定按 GB/T 13092 规定执行。

5.3.7 细菌总数的测定按 GB/T 13093 规定执行。

5.3.8 沙门氏菌的测定按 GB/T 13091 规定执行。

6 检验规则

6.1 检验分类

6.1.1 出厂检验

对标准中规定的感官指标、水分、散失率、混合均匀度、粗蛋白、粗脂肪、灰分、粗纤维及包装、标签进行检验。

6.1.2 型式检验

有下列情况之一时进行型式检验:

a) 新产品投产时;

b) 材料、配方、工艺有较大改变,可能影响产品性能时;

c) 正常生产时,定期或积累一定产量后周期性地进行检验(每年至少两次);

d) 停产 90 天后,恢复生产时;

e) 出厂检验与上次型式检验有较大差异时;

f) 国家质量监督检验机构提出进行型式检验的要求时。

6.2 取样

6.2.1 批的组成

生产企业中以一个班次生产的产品为一个检验批,在销售或用户处按产品出厂包装的标示批号抽样。

6.2.2 抽样方法

产品的抽样按 GB/T 14699.1 的规定执行。

对待检产品按批号随机取样,每批号产品抽样袋数比不得低于 1%,取样袋数最少不低于 5 袋;对制造日期不同、批号两个以上的产品,取样袋数比不得低于 3%,取样袋数不低于 9 袋。总抽样量不少于 5 000 g。把样品按四分法缩分至 1 500 g,分为三份,一份用作检测,两份储存备查。

6.2.3 抽样记录

抽样记录内容包括:样品名称、型号、抽样时间、地点、产品批号、抽样数量、抽样人签字等。

6.3 判定规则

检验结果中如卫生指标不符合要求或有霉变、酸败、结块、生虫时,则判定该产品不合格。其他指标若有不合格项,应在原样本中加倍取样复检,以复检结果为准,若仍有不合格项,则判定该产品为不合格产品。

7 标签、包装、运输、储存

7.1 标签

按 GB 10648 的有关规定执行。应标明保质期。

7.2 包装、运输、储存

7.2.1 牙鲆配合饲料的包装、运输和储存,必须符合保质、保量、运输安全和分类分等储存的要求,严防污染。

7.2.2 包装应随带产品说明书,以说明产品的主要性能和使用要求。

前　言

　　为了规范真鲷配合饲料的生产、管理和销售,加强对真鲷配合饲料产品的监督检验,提高产品质量,特制定本标准。

　　本标准吸取了国内外有关科研成果和生产经验。

　　本标准系首次制定。

　　本标准由农业部渔业局提出。

　　本标准由全国水产标准化技术委员会海水养殖分技术委员会归口。

　　本标准起草单位:中国水产科学研究院黄海水产研究所、山东省渔业技术推广站、福州保税区天农科技开发有限公司。

　　本标准主要起草人:于东祥、陈四清、王春生、李晓川、常青、唐光铃、雷霁霖、杨葆根。

中华人民共和国水产行业标准

真 鲷 配 合 饲 料

SC/T 2007—2001

Formula feed of sea bream

---

1 范围

本标准规定了真鲷(*Pagrosomus major Temminck et Schlegel*)配合饲料的分类、技术要求、试验方法、检验规则和标签、包装、运输、储存要求。

本标准适用于真鲷配合饲料的生产和检验。

2 引用标准

下列标准所包含的条文,通过在本标准中引用而构成为本标准的条文。本标准出版时,所示版本均为有效。所有标准都会被修订,使用本标准的各方应探讨使用下列标准最新版本的可能性。

GB/T 5009.45—1996 水产品卫生标准的分析方法

GB/T 5917—1986 配合饲料粉碎粒度测定方法

GB/T 5918—1997 配合饲料混合均匀度的测定

GB/T 6432—1994 饲料中粗蛋白测定方法

GB/T 6433—1994 饲料粗脂肪测定方法

GB/T 6434—1994 饲料中粗纤维测定方法

GB/T 6435—1986 饲料水分的测定方法

GB/T 6436—1992 饲料中钙的测定方法

GB/T 6437—1992 饲料中总磷量的测定方法 光度法

GB/T 6438—1992 饲料中粗灰分的测定方法

GB 10648—1999 饲料标签

GB/T 13080—1991 饲料中铅的测定方法

GB/T 13081—1991 饲料中汞的测定方法

GB/T 13082—1991 饲料中镉的测定方法

GB/T 13091—1991 饲料中沙门氏菌的检验方法

GB/T 13092—1991 饲料中霉菌的检验方法

GB/T 13093—1991 饲料中细菌总数的测定方法

GB/T 14699.1—1993 饲料采样方法

GB/T 17480—1998 饲料中黄曲霉毒素 B_1 的测定 酶联免疫吸附法

SC/T 3501—1996 鱼粉

3 产品规格分类

真鲷配合饲料分为稚鱼配合饲料、苗种配合饲料、养成配合饲料三种。各种配合饲料适用鱼的全长见表1。

中华人民共和国农业部2001-06-01批准　　　　　　　　　　　　2001-10-01实施

表 1 产品规格

产品类别	稚鱼配合饲料	苗种配合饲料	养成配合饲料
适用鱼全长 cm	＜2.0	2.0～10.0	＞10.0

4 技术要求

4.1 感官要求

感官要求见表2。

表 2 感官要求

产品类别 项 目	稚鱼配合饲料	苗种配合饲料	养成配合饲料
气味	具有饲料正常气味,无酸败、油烧等异味		
外观	色泽均匀一致,无发霉、变质、结块现象,饲料无虫害		

4.2 理化指标

理化指标见表3。

表 3 理化指标　　　　　　　　　　　　　　　　　%

产品类别 项 目	稚鱼配合饲料	苗种配合饲料	养成配合饲料
原料粉碎粒度 ≤ (筛上物)	0.20 mm 孔试验筛 5.0	0.25 mm 孔试验筛 2.0	0.25 mm 孔试验筛 5.0
混合均匀度 ≤ (变异系数)	8.0	10.0	10.0
散失率 ≤	4.0	4.0	4.0
粗蛋白 ≥	48	42	38
粗脂肪 ≥	5.5	4.5	4.5
粗纤维 ≤	1.5	2.5	3.5
粗灰分 ≤	15	16	16
水分 ≤	10	10	10
钙 ≤	4	4	4
总磷 ≥	1.5	1.5	1.2
砂分 ≤ (盐酸不溶物)	2.2	2.2	2.2

4.3 卫生指标

卫生指标应符合表4的要求。

表 4 卫生指标

项 目	允 许 量
无机砷(以 As 计),mg/kg	≤3
铅(以 Pb 计),mg/kg	≤5
汞(以 Hg 计),mg/kg	≤0.3
镉(以 Cd 计),mg/kg	≤1.0

表 4(完)

项　　　目	允 许 量
黄曲霉毒素 B_1，mg/kg	$\leqslant 0.01$
霉菌总数(不含酵母菌)，cfu/g	$\leqslant 4.0 \times 10^4$
细菌总数，cfu/g	$< 2 \times 10^6$
沙门氏菌，cfu/g	不得检出

4.4 对激素、药物和添加剂的规定

饲料中不得添加国家禁止和未公布允许在配合饲料中使用的激素、药物和添加剂。

5 试验方法

5.1 感官指标检验

将样品放在洁净的白瓷盘内，在无异味干扰的条件下，通过正常的感官检验进行评定。

5.2 理化指标检验

5.2.1 饲料原料粉碎粒度的测定

选用相应孔径的标准试验筛，参照 GB/T 5917 方法操作后再用长毛刷轻轻刷动，直到不能筛下粉料为止，将毛刷在筛框上轻轻敲动，以振落其所带物料。称量并计算筛上物。

5.2.2 混合均匀度的测定按 GB/T 5918 中的氯离子选择性电极法执行。

5.2.3 散失率的测定

5.2.3.1 仪器和设备

a) 天平：感量为 0.01 g。

b) 稚鱼饲料用孔径为 0.20 mm、苗种鱼饲料用孔径为 0.25 mm、养成鱼饲料用孔径为 0.25 mm 的金属筛网制作的网框(高 6.5 cm，直径为 6.5 cm，呈圆筒形)。

c) 刻度尺：精度为 0.1 cm。

d) 温度计：精度为 0.1℃。

e) 秒表。

f) 恒温电热烘箱：(105±2)℃。

g) 干燥器。

5.2.3.2 测定步骤

在测定牙鲆干颗粒配合饲料散失率时，准确称取真鲷配合饲料 10 g 放入已备好的网框中，网框置于内盛 5.5 cm 深海水容器中。海水水温(20±0.5)℃，盐度为 28‰～33‰，海水也可以用 2.8％～3.3％ 的氯化钠溶液代替。待浸泡到 0.5 h，把筛框从底部至水面提动上下各一次，下沉时使饲料离开筛框底面，然后取出网框，把网框饲料置 105℃ 烘箱烘至恒重。另取该样品未浸水饲料，测其含水量，并按式(1)计算散失率：

$$D(\%) = \frac{G(1-X) - W}{G(1-X)} \qquad \cdots\cdots\cdots\cdots\cdots\cdots\cdots\cdots (1)$$

式中：D——散失率；

　　　G——用作试样的配合饲料重量，g；

　　　X——水分百分含量；

　　　W——烘干后的网框内饲料重量，g。

每个试样应取两个平行样进行测定，以其算术平均值为结果。允许相对偏差为 4％。

5.2.4 粗蛋白的测定按 GB/T 6432 规定执行。

5.2.5 粗脂肪的测定按 GB/T 6433 规定执行。

5.2.6 粗纤维的测定按 GB/T 6434 规定执行。

5.2.7 粗灰分的测定按 GB/T 6438 规定执行。

5.2.8 水分的测定按 GB/T 6435 规定执行。

5.2.9 总钙量的测定按 GB/T 6436 规定执行。

5.2.10 总磷量的测定按 GB/T 6437 规定执行。

5.2.11 砂分的测定按 SC/T 3501—1996 中 5.9 的规定执行。

5.3 卫生指标检验

5.3.1 无机砷的测定按 GB/T 5009.45 规定执行。

5.3.2 铅的测定按 GB/T 13080 规定执行。

5.3.3 汞的测定按 GB/T 13081 规定执行。

5.3.4 镉的测定按 GB/T 13082 规定执行。

5.3.5 黄曲霉毒素 B_1 的测定按 GB/T 17480 规定执行。

5.3.6 霉菌数的测定按 GB/T 13092 规定执行。

5.3.7 细菌总数的测定按 GB/T 13093 规定执行。

5.3.8 沙门氏菌的测定按 GB/T 13091 规定执行。

6 检验规则

6.1 检验分类

6.1.1 出厂检验

对标准中规定的感官指标、水分、散失率、混合均匀度、粗蛋白、粗脂肪、灰分、粗纤维及包装、标签进行检验。

6.1.2 型式检验

有下列情况之一时进行型式检验：

a）新产品投产时；

b）材料、配方、工艺有较大改变，可能影响产品性能时；

c）正常生产时，定期或积累一定产量后周期性地进行检验（每年至少两次）；

d）停产 90 天后，恢复生产时；

e）出厂检验与上次型式检验有较大差异时；

f）国家质量监督检验机构提出进行型式检验的要求时。

6.2 取样

6.2.1 批的组成

生产企业中以一个班次生产的产品为一个检验批，在销售或用户处按产品出厂包装的标示批号抽样。

6.2.2 抽样方法

产品的抽样按 GB/T 14699.1 规定执行。

对待检产品按批号随机取样，每批号产品抽样袋数比不得低于 1%，取样袋数最少不低于 5 袋；对制造日期不同、批号两个以上的产品，取样袋数比不得低于 3%，取样袋数不低于 9 袋。总抽样量不少于 5 000 g。把样品按四分法缩分至 1 500 g，分为三份，一份用作检测，两份储存备查。

6.2.3 抽样记录

抽样记录内容包括：样品名称、型号、抽样时间、地点、产品批号、抽样数量、抽样人签字等。

6.3 判定规则

检验结果中如卫生指标不符合要求或有霉变、酸败、结块、生虫时，则判定该产品不合格。其他指标若有不合格项，应在原样本中加倍取样复检，以复检结果为准，若仍有不合格项，则判定该产品为不合格产品。

7 标签、包装、运输、储存

7.1 标签

按 GB 10648 的有关规定执行。应标明保质期。

7.2 包装、运输、储存

7.2.1 真鲷配合饲料的包装、运输和储存,必须符合保质、保量、运输安全和分类分等储存的要求,严防污染。

7.2.2 包装应随带产品说明书,以说明产品的主要性能和使用要求。

饲 料 原 料

前　　言

我国对螺旋藻工业化生产的研究始于 80 年代,1993 年后开始将科技成果产业化。目前已有年产约 1 000 t 干藻粉,占世界总产量的三分之一以上,其中饲料用螺旋藻粉约占 30% 左右。1995 年以前,藻粉基本以原料形式出口日本、美国、欧洲等国家和地区。1996 年以来,已有企业将藻粉加工成对虾、河蟹、鲍鱼等珍贵水产的饲饵料在国内销售,受到水产养殖者的欢迎。

本标准由中华人民共和国科学技术委员会提出。

本标准由全国饲料工业标准化技术委员会归口。

本标准负责起草单位:中国农村技术开发中心,参加起草单位:中国科学院水生生物研究所、广州南方螺旋藻有限公司、国内贸易部武汉科研设计研究院。

本标准主要起草人:李定梅、沈银武、董文、於德姣、陈丽芬、韩德明。

中华人民共和国国家标准

饲料用螺旋藻粉

GB/T 17243—1998

Feed grade spirulina powder

1 范围

本标准规定了饲料用螺旋藻粉的技术要求、试验方法、检验规则和标志、包装、运输、贮存要求。

本标准适用于大规模人工培养的钝顶螺旋藻（*Spirulina platensis*）或极大螺旋藻（*Spirulina maxima*）经瞬时高温喷雾干燥制成的螺旋藻粉。

2 引用标准

下列标准所包含的条文，通过在本标准中引用而构成为本标准的条文。本标准出版时，所示版本均为有效。所有标准都会被修订，使用本标准的各方应探讨使用下列标准最新版本的可能性。

GB/T 6432—94 饲料中粗蛋白测定方法

GB/T 6435—86 饲料水分的测定方法

GB/T 6438—92 饲料中粗灰分的测定方法

GB/T 10648—93 饲料标签

GB/T 13079—91 饲料中总砷的测定方法

GB/T 13080—91 饲料中铅的测定方法

GB/T 13081—91 饲料中汞的测定方法

GB/T 13082—91 饲料中镉的测定方法

GB/T 13091—91 饲料中沙门氏菌的检验方法

GB/T 13092—91 饲料中霉菌检测方法

GB/T 13093—91 饲料中细菌总数测定方法

GB/T 14698—93 饲料显微镜检测方法

3 定义

本标准采用下列定义。

螺旋藻 spirulina

属蓝藻门（Cyanophyta），颤藻目，颤藻科，螺旋藻属。属原核生物（Prokanyota），由于其植物体为螺旋形，因而称它为螺旋藻。它是由单细胞或多细胞组成的丝体，无鞘，圆柱形，呈疏松或紧密的有规则的螺旋状弯曲。细胞间的横隔壁常不明显，不收缢或收缢。顶端细胞圆形，外壁不增厚。目前世界上应用于生产的螺旋藻主要为钝顶螺旋藻（*Spirulina platensis*）和极大螺旋藻（*Spirulina maxima*）（见图1）。

国家技术监督局 1998-03-06 批准

1998-10-01 实施

a）钝顶螺旋藻

b）极大螺旋藻

图 1　螺旋藻鲜藻显微镜下形态

4　要求

4.1　鉴别检查

4.1.1　形态描述：

螺旋藻在显微镜下的形态见定义。其干粉在显微镜下为紧密相连的螺旋形或环形和单个细胞或几个细胞相连的短丝体（见图 2）。

图 2　螺旋藻干粉显微镜下形态

4.1.2　螺旋藻细胞不少于 80%。

4.1.3　不得检出有毒藻类（微囊藻）。

微囊藻在显微镜下的形态为细胞球形,有时略椭圆形,排列紧密,无胶被。细胞呈浅蓝色、亮蓝绿色、橄榄绿色,常有颗粒和伪空泡（见图 3）。

图 3　微囊藻显微镜下形态

4.2　感官要求

感官应符合表 1 的规定。

表 1　感官要求

项　　目	要　　求
色泽	蓝绿色或深蓝绿色
气味	略带海藻鲜味,无异味
外观	均匀粉末
粒度,mm	0.25

4.3　理化指标

理化指标应符合表 2 规定。

表 2　理化指标　　　　　　　　　　　　　　　　　%(m/m)

项　　目		指　　标
水分	≤	7
粗蛋白质	≥	50
粗灰分	≤	10

4.4　重金属限量

重金属限量应符合表 3 的规定。

表 3　每千克产品重金属限量　　　　　　　　　　　　　mg

项　　目		指　　标
铅	≤	6.0
砷	≤	1.0
镉	≤	0.5
汞	≤	0.1

4.5　微生物学要求

微生物学指标应符合表 4 的规定。

表 4 微生物学指标

项　　目		指　　标
菌落总数,个/g	≤	$5×10^4$
大肠菌群,个/100 g	≤	90
霉菌,个/g	≤	40
致病菌(沙门氏菌)	≤	不得检出

5 试验方法

5.1 感官检验

5.1.1 气味:嗅觉检验。

5.1.2 色泽、外观:自然光下目测。

5.1.3 鉴别检查:按 GB/T 14698 规定的方法检验。

5.2 理化检验

5.2.1 水分按 GB/T 6435 规定的方法测定。

5.2.2 粗蛋白质按 GB/T 6432 规定的方法测定。

5.2.3 粗灰分按 GB/T 6438 规定的方法测定。

5.3 重金属检验

5.3.1 砷按 GB/T 13079 规定的方法测定。

5.3.2 铅按 GB/T 13080 规定的方法测定。

5.3.3 镉按 GB/T 13082 规定的方法测定。

5.3.4 汞按 GB/T 13081 规定的方法测定。

5.4 微生物学检验

5.4.1 菌落总数按 GB/T 13093 规定的方法检验。

5.4.2 大肠菌群按 GB/T 4789.3 规定的方法检验。

5.4.3 沙门氏菌按 GB/T 13091 规定的方法检验。

5.4.4 霉菌按 GB/T 13092 规定的方法检验。

6 检验规则

6.1 组批

在同一批接种、采收、干燥、包装规格相同的产品为一个批次。

6.2 出厂检验

6.2.1 抽样方法及数量

在同一批次产品中,随机从 3 个以上的包装单位中各抽取 200 g,混合均匀后,取其中的 400 g 作试样。

6.2.2 出厂检验项目

感官、蛋白质、水分、灰分、菌落总数、霉菌和大肠菌群为每批必检项目,其他项目作不定期抽检。

6.3 型式检验

6.3.1 型式检验每一个生产周期进行一次。

在更换主要设备或主要工艺、长期停产再恢复生产、出厂检验结果与上次型式检验有较大差异、国家质量监督机构进行抽查时,其中任何一种情况,亦须进行型式检验。

6.3.2 抽检方法和数量

同 6.2.1。

6.3.3 型式检验项目

应包括 4.2 和 4.3 所有项目。

6.4 判定规则

6.4.1 出厂检验判定

菌落总数、大肠菌群不符合本标准,则判为不合格品;感官要求、蛋白质、水分、灰分中有一项不符合本标准,可加倍抽样复验,仍不符合本标准时,则判为不合格品。

6.4.2 型式检验判定

经检验微生物学指标中有一项不符合本标准,则判为不合格品;感官要求、理化指标和重金属限量,若有一项不符合本标准,可加倍抽样复验,仍不符合本标准时,则判为不合格品。

7 标签、包装、运输、贮存

7.1 标签

产品内外包装的标签应符合 GB/T 10648 的规定。

7.2 包装

产品内包装应用聚丙烯袋密封包装。外包装应用具有一定强度的包装袋进行包装,以免产品发生吸水变潮和防止在有效期期间内的变质现象。

7.3 贮存、运输

产品应存放于避光、干燥的专用仓库中,不得与有害、有毒物品同时贮存。运输时严格防雨、防潮、防晒。

7.4 保质期

符合 7.3 条的规定时,产品保质期不少于 18 个月。

ICS 65.120
B 46

中华人民共和国国家标准

GB/T 17890—2008
代替 GB/T 17890—1999

饲 料 用 玉 米

Maize for feedstuffs

2008-02-01 发布　　　　　　　　　　　　　　2008-04-01 实施

中华人民共和国国家质量监督检验检疫总局
中国国家标准化管理委员会　发布

前　言

本标准是对 GB/T 17890—1999《饲料用玉米》的修订。

本标准与 GB/T 17890—1999 的主要差异如下：

——要求中对一级玉米增加了脂肪酸值要求；粗蛋白质取消分级指标，均为≥8%（干基）。

本标准自实施之日起，代替 GB/T 17890—1999。

本标准由国家粮食局、中华人民共和国农业部提出。

本标准由全国饲料工业标准化技术委员会归口。

本标准起草单位：国家饲料质量监督检验中心（武汉）、湖南唐人神集团、广西壮族自治区粮油质量监督检验站。

本标准主要起草人：杨海鹏、刘大建、郭吉原、黄晓赞、杨林、刘晓敏。

本标准于 1989 年首次发布为国家标准 GB 10363—1989，1997 年调整为农业行业标准，编号为 NY/T 114—1989，1999 年重新制定为国家标准，编号为 GB/T 17890—1999。

饲 料 用 玉 米

1 范围

本标准规定了饲料用玉米的定义、要求、抽样、检验方法、检验规则、包装、运输和贮存。

本标准适用于收购、贮存、运输、加工、销售的商品饲料用玉米。

2 规范性引用文件

下列文件中的条款通过本标准的引用而成为本标准的条款。凡是注日期的引用文件,其随后所有的修改单(不包括勘误的内容)或修订版均不适用于本标准,然而,鼓励根据本标准达成协议的各方研究是否可使用这些文件的最新版本。凡是不注日期的引用文件,其最新版本适用于本标准。

GB 1353 玉米

GB/T 6432 饲料中粗蛋白测定方法

GB/T 6435 饲料中水分和其他挥发性物质含量的测定

GB/T 15684 谷物制品脂肪酸值测定法

3 术语和定义

下列术语和定义适用于本标准。

3.1

容重 test weight

玉米籽粒在单位容积内的质量,以克/升(g/L)表示。

3.2

不完善粒 imperfect kernel

不完善粒包括下列受到损伤但尚有饲用价值的玉米粒。

3.2.1

虫蚀粒 injured kernel

被虫蛀蚀,伤及胚或胚乳的颗粒。

3.2.2

病斑粒 spotted kernel

粒面带有病斑,伤及胚或胚乳的颗粒。

3.2.3

破损粒 broken kernel

籽粒破损达到该籽粒体积五分之一以上的籽粒。

3.2.4

生芽粒 sprouted kernel

芽或幼根突破表皮的颗粒。

3.2.5

生霉粒 moldy kernel

粒面生霉的颗粒。

3.2.6

热损伤粒 heat-damaged kernel

受热后胚或胚乳已经显著变色和损伤的颗粒。

3.3

杂质 foreign matter

能通过直径 3.0 mm 圆孔筛的物质；无饲用价值的玉米；玉米以外的其他物质。

4 要求

4.1 色泽、气味正常。

4.2 杂质含量≤1.0%。

4.3 生霉粒≤2.0%。

4.4 粗蛋白质(干基)≥8.0%。

4.5 水分含量≤14.0%。

4.6 以容重、不完善粒为定等级指标(见表1)。

表 1 饲料用玉米等级质量指标

等级	容重/(g/L)	不完善粒/%
一级	≥710	≤5.0
二级	≥685	≤6.5
三级	≥660	≤8.0

4.7 一级饲料用玉米的脂肪酸值(KOH)≤60 mg/100 g。

4.8 卫生检验和动植物检疫按国家有关标准和规定执行。

5 抽样

抽样按照 GB 1353 执行。

6 检验方法

6.1 色泽、气味、容重、不完善粒、杂质测定按照 GB 1353 执行。

6.2 粗蛋白质测定按照 GB/T 6432 执行。

6.3 水分测定按照 GB/T 6435 执行。

6.4 脂肪酸值测定按照 GB/T 15684 执行。

7 检验规则

检验规则按照 GB 1353 执行。

8 包装、运输和贮存

包装、运输和贮存按照 GB 1353 执行。

ICS 67.120.30
X 20

中华人民共和国国家标准

GB/T 19164—2003

鱼　　粉

Fish meal

2003-06-04 发布　　　　　　　　　　　　　2003-12-01 实施

中 华 人 民 共 和 国
国家质量监督检验检疫总局　发布

前　言

本标准的附录 A、附录 B、附录 C 都是规范性附录。

本标准由中华人民共和国农业部提出。

本标准由全国水产标准化技术委员会水产品加工分技术委员会归口。

本标准起草单位:国家水产品质量监督检验测试中心。

本标准主要起草人:李晓川、王联珠、谭乐义、翟毓秀、陈远惠。

鱼 粉

1 范围

本标准规定了鱼粉的要求、试验方法、检验规则、标志、包装、运输及贮存。

本标准适用于以鱼、虾、蟹类等水产动物及其加工的废弃物为原料,经蒸煮、压榨、烘干、粉碎等工序制成的饲料用鱼粉。

2 规范性引用文件

下列文件中的条款通过本标准的引用而成为本标准的条款。凡是注日期的引用文件,其随后所有的修改单(不包括勘误的内容)或修订版均不适用于本标准,然而,鼓励根据本标准达成协议的各方研究是否可使用这些文件的最新版本。凡是不注日期的引用文件,其最新版本适用于本标准。

GB/T 5009.44—1996 肉与肉制品卫生标准的分析方法

GB/T 5009.45—1996 水产品卫生标准的分析方法

GB/T 5917—1986 配合饲料粉碎粒度测定法

GB/T 6003.1—1997 金属丝编织网试验筛

GB/T 6432—1994 饲料中粗蛋白质测定方法

GB/T 6433—1994 饲料粗脂肪测定方法

GB/T 6435—1986 饲料水分的测定方法

GB/T 6438—1992 饲料中粗灰分的测定方法

GB 10648 饲料标签

GB 13078 饲料卫生标准

GB/T 13088—1991 饲料中铬的测定方法

GB/T 13091—1991 饲料中沙门氏菌的检验方法

GB/T 13092—1991 饲料中霉菌检验方法

GB/T 14698—1993 饲料显微镜检查方法

GB/T 14699.1—1993 饲料采样方法

GB/T 17811—1999 动物蛋白饲料中消化率的测定 胃蛋白酶法

GB/T 18246—2000 饲料中氨基酸的测定

SC/T 3012—2001 水产品中盐分的测定方法

3 要求

3.1 原料

鱼粉生产所使用的原料只能是鱼、虾、蟹类等水产动物及其加工的废弃物,不得使用受到石油、农药、有害金属或其他化合物污染的原料加工鱼粉。必要时,原料应进行分拣,并去除沙石、草木、金属等杂物。

原料应保持新鲜,不得使用已腐败变质的原料。

3.2 感官要求

感官要求见表1。

表 1 鱼粉的感官要求

项　目	特　级　品	一　级　品	二　级　品	三　级　品
色　泽	红鱼粉黄棕色、黄褐色等鱼粉正常颜色；白鱼粉呈黄白色			
组　织	膨松、纤维状组织明显、无结块、无霉变	较膨松、纤维状组织较明显无结块、无霉变		松软粉状物、无结块、无霉变
气　味	有鱼香味,无焦灼味和油脂酸败味		具有鱼粉正常气味,无异臭、无焦灼味和明显油脂酸败味	

3.3 理化指标

理化指标的规定见表2。

表 2 鱼粉的理化指标

项　目	指　　标			
	特　级　品	一　级　品	二　级　品	三　级　品
粗蛋白质/(%)	≥65	≥60	≥55	≥50
粗脂肪/(%)	≤11(红鱼粉) ≤9(白鱼粉)	≤12(红鱼粉) ≤10(白鱼粉)	≤13	≤14
水分/(%)	≤10	≤10	≤10	≤10
盐分(以 NaCl 计)/(%)	≤2	≤3	≤3	≤4
灰分/(%)	≤16(红鱼粉) ≤18(白鱼粉)	≤18(红鱼粉) ≤20(白鱼粉)	≤20	≤23
砂分/(%)	≤1.5	≤2	≤3	
赖氨酸/(%)	≥4.6(红鱼粉) ≥3.6(白鱼粉)	≥4.4(红鱼粉) ≥3.4(白鱼粉)	≥4.2	≥3.8
蛋氨酸/(%)	≥1.7(红鱼粉) ≥1.5(白鱼粉)	≥1.5(红鱼粉) ≥1.3(白鱼粉)	≥1.3	
胃蛋白酶消化率/(%)	≥90(红鱼粉) ≥88(白鱼粉)	≥88(红鱼粉) ≥86(白鱼粉)	≥85	
挥发性盐基氮（VBN）/(mg/100 g)	≤110	≤130	≤150	
油脂酸价（KOH）/(mg/g)	≤3	≤5	≤7	
尿素/(%)	≤0.3	≤0.7		
组胺/(mg/kg)	≤300(红鱼粉)	≤500(红鱼粉)	≤1 000(红鱼粉)	≤1 500(红鱼粉)
	≤40(白鱼粉)			
铬(以 6 价铬计)/(mg/kg)	≤8			
粉碎粒度/(%)	≥96(通过筛孔为 2.80 mm 的标准筛)			
杂质/(%)	不含非鱼粉原料的含氮物质(植物油饼粕、皮革粉、羽毛粉、尿素、血粉肉骨粉等)以及加工鱼露的废渣。			

3.4 安全指标

砷、铅、汞、镉、亚硝酸盐、六六六、滴滴涕指标应符合 GB 13078 的规定。

3.5 微生物指标

微生物指标的规定见表3。

表3 鱼粉的微生物指标

项 目	指 标			
	特 级 品	一 级 品	二 级 品	三 级 品
霉菌/(cfu/g)	≤3×10³			
沙门氏菌/(cfu/25g)	不得检出			
寄生虫	不得检出			

4 试验方法

4.1 感官

将样品放置在白瓷盘内,在非直射日光、光线充足、无异味的环境中,按3.2条逐项检验。

4.2 理化指标

4.2.1 样品处理

样品在分析检验之前应粉碎,使其通过直径为1 mm的分样筛,并充分混匀。

4.2.2 粗蛋白质

粗蛋白质的测定按GB/T 6432—1994规定。

4.2.3 粗脂肪

粗脂肪的测定按GB/T 6433—1994的规定。

4.2.4 水分

水分的测定GB/T 6435—1986的规定。

4.2.5 盐分

盐分的测定按SC/T 3012—2001中的规定。

4.2.6 灰分

灰分测定按GB/T 6438—1992的规定。

4.2.7 砂分

砂分的测定按本标准附录A的规定。

4.2.8 赖氨酸

赖氨酸的测定按GB/T 18246—2000的规定。

4.2.9 蛋氨酸

蛋氨酸的测定按GB/T 18246—2000的规定。

4.2.10 胃蛋白酶消化率

胃蛋白酶消化率的测定按GB/T 17811—1999的规定。

4.2.11 挥发性盐基氮

挥发性盐基氮的测定按GB/T 5009.44—1996中4.1的规定。

4.2.12 油脂酸价

油脂酸价的测定按本标准附录B的规定。

4.2.13 尿素

尿素的测定按本标准附录C的规定。

4.2.14 组胺

组胺的测定按GB/T 5009.45—1996中4.5的规定。

4.2.15 铬

铬的测定按 GB/T 13088—1991 的规定执行。

4.2.16 粉碎粒度

根据 GB/T 6003.1—1997 规定选取孔径为 2.80 mm 的试验筛后,粉碎粒度的测定按 GB/T 5917—1986规定执行。

4.2.17 杂质

杂质的测定按 GB/T 14698—1993 的规定执行。

4.3 微生物指标

4.3.1 霉菌

霉菌的检验按 GB/T 13092—1991 的规定执行。

4.3.2 沙门氏菌

沙门氏菌的检验按 GB/T 13091—1991 的规定执行。

4.3.3 寄生虫

寄生虫的检查在解剖显微镜下观察平摊在白瓷板上的鱼粉中是否有寄生虫及螨虫。

5 检验规则

5.1 组批规则

同一班组生产的,原料相同的,以最后一道工序的产品经均匀混合后,装袋的鱼粉成品为一检验批。

5.2 抽样方法

鱼粉产品的抽样按 GB/T 14699.1—1993 的规定。批量在 1 t 以下时,按其袋数的二分之一抽取样品。批量在 1 t 以上时,抽样袋数不少于 20 袋,沿堆积立面以 X 形或 W 形对各袋抽取。产品未堆垛时应在各部位随机抽取。

样品抽取时一般应用钢管或铜管制成的槽形取样器,每批鱼粉取出的样品不少于 500 g。

由各袋取出的样品应充分混匀立即装入棕色磨口瓶或复合薄膜塑料袋中密封待用。样品袋或瓶上应标明产品名称、批号、取样日期、取样人等有关内容,必要时应做取样时的天气、气温及仓贮情况的记录。

5.3 检验分类

产品检验分为出厂检验和型式检验。

5.3.1 出厂检验

每批产品必须进行出厂检验。出厂检验由生产单位质量检验部门执行,也可委托正式检验机构进行,检验项目应选择能快速、准确反映产品质量的为感官、粗蛋白质、粗脂肪、水分、盐分、灰分、砂分、粉碎粒度等主要技术指标。检验合格签发检验合格证,产品凭检验合格证入库或出厂。

5.3.2 型式检验

有下列情况之一时,应进行型式检验,检验项目为本标准中规定的所有项目。

    a) 长期停产,恢复生产时;

    b) 原料变化或改变主要生产工艺,可能影响产品质量时;

    c) 国家质量监督机构提出进行型式检验的要求时;

    d) 出厂检验与上次型式检验有大差异时;

    e) 进行鱼粉生产许可证的发放和复查时;

    f) 正常生产时,每年至少一次的周期性检验。

5.4 判定规则

5.4.1 粉碎粒度不作为质量判定依据的指标,只作为鱼粉使用者的参考指标。

5.4.2 除粉碎粒度外的所检项目的检验结果均应符合标准要求,检验结果全部符合标准规定的判为合格批。

5.4.3　微生物指标及铬、尿素、组胺等卫生指标有一项不符合要求或有霉变、腐败、生虫等现象时,该批产品判为不合格且不应再使用。

5.4.4　其他指标不符合规定时,应加倍抽样复验一次,按复验结果判定本批产品是否合格。

6　标志、包装、运输、贮存

6.1　标志、标签

产品标签按 GB 10648 的规定执行,必须标明产品名称、质量等级、产品成分分析保证值、净含量、生产日期、保质期、生产者、经销者的名称、地址、生产许可证和产品批准文号及其他内容。

标志应以无毒印刷,字体大小适中,字迹清晰且必须耐久。

6.2　包装

包装材料应采用干净、防潮的纸袋或塑料编织袋或麻袋包装,内衬塑料薄膜袋,缝口牢固无鱼粉漏出。

6.3　运输

产品运输应保证运输工具的洁净,防止受农药、化学药品、煤炭、油类、石灰等有毒物质的污染;防日晒雨淋、防霉潮;在装卸中应轻装轻卸,禁用手钩。

6.4　贮存

贮存仓库必须清洁、干燥、阴凉通风,堆放时应离开干墙壁 20 cm,底面应有垫板与地面隔开。防止受潮、霉变、虫、鼠害及有害物质的污染。产品保质期为 12 个月。

附　录　A

（规范性附录）

鱼粉中砂分的测定方法

A.1　原理

样品经灰化后再以酸处理,酸不溶性炽灼残渣为砂分。

A.2　试剂

15％盐酸:以分析纯盐酸(浓度 36％～38％)配制。

A.3　设备

马福炉。

A.4　操作步骤

将预先用稀盐酸煮过 1 h～2 h 并洗净的 50 mL 坩埚在马福炉中加热 30 min 取出,在空气中冷却 1 min,放入于燥器中冷却 30 min,精确称重至 0.000 1 g。

称取 5 g 试样(精确至 0.001 g),置于坩埚中,先在电炉上逐步加热,使试样充分炭化,而后将坩埚移入马福炉中,550℃～600℃下烧灼 4 h,至颜色变白。如仍有灰粒,在马福炉中继续加热 1 h,如仍有可疑黑点存在,则放冷后用水湿润后,再在烘箱中烘干,而后再移入马福炉中至完全灰化。取出,冷却,用 15％盐酸 50 mL 溶解灰分并冲洗于 250 mL 的烧杯中,然后用约 50 mL 蒸馏水充分洗涤坩埚,洗液并入烧杯小心加热煮沸 30 min。用无灰滤纸趁热过滤,并用热蒸馏水洗净至流下洗液不呈酸性为止。而后将滤纸和滤渣一起移入原坩埚中,先在 130℃烘箱中烘干,再移入 550℃～600℃马福炉烧灼 30 min,取出在空气中冷却 1 min,再在干燥器中冷却 30 min,精确称重(称准至 0.001 g)。

A.5　结果计算

按式(A1)计算砂分的含量:

$$X_1 = \frac{m_2 - m_0}{m_1 - m_0} \times 100 \quad\quad\quad\quad\quad\quad\quad (\text{A.1})$$

式中:

X_1——样品中砂分含量,％;

m_0——坩埚质量,单位为克(g);

m_1——坩埚加试样质量,单位为克(g);

m_2——灼烧后坩埚加试样质量,单位为克(g)。

A.6　重复性

每个试样应取两个平行样测试,取其算术平均值,当两个平行样相对误差超过 5％时应重做。

附　录　B
（规范性附录）
鱼粉中酸价测定方法

B.1　原理

鱼粉中游离脂肪酸用氢氧化钾标准溶液滴定,每克鱼粉消耗氢氧化钾的毫克数称为酸价。

B.2　试剂

B.2.1　酚酞指示液

1‰乙醇溶液。

B.2.2　乙醚-乙醇混合液

按乙醚-乙醇2:1混合,用0.1 mol/L氢氧化钾溶液中和至对酚酞指示液呈中性。

B.2.3　0.1 mol/L氢氧化钾标准液

B.3　操作步骤

称取5 g试样(精确至0.001 g),置于锥形瓶中,加入50 mL中性乙醚-乙醇混合液摇匀静止30 min过滤。滤渣用20 mL中性乙醚-乙醇混合液清洗,并重复洗一次,滤液合并后加入酚酞指示液2滴～3滴,以0.1 mol/L氢氧化钾标准液滴定,至初显微红色且0.5 min内不褪色为终点。

B.4　结果计算

按式(B.1)计算酸价:

$$X_2 = \frac{V \times c \times 56.11}{m_3} \quad\cdots\cdots\cdots\cdots\cdots\cdots\cdots\cdots\cdots\cdots\cdots\cdots (\text{B.1})$$

式中:

X_2——样品酸价值(KOH),每克样品中氢氧化钾的毫克数(mg/g);

V——样品消耗氢氧化钾标准液体积数,单位为毫升(mL);

c——氢氧化钾标准溶液浓度,单位为摩尔每升(mol/L);

m_3——鱼粉试样质量,单位为克(g);

56.11——每毫升1 mol/L氢氧化钾溶液相当氢氧化钾毫克数。

B.5　重复性

每个样品做两个平行样,结果以算术平均值计。酸价(KOH)在2.0 mg/g及以下时两个平行试样的相对偏差不得超过8‰,在2.0 mg/g以上时,两个平行试样相对偏差不得超过5‰,否则重做。

附　录　C

（规范性附录）

鱼粉内掺加尿素含量的测定方法

C.1　原理

利用在乙醇和酸性条件下，尿素与对二甲氨基苯甲醛（DMAB）反应，生成黄色的物质，在420 nm波下有最大吸收，且吸光度与尿素的浓度成线性关系。通过查标准曲线，计算试样中的尿素含量。

C.2　试剂

C.2.1　对二甲氨基苯甲醛（DMAB）溶液

溶解4.0 g DMAB于100 mL无水乙醇中，加10 mL盐酸。

C.2.2　乙酸锌溶液

溶解22.0 g乙酸锌[$Zn(CH_3COO)_2 \cdot 2H_2O$]于水中，加入3 mL冰乙酸，并稀释至100 mL。

C.2.3　亚铁氰化钾溶液

溶解10.6 g亚铁氰化钾[$K_4Fe(CN)_6 \cdot 3H_2O$]于水中，并稀释至100 mL。

C.2.4　磷酸盐缓冲液（pH7.0）

将3.403 g无水磷酸二氢钾（KH_2PO_4）和4.355 g无水磷酸氢二钾（K_2HPO_4）分别溶于100 mL蒸馏水中，合并此溶液用水稀释到1 L。

C.2.5　尿素标准溶液：

储备液：10 mg/mL，溶解5.000 g尿素（分析纯），用水稀释至500 mL。

工作液：1.0 mg/mL，取10 mL储备液稀释至100 mL。

工作液：0.2 mg/mL，取10 mL储备液稀释至50 mL，再取此液10 mL稀释至100 mL。

C.2.6　活性炭

化学纯或分析纯。

C.2.7　盐酸

分析纯。

C.2.8　无水乙醇

分析纯。

C.3　操作步骤

C.3.1　样品处理

称取预先粉碎至20目以下的样品1 g（精确至0.001 g）至100 mL比色管中，加入1 g活性炭，加水至约80 mL，摇匀，分别加入5 mL乙酸锌溶液和亚铁氰化钾溶液，用水稀释至刻度摇匀，并放置30 min，用中速滤纸过滤，取滤液进行试验，同时做试剂空白。

C.3.2　标准曲线绘制

C.3.2.1　样品尿素含量在1%以下：分别取浓度为0.2 mg/mL的尿素标准液0、1、2、3、4、5、7、10 mL（相当于0、0.2、0.4、0.6、1.0、1.4、2.0 mg尿素）和5 mL磷酸盐缓冲液于25 mL具塞比色管中，加水至约18 mL，用定量加液器分别加入5 mL DMAB显色液，用水稀释至刻度，摇匀，放置20 min；以磷酸盐缓冲液为参比，在420 nm波长下，用5 cm比色池，测定吸光度，以吸光度为纵坐标，尿素含量为横坐标作图，应为一条直线，否则重做。

C.3.2.2　样品尿素含量在1%以上：将标准液浓度改为1.0 mg/mL，比色池改为1 cm，其他步骤同C.3.2.1条。

C.3.3　操作步骤

　　分别取一定量滤液（样品尿素含量在 1% 以下，取 15 mL，1% 以上取 5 mL）加入 25 mL 比色管中（其他步骤同 C.3.2 条标准曲线的绘制），在标准曲线上由吸光度查得尿素含量，通过计算，即得试样的尿素含量。

C.3.4　结果计算：

　　样品中尿素的含量按式 C.1 计算：

$$X_3 = \frac{(c_1 - c_2)}{m_4 \times \dfrac{V_1}{100}} \times \frac{1}{1\,000} \times 100 = \frac{(c_1 - c_2)}{m_4 \times V_1} \times 10 \quad \cdots\cdots\cdots\cdots\cdots\cdots\cdots（C.1）$$

　　式中：

　　X_3——样品中尿素含量，%；

　　c_1——从标准曲线上查得的试样的尿素含量，单位为毫克（mg）；

　　c_2——从标准曲线查得的试剂空白的尿素含量，单位为毫克（mg）；

　　m_4——测定时所取样品的质量，单位为克（g）；

　　V_1——测定所取样品液体积，单位为毫升（mL）。

C.3.5　重复性

　　尿素含量在 1% 以下时，相对偏差不大于 10%；尿素含量在 1% 以上相对偏差不大于 5%。

C.3.6　注意事项

C.3.6.1　DMAB 显色液在 420 nm 处有吸收，因此应尽量加准。

C.3.6.2　DMAN 显色液应尽量避免见光和暴露在空气中，否则易变成黄色，从而干扰测定。

C.3.6.3　测定时，仪器稳定后只进行一次调零即可，以免颜色的变化调零时引进误差。

ICS 65.120
B 46

中华人民共和国国家标准

GB/T 19541—2004

饲料用大豆粕

Soybean meal (solvent) for feedstuff

2004-06-09 发布

2004-10-01 实施

中华人民共和国国家质量监督检验检疫总局
中国国家标准化管理委员会 发布

前　言

本标准是在 NY/T 131—1989《饲料用大豆粕》的基础上制定的。

本标准与 NY/T 131—1989 的主要差异如下：

——明确了大豆粕分带皮大豆粕和去皮大豆粕两类。

——增加了氢氧化钾蛋白质溶解度的定义、允许值和测定方法。

——补充了感官性状和夹杂物的内容。

——增加了去皮大豆粕的技术指标及质量分级；修改了带皮大豆粕的技术指标及质量分级。

——增加了试验测定值的双试验允许误差。

——增加了监测与仲裁判定各项指标合格与否时的分析允许误差。

——增加了检验规则。

本标准自实施之日起，NY/T 131—1989 即行废止。

本标准由国家质量监督检验检疫总局提出。

本标准由全国饲料工业标准化技术委员会归口。

本标准负责起草单位：农业部饲料质量监督检验测试中心（济南）。

本标准参加起草单位：中国饲料工业协会。

本标准起草人：汤文利、李祥明、刘焕龙、祖丽亚、孙延军。

饲料用大豆粕

1 范围

本标准规定了饲料用大豆粕(带皮大豆粕和去皮大豆粕)的技术指标、质量分级、试验方法、检验规则、标签、包装、运输和贮存。

本标准适用于以大豆为原料,以浸提法,或者先去皮,再用浸提法取油后生产的饲料用大豆粕。该产品为单一蛋白质饲料。

2 规范性引用文件

下列文件中的条款通过本标准的引用而成为本标准的条款。凡是注日期的引用文件,其随后所有的修改单(不包括勘误的内容)或修订版均不适用于本标准,然而,鼓励根据本标准达成协议的各方研究是否可使用这些文件的最新版本。凡是不注日期的引用文件,其最新版本适用于本标准。

GB/T 6432 饲料中粗蛋白测定方法

GB/T 6434 饲料中粗纤维测定方法

GB/T 6435 饲料水分的测定方法

GB/T 6438 饲料中粗灰分的测定方法

GB/T 6682 分析实验室用水规格和试验方法

GB/T 8622—1988 大豆制品中尿素酶活性测定方法

GB 10648 饲料标签

GB 13078 饲料卫生标准

GB/T 14698 饲料显微镜检查方法

GB/T 14699.1—1993 饲料采样方法

3 术语和定义

下列术语和定义适用于本标准。

3.1

氢氧化钾蛋白质溶解度

大豆粕样品在规定的条件下,可溶于0.2%氢氧化钾溶液中的粗蛋白质含量占样品中总的粗蛋白质含量的质量百分数。

4 要求

4.1 感官性状

本品呈浅黄褐色或浅黄色不规则的碎片状或粗粉状,色泽一致,无发酵、霉变、结块、虫蛀及异味异臭。

4.2 夹杂物

不得掺入饲料用大豆粕以外的物质,若加入抗氧剂、防霉剂、抗结块剂等添加剂时,要具体说明加入的品种和数量。

4.3 技术指标及质量分级

见表1。

表 1　技术指标及质量分数

项　　目	带皮大豆粕		去皮大豆粕	
	一级	二级	一级	二级
水分/(%)	≤12.0	≤13.0	≤12.0	≤13.0
粗蛋白质/(%)	≥44.0	≥42.0	≥48.0	≥46.0
粗纤维/(%)	≤7.0		≤3.5	≤4.5
粗灰分/(%)	≤7.0		≤7.0	
尿素酶活性(以氨态氮计)/[mg/(min·g)]	≤0.3		≤0.3	
氢氧化钾蛋白质溶解度/(%)	≥70.0		≥70.0	

　　注：粗蛋白质、粗纤维、粗灰分三项指标均以 88% 或者 87% 干物质为基础计算。

4.4　卫生标准

　　应符合 GB 13078 中的有关规定。

5　试验方法

5.1　感官性状和夹杂物的检验

　　按 GB/T 14698 的规定进行。

5.2　水分的测定

　　按 GB/T 6435 的规定进行。

5.3　粗蛋白质的测定

　　按 GB/T 6432 的规定进行。

5.4　粗纤维的测定

　　按 GB/T 6434 的规定进行。

5.5　粗灰分的测定

　　按 GB/T 6438 的规定进行。

5.6　尿素酶活性的测定

　　按 GB/T 8622—1988 的规定进行。

5.7　氢氧化钾蛋白质溶解度的测定

5.7.1　方法原理

　　氢氧化钾蛋白质溶解度可以反映大豆粕产品加热过度的情况。不同加热程度的大豆粕,氢氧化钾蛋白质溶解度不同。先测定大豆粕样品在规定的条件下,可溶于氢氧化钾溶液中的粗蛋白质含量;再测定同一大豆粕样品中总的粗蛋白质含量,计算出氢氧化钾蛋白质溶解度。

5.7.2　试剂

　　除非另有说明,在分析中仅使用确认为分析纯的试剂,所用的水为 GB/T 6682 中规定的三级水。

5.7.2.1　0.2% 氢氧化钾溶液:2.44 g 氢氧化钾溶解于水中,稀释并定容至 1 L。

5.7.3　仪器、设备

5.7.3.1　实验室用样品粉碎机。

5.7.3.2　样品筛:孔径 0.25 mm。

5.7.3.3　分析天平:感量 0.000 1 g。

5.7.3.4　磁力搅拌器。

5.7.3.5　离心机:转速为 2 700 r/min 以上。

5.7.4　样品的制备

　　取具有代表性的大豆粕样品,用四分法缩减分取 200 g 左右,粉碎过 0.25 mm 孔径的样品筛,充分混匀,装入磨口瓶中备用。

5.7.5 测定步骤

称取大豆粕试样 1.0 g,精确到 0.1 mg,置于 250 mL 高型烧杯中,加入 50.00 mL 氢氧化钾溶液 (5.7.2.1),在磁力搅拌器(5.7.3.4)上搅拌 20 min,将溶液转移至离心管中,以 2 700 r/min(5.7.3.5) 离心 10 min,小心移取上清液 15.00 mL,放入消化管中,按 GB/T 6432 的规定测定粗蛋白质含量,同时 测定同一试样总的粗蛋白质含量。

5.7.6 结果计算

氢氧化钾蛋白质溶解度 X,数值以质量分数表示,按式(1)计算:

$$X = \frac{W_1}{W_2} \times 100 \qquad\qquad\cdots\cdots\cdots\cdots\cdots\cdots\cdots\cdots (1)$$

式中:

W_1——大豆粕试样溶于氢氧化钾溶液(5.7.2.1)中的粗蛋白质含量,%;

W_2——大豆粕试样总的粗蛋白质含量(以两次平行测定结果的算术平均值为测定结果),%。

计算结果表示到小数点后一位。

5.7.7 精密度

5.7.7.1 重复性

在同一实验室,由同一操作人员完成的两个平行测定结果,相对偏差不大于 2%;以两次平行测定 结果的算术平均值为测定结果。

5.7.7.2 再现性

在不同实验室,由不同操作人员用不同的仪器设备完成的两个测定结果,相对偏差不大于 4%。

5.8 允许误差

试验测定值的双试验允许误差,按所采用方法的规定执行。

5.9 监测与仲裁

监测与仲裁判定各项指标合格与否时,其分析允许误差按有关国家标准的规定执行。

6 检验规则

6.1 本标准规定的水分、粗蛋白质、粗纤维为出厂检验项目。

6.2 型式检验:有下列情况之一时,应对大豆粕的质量进行型式检验,检验项目包括本标准规定的所有项目。

 a) 正式生产后,原料、工艺改变时;

 b) 正式生产后,每半年进行一次型式检验;

 c) 停产后恢复生产,要进行型式检验;

 d) 产品质量监督部门提出进行型式检验的要求时。

6.3 在保证产品质量的前提下,生产企业可根据工艺、设备、原料等的变化情况,自行确定出厂检验的批量。

6.4 采样:按 GB/T 14699.1—1993 的规定进行。

6.5 饲料用大豆粕由生产厂的质量检验部门按本标准的规定对产品质量逐批进行检验,生产厂应保证 出厂的产品符合本标准的要求。

6.6 检验结果若有一项指标不符合本标准要求时,应重新自两倍数量的包装单元采样复检,复检结果 如仍有一项指标不符合本标准要求,则该批产品判为不合格。

7 标签、包装、运输和贮存

7.1 产品标签应符合 GB 10648 的规定。

7.2 饲料用大豆粕可以散装、袋装,或按用户的要求包装。

7.3 运输:严禁与有毒有害物品或其他有污染的物品混合运输。

7.4 贮存:应放在阴凉干燥处贮存,严禁与有毒有害物品或其他有污染的物品混合贮存。

ICS 65.120
B 46

中华人民共和国国家标准

GB/T 20193—2006

饲料用骨粉及肉骨粉

Bone meal,meat and bone meal for feedstuffs

2006-02-24 发布　　　　　　　　　　2006-07-01 实施

中华人民共和国国家质量监督检验检疫总局
中国国家标准化管理委员会　发布

前　言

本标准根据饲料用骨粉及肉骨粉的品质现状，并参照国家饲料管理部门有关规定进行制定。

本标准由全国饲料工业标准化技术委员会提出并归口。

本标准起草单位：中国饲料工业协会、国家饲料质量监督检验中心（武汉）、中国农业大学。

本标准主要起草人：王随元、杨海鹏、李德发、徐百志、杨林、孙鸣。

饲料用骨粉及肉骨粉

1 范围

本标准规定了饲料用骨粉、肉骨粉的术语和定义、要求、检验方法、检验规则和包装、运输与贮存等。

本标准适用于以动物骨经高压蒸汽灭菌或经脱胶处理后,粉碎制成的饲料用骨粉和以动物废弃组织及骨经蒸煮、脱脂、干燥、粉碎制成的饲料用肉骨粉。

2 规范性引用文件

下列文件中的条款通过本标准的引用而成为本标准的条款。凡是注日期的引用文件,其随后所有的修改单(不包括勘误的内容)或修订版均不适用于本标准,然而,鼓励根据本标准达成协议的各方研究是否可使用这些文件的最新版本。凡是不注日期的引用文件,其最新版本适用于本标准。

GB/T 5009.44　肉与肉制品卫生标准的分析方法

GB/T 6432　饲料中粗蛋白测定方法

GB/T 6433　饲料粗脂肪测定方法

GB/T 6434　饲料中粗纤维测定方法

GB/T 6435　饲料水分的测定方法

GB/T 6436　饲料中钙的测定

GB/T 6437　饲料中总磷的测定　分光光度法

GB/T 6438　饲料中粗灰分的测定方法

GB 10648　饲料标签

GB 13078　饲料卫生标准

GB/T 13088　饲料中铬的测定方法

GB/T 13091　饲料中沙门氏菌的检测方法

GB/T 13093　饲料中细菌总数的测定方法

GB/T 14698　饲料显微镜检查方法

GB/T 14699.1　饲料　采样

GB/T 17811　动物蛋白质饲料消化率的测定　胃蛋白酶法

GB/T 18246　饲料中氨基酸的测定

GB/T 19164—2003　鱼粉

动物源性饲料产品安全卫生管理办法(中华人民共和国农业部令〔2004〕第 40 号)

3 术语和定义

下列术语和定义适用于本标准。

3.1

饲料用骨粉　bone meal for feedstuffs

饲料用骨粉是以新鲜无变质的动物骨经高压蒸汽灭菌、脱脂或经脱胶、干燥、粉碎后的产品。

3.2

饲料用肉骨粉　meat and bone meal for feedstuffs

饲料用肉骨粉是以新鲜无变质的动物废弃组织及骨经高温高压、蒸煮、灭菌、脱脂、干燥、粉碎后的产品。

GB/T 20193—2006

4 要求

4.1 饲料用骨粉

4.1.1 饲料用骨粉为浅灰褐至浅黄褐色粉状物,具骨粉固有气味,无腐败气味。除含少量油脂、结缔组织以外,本品中不得添加骨粉以外的物质。不得使用发生疫病的动物骨加工饲料用骨粉。加入抗氧剂时应标明其名称。

4.1.2 应符合《动物源性饲料产品安全卫生管理办法》(中华人民共和国农业部令[2004]第40号)的有关规定;应符合国家检疫有关规定;应符合 GB 13078 的规定。沙门氏杆菌不得检出。

4.1.3 饲料用骨粉质量指标见表1。

表 1 饲料用骨粉质量指标

总磷/(%)	粗脂肪/(%)	水分/(%)	酸价(KOH)/(mg/g)
≥11.0	≤3.0	≤5.0	≤3

4.1.4 钙含量应为总磷含量的180%～220%。

4.2 饲料用肉骨粉

4.2.1 饲料用肉骨粉为黄至黄褐色油性粉状物,具肉骨粉固有气味,无腐败气味。除不可避免的少量混杂以外,本品中不应添加毛发、蹄、角、羽毛、血、皮革、胃肠内容物及非蛋白含氮物质。不得使用发生疫病的动物废弃组织及骨加工饲料用肉骨粉。加入抗氧剂时应标明其名称。

4.2.2 应符合《动物源性饲料产品安全卫生管理办法》(中华人民共和国农业部令[2004]第40号)的有关规定;应符合国家检疫有关规定;应符合 GB 13078 的规定。沙门氏杆菌不得检出。铬含量≤5 mg/kg。

4.2.3 总磷含量≥3.5%。

4.2.4 粗脂肪含量≤12.0%。

4.2.5 粗纤维含量≤3.0%。

4.2.6 水分含量≤10.0%。

4.2.7 钙含量应当为总磷含量的180%～220%。

4.2.8 以粗蛋白质、赖氨酸、胃蛋白酶消化率、酸价、挥发性盐基氮、粗灰分为定等级指标(表2)。

表 2 饲料用肉骨粉等级质量指标

等 级	粗蛋白质/(%)	赖氨酸/(%)	胃蛋白酶消化率/(%)	酸价(KOH)/(mg/g)	挥发性盐基氮/(mg/100 g)	粗灰分/(%)
1	≥50	≥2.4	≥88	≤5	≤130	≤33
2	≥45	≥2.0	≥86	≤7	≤150	≤38
3	≥40	≥1.6	≥84	≤9	≤170	≤43

5 检验方法

5.1 挥发性盐基氮测定按照 GB/T 5009.44 执行。

5.2 粗蛋白质测定按照 GB/T 6432 执行。

5.3 粗脂肪测定按照 GB/T 6433 执行。

5.4 粗纤维测定按照 GB/T 6434 执行。

5.5 水分测定按照 GB/T 6435 执行。

5.6 钙测定按照 GB/T 6436 执行。

5.7 总磷测定按照 GB/T 6437 执行。

5.8 粗灰分测定按照 GB/T 6438 执行。

5.9 铬测定按照 GB/T 13088 执行。

5.10 沙门氏菌测定按照 GB/T 13091 执行。

5.11 细菌总数测定按照 GB/T 13093 执行。

5.12 掺杂、掺假及定性检验按照 GB/T 14698 执行。

5.13 胃蛋白酶消化率测定按照 GB/T 17811 执行。

5.14 赖氨酸测定按照 GB/T 18246 执行。

5.15 酸价测定按照 GB/T 19164—2003 中附录 B 执行。

6 检验规则

6.1 总磷含量、酸价为饲料用骨粉的出厂检验项目。粗蛋白质含量、酸价、挥发性盐基氮为饲料用肉骨粉的出厂检验项目。饲料用骨粉及肉骨粉产品出厂检验还包括《动物源性饲料产品安全卫生管理办法》（中华人民共和国农业部令[2004]第 40 号）规定的项目。

6.2 有下列情况之一时,应进行型式检验,对产品的质量进行全面考核,检验项目包括本标准规定的所有项目:

——正式生产后,原料、工艺改变时;

——正式生产后,每半年进行一次;

——停产后恢复生产时;

——产品质量监督部门提出进行型式检验要求时。

6.3 在保证产品质量的前提下,生产企业可根据工艺、设备、原料等的变化情况,自行确定出厂检验的批量。

6.4 采样:按 GB/T 14699.1 的规定执行。

6.5 由生产厂的质量检验部门按本标准的规定对产品质量逐批进行检验,生产厂应保证出厂的产品符合本标准的要求。

6.6 检验结果若有一项指标不符合本标准要求,应重新自两倍量的包装单元采样复检,复检结果如仍不符合本标准要求,则该批产品判为不合格。

7 包装、运输和贮存

7.1 包装袋上标志及所附标签应符合 GB 10648 的有关规定。应当在标签上标注"本产品不得饲喂反刍动物"字样。

7.2 应用内衬塑料薄膜的双层包装。

7.3 运输时严禁与有毒有害物品或其他有污染的物品混装。

7.4 应贮存在阴凉干燥处,防潮、防霉变、防虫蛀。在符合规定条件下,保质期为 180 天。

ICS 65.120
B 46

中华人民共和国国家标准

GB/T 20411—2006

饲 料 用 大 豆

Soybean for feedstuffs

2006-08-03 发布　　　　　　　　　　　　　　2006-11-01 实施

中华人民共和国国家质量监督检验检疫总局
中国国家标准化管理委员会　发布

前　言

本标准是在 NY/T 135—1989《饲料用大豆》的基础上制定。

本标准与 NY/T 135—1989《饲料用大豆》的主要差异如下：

——增加了不完善粒、生霉粒及热损伤粒指标；

——去掉了脲酶活性允许指标；

——去掉了粗纤维、粗灰分指标。

自本标准实施之日起 NY/T 135—1989《饲料用大豆》废止。

本标准由中华人民共和国农业部提出。

本标准由全国饲料标准化技术委员会归口。

本标准起草单位：国家饲料质量监督检验中心（武汉）、哈尔滨普凡饲料有限公司、山东六和集团。

本标准主要起草人：杨海鹏、卢德秋、吕明斌、郭吉原、杨林、刘小敏。

本标准于 1989 年首次发布为国家标准 GB 10384—1989，于 1997 年调整为农业行业标准。

GB/T 20411—2006

饲 料 用 大 豆

1 范围

本标准规定了饲料用大豆的有关定义、要求、抽样、检验方法、包装、标志、运输和贮存。

本标准适用于收购、贮存、运输、加工、销售的饲料用大豆。

2 规范性引用文件

下列文件中的条款通过本标准的引用而成为本标准的条款。凡是注日期的引用文件,其随后所有的修改单(不包括勘误的内容)或修订版均不适用于本标准,然而,鼓励根据本标准达成协议的各方研究是否可使用这些文件的最新版本。凡是不注日期的引用文件,其最新版本适用于本标准。

GB 1352 大豆

GB/T 6432 饲料中粗蛋白测定方法

GB/T 6435 饲料水分的测定方法

GB 13078 饲料卫生标准

3 术语和定义

下列术语和定义适用于本标准。

3.1

不完善粒 unsound kernel

不完善粒包括下列受到损伤但尚有饲用价值的大豆粒。

3.1.1

未熟粒 immature kernel

未成熟籽粒不饱满,瘪缩达粒面二分之一以上或子叶绿色达二分之一以上(绿仁大豆除外)与正常粒显著不同的大豆粒。

3.1.2

虫蚀粒 injured kernel

被虫蛀蚀,伤及子叶的大豆粒。

3.1.3

病斑粒 spotted kernel

粒面带有病斑,伤及子叶的大豆粒。

3.1.4

生芽、涨大粒 spronted kernel

芽或幼根突破种皮或吸湿涨大未复原的大豆粒。

3.1.5

生霉粒 moldy kernel

粒面或子叶生霉的大豆粒。

3.1.6

冻伤粒 frostbite kernel

籽粒透明或子叶僵硬呈暗绿色的大豆粒。

449

3.1.7

热损伤粒 heat damage kernel

因受热而引起子叶变色和损伤的大豆粒。

3.1.8

破损粒 broken kernel

子叶破损达本籽粒体积四分之一以上的大豆粒。

3.2

杂质 foreign material；impurities；dockage

能通过直径 3.0 mm 圆孔筛的物质；无饲用价值的大豆粒；大豆以外的其他物质。

4 要求

4.1 色泽、气味正常。

4.2 杂质含量≤1.0%。

4.3 生霉粒≤2.0%。

4.4 水分≤13%。

4.5 以不完善粒、粗蛋白质为定等级指标(表1)。

表 1 饲料用大豆等级质量指标

等级	不完善粒/(%)		粗蛋白质/(%)
	合　计	其中：热损伤粒	
1	≤5	≤0.5	≥36
2	≤15	≤1.0	≥35
3	≤30	≤3.0	≥34

4.6 应符合 GB 13078 的要求。

5 抽样

抽样按照 GB/T 1352 执行。

6 检验方法

6.1 色泽、气味、杂质、不完善粒测定按照 GB/T 1352 执行。

6.2 粗蛋白质测定按照 GB/T 6432 执行。

6.3 水分测定按照 GB/T 6435 执行。

7 包装、标志、运输和贮存

包装、标志、运输和贮存按照 GB/T 1352 执行。

ICS 65.120
B 46

中华人民共和国国家标准

GB/T 21264—2007

饲料用棉籽粕

Cottonseed meal(solvent) for feedstuffs

2007-12-24 发布　　　　　　　　　　　2008-03-01 实施

中华人民共和国国家质量监督检验检疫总局
中国国家标准化管理委员会　发布

前　言

　　本标准是在我国粮油加工及饲料工业生产实践经验的基础上,参考了美国 Feedstuff 及 NRC 发表的饲料原料成分分析表有关数据、德国和英国饲料中游离棉酚的最大允许量,同时吸收了部分科研成果而制定的。

　　本标准由国家粮食局提出。

　　本标准由全国饲料工业标准化技术委员会归口。

　　本标准负责起草单位:国家粮食局科学研究院。

　　本标准参加起草单位:唐人神集团、长沙大华人生物新技术有限公司、河南富象畜牧饲料有限公司。

　　本标准主要起草人:李爱科、郝淑红、郭吉原、易建国、张宏玲、马榕。

饲料用棉籽粕

1 范围

本标准规定了饲料用棉籽粕的技术指标、质量分级、检验方法及验收规则、标签、包装、贮存和运输的基本要求。

本标准适用于以棉籽为原料,以预榨浸出或直接浸出法取油后所得棉籽粕。

2 规范性引用文件

下列文件中的条款通过本标准的引用而成为本标准的条款。凡是注日期的引用文件,其随后所有的修改单(不包括勘误的内容)或修订版均不适用于本标准,然而,鼓励根据本标准达成协议的各方研究是否可使用这些文件的最新版本。凡是不注日期的引用文件,其最新版本适用于本标准。

GB/T 6432 饲料中粗蛋白测定方法

GB/T 6433 饲料中粗脂肪的测定

GB/T 6434 饲料中粗纤维的含量测定 过滤法

GB/T 6435 饲料中水分和其他挥发性物质含量的测定

GB/T 6438 饲料中粗灰分的测定

GB 10648 饲料标签

GB 13078 饲料卫生标准

GB/T 13086 饲料中游离棉酚的测定方法

GB/T 14699.1 饲料 采样

3 感官

黄褐色或金黄色小碎片或粗粉状,有时夹杂小颗粒,色泽均匀一致,无发酵、霉变、结块及异味、异臭。

4 要求

4.1 棉籽粕产品的技术指标及分级见表1。

表 1 技术指标及分级

指标项目	等 级				
	一级	二级	三级	四级	五级
粗蛋白/%	≥50.0	≥47.0	≥44.0	≥41.0	≥38.0
粗纤维/%	≤9.0	≤12.0	≤14.0		≤16.0
粗灰分/%	≤8.0			≤9.0	
粗脂肪/%	≤2.0				
水分/%	≤12.0				

4.2 棉籽粕卫生指标及按游离棉酚含量范围对产品的分级

4.2.1 棉籽粕产品各项卫生指标应符合 GB 13078 的规定。

4.2.2 棉籽粕产品按游离棉酚的含量范围分为低酚棉籽粕、中酚棉籽粕及高酚棉籽粕。其相应的分级见表2。

表 2　产品中游离棉酚的含量及分级

项　目	分　级		
	低酚棉籽粕	中酚棉籽粕	高酚棉籽粕
游离棉酚的含量/(mg/kg)	≤300	300<FG≤750	750<FG≤1200
注：FG为游离棉酚(free gossypol)。			

5　试验方法

5.1　水分的测定

按 GB/T 6435 的规定进行。

5.2　粗蛋白的测定

按 GB/T 6432 的规定进行。

5.3　粗纤维的测定

按 GB/T 6434 的规定进行。

5.4　粗灰分的测定

按 GB/T 6438 的规定进行。

5.5　粗脂肪的测定

按 GB/T 6433 的规定进行。

5.6　游离棉酚的测定

按 GB/T 13086 的规定进行。

6　检验规则

6.1　产品组批与采样

同种产品,每天生产的为一个批次,每批随机抽取 500 g 作为样品。

采样按 GB/T 14699.1 规定进行。

6.2　出厂检验

感官、粗蛋白、粗脂肪、水分为出厂检验指标。

6.3　型式检验

本标准第 3 章和第 4 章中所要求的全部指标为形式检验项目。

有下列情况之一时,应进行型式检验:

    a)　工艺、设备或材料改变时;

    b)　质量监督部门提出要求时;

    c)　投产后或停产后恢复生产时;

    d)　正式生产后,每半年进行一次型式检验。

6.4　判定规则

6.4.1　检验结果全部符合本标准要求的判为合格。若有一项指标不符合标准的要求,应重新自两倍数量的包装单元进行采样复检。复检结果如仍有一项指标不符合本标准的要求,则该批产品判为不合格。

6.4.2　若不符合表 1 和表 2 中某一等级指标要求时,按指标值最低的项目进行等级判断。

7　标签、包装、运输和贮存

7.1　标签

产品的标签应符合 GB 10648 的规定,并注明游离棉酚含量等级和范围。

7.2 包装

饲料用棉籽粕可以散装、袋装，或按用户要求包装。

7.3 运输

产品运输时应有防雨、防晒措施，避免产品在运输中遭曝晒、雨淋及剧烈震动和撞击，且不得与有毒、有害物质或其他有污染的物品混合运输。

7.4 贮存

产品应贮存在阴凉、通风、干燥的地方，防潮、防霉变、防虫蛀。严禁与有毒、有害物质混放。

ICS 65.120
B 46

中华人民共和国国家标准

GB/T 23736—2009

饲料用菜籽粕

Rapeseed meal（solvent）for feedstuff

2009-05-12 发布　　　　　　　　　　　2009-09-01 实施

中华人民共和国国家质量监督检验检疫总局
中国国家标准化管理委员会　发布

前　言

本标准由全国饲料工业标准化技术委员会提出并归口。

本标准负责起草单位:国家粮食局科学研究院。

本标准参加起草单位:中国农业科学院油料作物研究所。

本标准主要起草人:李爱科、郝淑红、栾霞、黄凤洪、潘雷、钮琰星。

饲 料 用 菜 籽 粕

1 范围

本标准规定了饲料用菜籽粕的技术指标、质量分级、检验方法、检验规则以及对标签、包装、运输、贮存的要求。

本标准适用于以菜籽为原料,以预榨浸出或直接浸出法取油后所得菜籽粕。

2 规范性引用文件

下列文件中的条款通过本标准的引用而成为本标准的条款。凡是注日期的引用文件,其随后所有的修改单(不包括勘误的内容)或修订版均不适用于本标准,然而,鼓励根据本标准达成协议的各方研究是否可使用这些文件的最新版本。凡是不注日期的引用文件,其最新版本适用于本标准。

GB/T 6432 饲料中粗蛋白测定方法

GB/T 6433 饲料中粗脂肪的测定

GB/T 6434 饲料中粗纤维的含量测定 过滤法

GB/T 6438 饲料中粗灰分的测定

GB/T 10358 油料饼粕 水分及挥发物含量的测定

GB/T 10647 饲料工业术语

GB 10648 饲料标签

GB 13078 饲料卫生标准

GB/T 13087 饲料中异硫氰酸酯的测定方法

GB/T 14698 饲料显微镜检查方法

GB/T 14699.1 饲料 采样

GB/T 18246 饲料中氨基酸的测定

3 术语和定义

GB/T 10647中规定的术语和定义适用于本标准。

4 要求

4.1 感官

褐色、黄褐色或金黄色小碎片或粗粉状,有时夹杂小颗粒,色泽均匀一致,无虫蛀、霉变、结块及异味、异臭。

4.2 夹杂物

不得掺入饲料用菜籽粕以外的物质(非蛋白氮等),若加入抗氧剂、防霉剂、抗结块剂等添加剂时,要具体说明加入的品种和数量。

4.3 技术指标及分级

菜籽粕产品的技术指标及分级见表1。

表 1　技术指标及分级标准

指标项目		等　级			
		一级	二级	三级	四级
粗蛋白质/%	≥	41.0	39.0	37.0	35.0
粗纤维/%	≤	10.0	12.0		14.0
赖氨酸/%	≥	1.7		1.3	
粗灰分/%	≤	8.0		9.0	
粗脂肪/%	≤	3.0			
水分/%	≤	12.0			

注：各项质量指标含量除水分以原样为基础计算外，其他均以 88% 干物质为基础计算。

4.4　菜籽粕卫生指标及按异硫氰酸酯含量范围对产品的分级

4.4.1　菜籽粕产品各项卫生指标应符合 GB 13078 和国家有关规定。

4.4.2　菜籽粕产品按异硫氰酸酯(ITC)的含量范围分为低异硫氰酸酯菜籽粕、中含量异硫氰酸酯菜籽粕及高异硫氰酸酯菜籽粕。其相应的分级见表 2。

表 2　产品中异硫氰酸酯的含量及分级

项　目	分　级		
	低异硫氰酸酯菜籽粕	中含量异硫氰酸酯菜籽粕	高异硫氰酸酯菜籽粕
异硫氰酸酯/(mg/kg)	≤750	750<ITC≤2 000	2 000<ITC≤4 000

注：质量指标以 88% 干物质为基础计算。

5　检验方法

5.1　水分及挥发物的检验
按 GB/T 10358 的规定进行。

5.2　粗蛋白质的检验
按 GB/T 6432 的规定进行。

5.3　粗纤维素的检验
按 GB/T 6434 的规定进行。

5.4　粗灰分的检验
按 GB/T 6438 的规定进行。

5.5　粗脂肪的检验
按 GB/T 6433 的规定进行。

5.6　异硫氰酸酯的检验
按 GB/T 13087 的规定进行。

5.7　卫生指标的检验
按 GB 13078 的规定进行。

5.8　夹杂物的检验
按 GB/T 14698 的规定进行。

5.9　氨基酸的检验
按 GB/T 18246 的规定进行。

6 检验规则

6.1 产品组批与采样

同种产品,每天生产的为一个批次,每批随机抽取 500 g 作为样品。

采样按照 GB/T 14699.1 规定进行。

6.2 出厂检验

本标准中的感官、粗蛋白质、粗灰分、水分、异硫氰酸酯为出厂检验指标。

6.3 型式检验

本标准第 4 章中所要求的全部指标为型式检验项目。

有下列情况之一时,应进行型式检验:

a) 工艺、设备或原料改变时;

b) 质量监督部门提出要求时;

c) 投产时或停产 6 个月以上恢复生产时;

d) 正式生产后,每 12 个月进行一次。

6.4 判定规则

6.4.1 检验结果全部符合本标准要求的判为合格。若有一项指标不符合标准要求,应重新自两倍数量的包装单元进行采样复检。复检结果如仍有一项指标不符合本标准的要求,则该批产品判为不合格。

6.4.2 若不符合表 1 和表 2 中某一等级指标要求时,按指标值最低的项目进行等级判断。

7 标签、包装、运输、贮存

7.1 标签

产品的标签应符合 GB 10648 的规定。

7.2 包装

饲料用菜籽粕可以散装、袋装,或按用户要求包装。

7.3 运输

产品运输时应有防雨、防晒措施,避免产品在运输中遭曝晒、雨淋及剧烈震动和撞击,且不得与有毒、有害物质或其他有污染的物品混合运输。

7.4 贮存

产品应贮存在阴凉、通风、干燥的地方,防潮、防霉变、防虫蛀。严禁与有毒、有害物质混放。

_____

ICS 65.120
B 46

中华人民共和国国家标准

GB/T 23875—2009

饲料用喷雾干燥血球粉

Spray-dried animal blood cells for feedstuffs

2009-05-26 发布

2009-10-01 实施

中华人民共和国国家质量监督检验检疫总局
中国国家标准化管理委员会 发布

前　言

本标准参考美国官方饲料管理协会(AAFCO)和欧盟动物源性产品的有关规定制定。

本标准由全国饲料工业标准化技术委员会(SAC/TC 76)提出并归口。

本标准负责起草单位:国家饲料质量监督检验中心(武汉)、北京养元兽药有限公司、上海杰隆生物制品有限公司、SONAC(中国)有限责任公司。

本标准主要起草人:刘小敏、徐铃、成国祥、周增太、高利红、何一帆、杨林。

饲料用喷雾干燥血球粉

1 范围

本标准规定了饲料用喷雾干燥血球粉的术语和定义、质量要求、试验方法、检验规则、标志、包装、运输和贮存。

本标准适用于饲料用喷雾干燥血球粉。

2 规范性引用文件

下列文件中的条款通过本标准的引用而成为本标准的条款。凡是注日期的引用文件,其随后所有的修改单(不包括勘误的内容)或修订版均不适用于本标准,然而,鼓励根据本标准达成协议的各方研究是否可使用这些文件的最新版本。凡是不注日期的引用文件,其最新版本适用于本标准。

GB/T 5009.44　肉与肉制品卫生标准的分析方法

GB/T 6003.1—1997　金属丝编织网试验筛

GB/T 6432　饲料中粗蛋白测定方法

GB/T 6435　饲料中水分和其他挥发性物质含量的测定(GB/T 6435—2006,ISO 6496:1999,IDT)

GB/T 6438　饲料中粗灰分的测定

GB 10648　饲料标签

GB/T 13080　饲料中铅的测定　原子吸收光谱法

GB/T 14699.1　饲料　采样(GB/T 14699.1—2005,ISO 6497:2002,IDT)

GB/T 18246　饲料中氨基酸的测定

GB/T 18823　饲料　检测结果判定的允许误差

GB/T 18869　饲料中大肠菌群的测定

3 术语和定义

下列术语和定义适用于本标准。

3.1

饲料用喷雾干燥血球粉　spray-dried animal blood cells for feedstuffs

喷雾干燥血细胞粉

动物鲜血分离出血浆后,经喷雾干燥制成的产品。

4 要求

4.1 感官要求

本品为具有血制品特殊气味的暗红或类红色的均匀粉末,无腐败变质异味,不得含有植物性物质。

4.2 质量要求

饲料用喷雾干燥血球粉质量要求见表1。

表 1 饲料用喷雾干燥血球粉质量要求

项 目		指 标
细度(通过孔径为 0.20 mm 试验筛)/%	$\geqslant$	95.0
水分(质量分数)/%	$\leqslant$	10.0
粗蛋白质(质量分数)/%	$\geqslant$	90.0
粗灰分(质量分数)/%	$\leqslant$	4.5
赖氨酸(质量分数)/%	$\geqslant$	7.5
挥发性盐基氮/(mg/100 g)	$\leqslant$	45.0
铅(Pb)(质量分数)/(mg/kg)	$\leqslant$	2.0

4.3 微生物卫生指标

本品不得含有致病性微生物。

大肠杆菌:$n=5,m=10$ 个/g,$M=300$ 个/g,$c=2$;

其中:

n——被检测样品组数;

m——细菌总数最小阈值,如果所有样品中的细菌总数均不超过 m,则认为产品合格;

M——细菌总数最大值,如果一个或多个样品中的细菌总数是 M 或超过 M,该产品视为不合格;

c——细菌总数在 m 和 M 之间的样品数,若其他样品组中细菌总数是 m 或小于 m,则认为该样品还在可接受范围内。

5 试验方法

5.1 感官性状的检验

采用目测及嗅觉检验。

5.2 细度

5.2.1 方法提要

用筛分法测定筛下物含量。

5.2.2 仪器、设备

试验筛:符合 GB/T 6003.1—1997 中 R40/3 系列的要求。

5.2.3 分析步骤

称取试样 30 g(准确至 0.01 g),置于试验筛(孔径为 0.20 mm)中进行筛分,将筛下物称量。

5.2.4 分析结果的表述

细度 ω 以质量分数表示,按式(1)计算:

$$\omega = \frac{m_1}{m} \times 100\% \quad \cdots\cdots\cdots\cdots\cdots\cdots\cdots\cdots\cdots (1)$$

式中:

m_1——筛下物的质量,单位为克(g);

m——样品质量,单位为克(g)。

计算结果表示至小数点后一位。

5.3 水分

水分的测定按 GB/T 6435 执行。

5.4 粗蛋白质

粗蛋白质的测定按 GB/T 6432 执行。

5.5 粗灰分

粗灰分的测定按 GB/T 6438 执行。

5.6 氨基酸

氨基酸的测定按 GB/T 18246 执行。

5.7 挥发性盐基氮

挥发性盐基氮按 GB/T 5009.44 执行。

5.8 铅

铅的测定按 GB/T 13080 执行。

5.9 大肠菌群

大肠菌群的测定按 GB/T 18869 执行。

6 检验规则

6.1 采样方法

按 GB/T 14699.1 执行。

6.2 出厂检验

6.2.1 批

以同班、同原料的产品为一批,每批产品进行出厂检验。

6.2.2 出厂检验项目

感官性状、水分、细度、挥发性盐基氮、粗蛋白质和粗灰分含量。

6.2.3 判定方法

以本标准的有关试验方法和要求为依据,对抽取样品按出厂检验项目进行检验。检验结果中如有一项指标不符合本标准要求时,应重新加倍抽样进行复检,复检结果如仍有一项指标不符合本标准要求,则该批产品不合格。各项成分指标判定合格或验收按 GB/T 18823 的误差执行。

6.3 型式检验

6.3.1 型式检验项目为本标准第 4 章规定的全部项目。

6.3.2 有下列情况之一,应进行型式检验:
   a) 改变配方或生产工艺;
   b) 正常生产每半年或停产半年后恢复生产;
   c) 国家技术监督部门提出要求时。

6.3.3 判定方法:以本标准的有关试验方法和要求为依据。检验结果中如有一项指标不符合本标准要求时,应重新加倍抽样进行复检,复检结果如仍有一项指标不符合标准要求,则该周期产品不合格。各项成分指标判定合格或验收按 GB/T 18823 的误差执行。微生物指标不得复验。如型式检验不合格,应停止生产至查明原因。

7 标志、包装、运输和贮存

7.1 标志

饲料用喷雾干燥血球粉包装袋上应有牢固清晰的标志,内容按 GB 10648 执行。加注"不能用于反刍动物"字样。

7.2 包装

饲料用喷雾干燥血球粉采用双层包装。内包装采用两层食品级聚乙烯塑料薄膜袋,厚度不得小于 0.06 mm。外包装使用复合纸包装袋包装。

7.3 运输

饲料用喷雾干燥血球粉运输过程中应有遮盖物,防止曝晒、雨淋、受潮,不得与有毒有害物质混运。

7.4 贮存

饲料用喷雾干燥血球粉应贮存在通风干燥阴凉、干燥处,防止雨淋、受潮。不得与有毒有害物质混存。产品堆放时应加垫,不得直接与地面接触。

饲料用喷雾干燥血球粉在规定的储存条件下,从生产之日起,原包装产品保质期为 12 个月。

———————————

中华人民共和国商业行业标准

饲 料 用 血 粉

SB/T 10212—1994

Blood meal

1 主题内容与适用范围

本标准规定了饲料用血粉的术语、技术要求、检验方法、检验规则及标志、包装、贮存和运输。

本标准适用于经兽医检验合格的畜禽新鲜血液加工而成的供饲料用的血粉。

2 引用标准

GB/T 5917　配合饲料粉碎粒度测定法

GB/T 6432　饲料中粗蛋白测定方法

GB/T 6434　饲料中粗纤维测定方法

GB/T 6435　饲料水分的测定方法

GB/T 6438　饲料中粗灰分的测定方法

GB 10648　饲料标签

GB/T 13091　饲料中沙门氏菌的检验方法

3 技术要求

3.1　饲料用血粉的水分指标不分级别,均为≤10.0%。

3.2　饲料用血粉根据质量规格分为两级,即:一级、二级。

3.3　感官指标:感官指标见表1。

表 1

项　　目	指　　标
性　状	干燥粉粒状物
气　味	具有本制品固有气味;无腐败变质气味
色　泽	暗红色或褐色
粉碎粒度	能通过2~3 mm孔筛
杂　质	不含砂石等杂质

3.4　理化指标:理化指标见表2。

表 2

项目　　指标　　等级	一　级	二　级
粗蛋白质	≥80	≥70
粗纤维	<1	<1
水　　分	≤10	≤10
灰　　分	≤4	≤6

中华人民共和国国内贸易部 1994-06-27 批准　　　　　　　　　　　1994-12-01 实施

4 卫生要求

致病菌不得检出。

5 检验方法

5.1 感官检验

5.1.1 性状、色泽、杂质：目测。

5.1.2 气味：嗅觉检验。

5.1.3 粉碎粒度：按 GB/T 5917 规定的方法测定。

5.2 理化检验

5.2.1 粗蛋白质：按 GB/T 6432 规定的方法测定。

5.2.2 粗纤维：按 GB/T 6434 规定的方法测定。

5.2.3 水分：按 GB/T 6435 规定的方法测定。

5.2.4 粗灰分：按 GB/T 6438 规定的方法测定。

5.3 卫生检验

按 GB/T 13091 规定的方法测定。

6 检验规则

6.1 检验

6.1.1 每批产品须经企业检验部门检验合格后，出具检验证书方可出厂。

6.2 抽样方法

6.2.1 抽样比例和方法：每批抽样按包装总件数的 2% 随机取样，每包取样不少于 50～100 g。件数不足 2%，必须取 3 件。样品总量应不少于 300 g。

6.2.2 检验结果中，如有一项指标达不到本级要求者，允许复检一次，但致病菌不得检出。

6.3 复检

复检应在原批量中抽取加倍的比例重新检验。如复检合格，则以合格论。否则应作降级处理。

7 标志、包装、贮存、运输

7.1 饲料用血粉的运输包装与最小单元的销售包装标志必须符合 GB 10648 的有关规定。

7.2 包装外皮必须标明产品品名、等级、重量、企业名称、生产日期、贮存条件和"验讫"字样等。

7.3 包装

应两层包装。内包装用聚乙烯薄膜并严密封口，外包装用塑料编织袋或其他材料定量包装出厂。

7.4 贮存

包装好的血粉应贮存在干燥、通风良好、阴凉常温的仓库中。产品贮存保质期为半年。

7.5 运输

在运输过程中，不得受雨淋，运输工具要干燥，不得与有毒物品混装。

8 其他

8.1 如出口或内销有特殊要求，可按合同要求条件执行。

附加说明：

本标准由中华人民共和国国内贸易部提出。

本标准由全国饲料工业标准化技术委员会归口。

本标准由全国肉类工业科技情报中心站负责起草；北京农业大学、中国农业科学院畜牧研究所参加起草。

本标准主要起草人：魏春耕、张孝若、李德发、张宏福。

中华人民共和国国家标准

饲料用高粱

Kaoliang（sorghum）for feedstuffs

GB 10364—89

1 主题内容与适用范围

本标准规定了饲料用高粱的质量指标及分级标准。

本标准适用于饲料用高粱籽实。

2 引用标准

GB 5490～5539 粮食、油料及植物油脂检验

GB 6432～6439 饲料粗蛋白、粗脂肪、粗纤维等项测定方法

3 感官性状

籽粒整齐，色泽新鲜一致，无发酵、霉变、结块及异味异嗅。

4 水分

水分含量不得超过 14.0%。

5 夹杂物

不得掺入饲料用高粱以外的物质，若加入抗氧化剂、防霉剂等添加剂时，应做相应的说明。

6 质量指标及分级标准

6.1 以粗蛋白质、粗纤维、粗灰分为质量控制指标，按含量分为三级，见表1。

表 1

质量指标 \ 等级	一级	二级	三级
粗蛋白质，%	≥9.0	≥7.0	≥6.0
粗纤维，%	<2.0	<2.0	<3.0
粗灰分，%	<2.0	<2.0	<3.0

6.2 各项质量指标含量均以 86% 干物质为基础计算。

6.3 三项质量指标必须全部符合相应等级的规定。

6.4 二级饲料用高粱为中等质量标准，低于三级者为等外品。

7 检验

7.1 样品的扦取及杂质检验，按 GB 5490～5539 的有关规定执行。

中华人民共和国农业部1988-10-11批准　　　　　　　　　　　　　　1989-09-01实施

7.2 水分、粗蛋白质、粗纤维、粗灰分的检验,按照 GB 6432～6439 的有关规定执行。

8 卫生标准

应符合中华人民共和国有关饲料卫生标准的规定。

9 包装、运输和储存

饲料用高粱的包装、运输和储存,必须符合保质、保量、运输安全和分类、分级储存的要求,严防污染。

附加说明:

本标准由中华人民共和国农业部、商业部提出。

本标准由全国饲料工业标准化技术委员会归口。

本标准由黑龙江省畜牧兽医研究所、中国农业科学院畜牧研究所负责起草。

本标准主要起草人王淑华、刘国君、李晓华、张子仪。

中华人民共和国国家标准

GB 10365—89

饲料用稻谷

Paddy for feedstuffs

1 主题内容与适用范围

本标准规定了饲料用稻谷的质量指标及分级标准。

本标准适用于饲料用带壳的水稻籽实。

2 引用标准

GB 5490～5539 粮食、油料及植物油脂检验

GB 6432～6439 饲料粗蛋白、粗脂肪、粗纤维等项测定方法

3 感官性状

籽粒整齐,色泽新鲜一致,无发酵、霉变、结块及异味异嗅。

4 水分

水分含量不得超过 14.0%。

5 夹杂物

不得掺入饲料用稻谷以外的物质,若加入抗氧化剂、防霉剂等添加剂时,应做相应的说明。

6 质量指标及分级标准

6.1 以粗蛋白质、粗纤维、粗灰分为质量控制指标,按含量分为三级,见表1。

表1

质量指标 \ 等级	一级	二级	三级
粗蛋白质,%	≥8.0	≥6.0	≥5.0
粗纤维,%	<9.0	<10.0	<12.0
粗灰分,%	<5.0	<6.0	<8.0

6.2 各项质量指标含量均以 86% 干物质为基础计算。

6.3 三项质量指标必须全部符合相应等级的规定。

6.4 二级饲料用稻谷为中等质量标准,低于三级者为等外品。

7 检验

7.1 扦样按照 GB 5490～5539 的有关规定执行。

中华人民共和国农业部1988-10-11批准　　　　　　　　　　1989-09-01实施

7.2 水分、粗蛋白质、粗纤维、粗灰分的检验,按照 GB 6432～6439 的有关规定执行。

8 卫生标准

应符合中华人民共和国有关饲料卫生标准的规定。

9 包装、运输和储存

饲料用稻谷的包装、运输和储存,必须符合保质、保量、运输安全和分类、分级储存的要求,严防污染。

附加说明:
本标准由中华人民共和国农业部、商业部提出。
本标准由全国饲料工业标准化技术委员会归口。
本标准由湖南农学院、中国农业科学院畜牧研究所负责起草。
本标准主要起草人汤玮如、李小亭、黄美华、王继成、张子仪。

中华人民共和国国家标准

饲料用小麦

Wheat for feedstuffs

1 主题内容与适用范围

本标准规定了饲料用小麦的质量指标及分级标准。

本标准适用于饲料用冬小麦和春小麦。

2 引用标准

GB 5490～5539 粮食、油料及植物油脂检验

GB 6432～6439 饲料粗蛋白、粗脂肪、粗纤维等项测定方法

3 感官性状

籽粒整齐,色泽新鲜一致,无发酵、霉变、结块及异味异嗅。

4 水分

冬小麦水分不得超过 12.5%;春小麦水分不得超过 13.5%。

5 夹杂物

不得掺入饲料用小麦以外的物质,若加入抗氧化剂、防霉剂等添加剂时,应做相应的说明。

6 质量指标及分级标准

6.1 以粗蛋白质、粗纤维、粗灰分为质量控制指标,按含量分为三级,见表 1。

表 1

质量指标＼等级	一级	二级	三级
粗蛋白质,%	≥14.0	≥12.0	≥10.0
粗纤维,%	<2.0	<3.0	<3.5
粗灰分,%	<2.0	<2.0	<3.0

6.2 各项质量指标含量均以 87% 干物质为基础计算。

6.3 三项质量指标必须全部符合相应等级的规定。

6.4 二级饲料用小麦为中等质量标准,低于三级者为等外品。

7 检验

7.1 样品的扦取及杂质检验,按 GB 5490～5539 的有关规定执行。

中华人民共和国农业部 1988-10-11 批准　　　　　　　　　　　　　　1989-09-01 实施

7.2 水分、粗蛋白质、粗纤维、粗灰分的检验，按照 GB 6432~6439 的有关规定执行。

8 卫生标准

应符合中华人民共和国有关饲料卫生标准的规定。

9 包装、运输和储存

饲料用小麦的包装、运输和储存，必须符合保质、保量、运输安全和分类、分级储存的要求，严防污染。

附加说明：

本标准由中华人民共和国农业部、商业部提出。

本标准由全国饲料工业标准化技术委员会归口。

本标准由黑龙江省畜牧兽医研究所、中国农业科学院畜牧研究所负责起草。

本标准主要起草人王淑华、刘国君、李晓华、张子仪。

中华人民共和国国家标准

GB 10367—89

饲 料 用 皮 大 麦

Barley(Hordeum vulgare L.) for feedstuffs

1 主题内容与适用范围

本标准规定了饲料用皮大麦的质量指标及分级标准。

本标准适用于饲料用皮大麦,即有稃大麦。

2 引用标准

GB 5409～5539 粮食、油料及植物油脂检验

GB 6432～6439 饲料粗蛋白、粗脂肪、粗纤维等项测定方法

3 感官性状

籽粒整齐,色泽新鲜一致,无发酵、霉变、结块及异味异嗅。

4 水分

4.1 水分含量不得超过 13.0%。

4.2 征购饲料用皮大麦的水分含量最大限度和安全贮存水分标准,可由各省、自治区、直辖市自行规定。

5 夹杂物

不得掺入饲料用皮大麦以外的物质,若加入抗氧化剂、防霉剂等添加剂时,应做相应的说明。

6 质量指标及分级标准

6.1 以粗蛋白质、粗纤维、粗灰分为质量控制指标,按含量分为三级,见表1。

表 1

质 量 指 标　　　　　等 级	一级	二级	三级
粗蛋白质,%	≥11.0	≥10.0	≥9.0
粗纤维,%	<5.0	<5.5	<6.0
粗灰分,%	<3.0	<3.0	<3.0

6.2 各项质量指标含量均以 87% 干物质为基础计算。

6.3 三项质量指标必须全部符合相应等级的规定。

6.4 二级饲料用皮大麦为中等质量标准,低于三级者为等外品。

中华人民共和国农业部 1988-10-11 批准　　　　　　　　　　　　　1989-09-01 实施

7 检验

7.1 样品的扦取,按 GB 5409～5539 的有关规定执行。

7.2 水分、粗蛋白质、粗纤维、粗灰分的检验,按 GB 6432～6439 的有关规定执行。

8 卫生标准

应符合中华人民共和国有关饲料卫生标准的规定。

9 包装、运输和储存

饲料用皮大麦的包装、运输和储存,必须符合保质、保量、运输安全和分类、分级储存的要求,严防污染。

附加说明:

本标准由中华人民共和国农业部、商业部提出。

本标准由全国饲料工业标准化技术委员会归口。

本标准由江苏农学院畜牧兽医系、中国农业科学院畜牧研究所负责起草。

本标准主要起草人杨文正、王振洲、李筱倩、张艳容、张子仪。

中华人民共和国国家标准

饲料用小麦麸

Wheat bran for feedstuffs

GB 10368—89

1 主题内容与适用范围

本标准规定了饲料用小麦麸的质量指标及分级标准。

本标准适用于以白色硬质、白色软质、红色硬质、红色软质、混合硬质、混合软质等各种小麦为原料，以常规制粉工艺所得副产物中的饲料用小麦麸。

2 引用标准

GB 6432～6439 饲料粗蛋白、粗脂肪、粗纤维等项测定方法

3 感官性状

细碎屑状，色泽新鲜一致，无发酵、霉变、结块及异味异嗅。

4 水分

4.1 水分含量不得超过13.0%。

4.2 调拨运输的小麦麸的水分含量最大限度和安全贮存水分标准，可由各省、自治区、直辖市自行规定。

5 夹杂物

不得掺入饲料用小麦麸以外的物质，若加入抗氧化剂、防霉剂等添加剂时，应做相应的说明。

6 质量指标及分级标准

6.1 以粗蛋白质、粗纤维、粗灰分为质量控制指标，按含量分为三级，见表1。

表1

质量指标　　　　　　　等级	一级	二级	三级
粗蛋白质，%	≥15.0	≥13.0	≥11.0
粗纤维，%	<9.0	<10.0	<11.0
粗灰分，%	<6.0	<6.0	<6.0

6.2 各项质量指标含量均以87%干物质为基础计算。

6.3 三项质量指标必须全部符合相应等级的规定。

6.4 二级饲料用小麦麸为中等质量标准，低于三级者为等外品。

中华人民共和国农业部1988-10-11批准 　　　　　　　　　　　　　　　1989-09-01实施

7 检验

水分、粗蛋白质、粗纤维、粗灰分的检验,按照 GB 6432~6439 的有关规定执行。

8 卫生标准

应符合中华人民共和国有关饲料卫生标准的规定。

9 包装、运输和储存

饲料用小麦麸的包装、运输和储存,必须符合保质、保量、运输安全和分类、分级储存的要求,严防污染。

附加说明:
本标准由中华人民共和国农业部、商业部提出。
本标准由全国饲料工业标准化技术委员会归口。
本标准由中国农业科学院畜牧研究所及商业部科学研究院负责起草。
本标准主要起草人冯平、章学澄、张子仪。

中华人民共和国国家标准

饲料用木薯干

GB 10369—89

Cassava(dry flakes)for feedstuffs

1 主题内容与适用范围

本标准规定了饲料用木薯干的质量指标。

本标准适用于成熟的木薯块根经切片、干燥后的饲料用去毒木薯干。

2 引用标准

GB 6432～6439 饲料粗蛋白、粗脂肪、粗纤维等项测定方法

3 感官性状

片状、条状或不规则形状。色泽一致,无光泽的白色,无发酵、霉变、结块及异味异嗅。

4 水分

水分含量不得超过 13.0%。

5 夹杂物

不得掺入饲料用木薯干以外的物质,若加入抗氧化剂、防霉剂等添加剂时,应做相应的说明。

6 质量指标

6.1 以粗纤维和粗灰分为质量控制指标,见表1。

表 1

质 量 指 标	含 量
粗纤维,%	<4.0
粗灰分,%	<5.0

6.2 两项质量指标含量均以 87% 干物质为基础计算。

6.3 两项质量指标必须全部符合规定。

7 检验

水分、粗纤维、粗灰分的检验,按照 GB 6432～6439 的有关规定执行。

8 卫生标准

应符合中华人民共和国有关饲料卫生标准的规定。

中华人民共和国农业部 1988-10-11 批准

1989-09-01 实施

9 包装、运输和储存

饲料用木薯干的包装、运输和储存,必须符合保质、保量、运输安全和分类储存的要求,严防污染。

附加说明:
本标准由中华人民共和国农业部、商业部提出。
本标准由全国饲料工业标准化技术委员会归口。
本标准由华南农业大学畜牧系、中国农业科学院畜牧研究所负责起草。
本标准主要起草人张槌、郑诚、蒲英远、邱质华、张子仪。

中华人民共和国国家标准

GB 10370—89

饲料用甘薯干

Sweet potato(dry flakes)for feedstuffs

1 主题内容与适用范围

本标准规定了饲料用甘薯干的质量指标。

本标准适用于饲料用甘薯干。

2 引用标准

GB 6432～6439 饲料粗蛋白、粗脂肪、粗纤维等项测定方法

3 感官性状

片状或细条状,无尘土粘结物,无发酵、霉变、结块及异味异嗅。

4 水分

水分含量不得超过 13.0%。

5 夹杂物

不得掺入饲料用甘薯干以外的物质,若加入抗氧化剂、防霉剂等添加剂时,应做相应的说明。

6 质量指标

6.1 以粗纤维和粗灰分为质量控制指标,见表 1。

表 1

质 量 指 标	含 量
粗纤维,%	<4.0
粗灰分,%	<5.0

6.2 两项质量指标含量均以 87% 干物质为基础计算。

6.3 两项质量指标全部符合含量规定者为合格品。

7 检验

水分、粗纤维和粗灰分的检验,按照 GB 6432～6439 的有关规定执行。

8 卫生标准

应符合中华人民共和国有关饲料卫生标准的规定。

中华人民共和国农业部 1988-10-11 批准　　　　　　　　　　　　　　1989-09-01 实施

9 包装、运输和储存

饲料用甘薯干的包装、运输和储存,必须符合保质、保量、运输安全和分类储存的要求,严防污染。

附加说明:

本标准由中华人民共和国农业部、商业部提出。

本标准由全国饲料工业标准化技术委员会归口。

本标准由中国农业科学院畜牧研究所、江苏徐州甘薯研究室负责起草。

本标准主要起草人杜荣、陈雪秀、刘孝君、袁宝忠、张子仪。

中华人民共和国国家标准

GB 10371—89

饲 料 用 米 糠

Rice bran for feedstuffs

1 主题内容与适用范围

本标准规定了饲料用米糠的质量指标及分级标准。

本标准适用于以糙米为原料,精制大米后的副产品——饲料用米糠。

2 引用标准

GB 6432~6439 饲料粗蛋白、粗脂肪、粗纤维等项测定方法

3 感官性状

本品呈淡黄灰色的粉状,色泽新鲜一致,无酸败、霉变、结块、虫蛀及异味异嗅。

4 水分

4.1 水分含量不得超过 13.0%。

4.2 调拨运输的饲料用米糠的水分含量最大限度和安全贮存水分标准,可由各省、自治区、直辖市自行规定。

5 夹杂物

不得掺入饲料用米糠以外的物质,若加入抗氧化剂、防霉剂等添加剂时,应做相应的说明。

6 质量指标及分级标准

6.1 以粗蛋白质、粗纤维、粗灰分为质量控制指标,按含量分为三级,见表1。

表 1

质量指标　　　　　　等　级	一级	二级	三级
粗蛋白质,%	≥13.0	≥12.0	≥11.0
粗纤维,%	<6.0	<7.0	<8.0
粗灰分,%	<8.0	<9.0	<10.0

6.2 各项质量指标含量均以 87% 干物质为基础计算。

6.3 三项质量指标必须全部符合相应等级的规定。

6.4 二级饲料用米糠为中等质量标准,低于三级者为等外品。

7 检验

水分、粗蛋白质、粗纤维、粗灰分的检验,按照 GB 6432~6439 的有关规定执行。

中华人民共和国农业部 1988-10-11 批准　　　　　　　　　　　　　　　　1989-09-01 实施

8 卫生标准

应符合中华人民共和国有关饲料卫生标准的规定。

9 包装、运输和储存

饲料用米糠的包装、运输和储存,必须符合保质、保量、运输安全和分类、分级储存的要求,严防污染。

附加说明:

本标准由中华人民共和国农业部、商业部提出。

本标准由全国饲料工业标准化技术委员会归口。

本标准由湖南省畜牧兽医研究所、中国农业科学院畜牧研究所负责起草。

本标准主要起草人俞火明、魏忠云、李四元、张子仪。

中华人民共和国国家标准

饲料用米糠饼

GB 10372—89

Rice bran(expeller) for feedstuffs

1 主题内容与适用范围

本标准规定了饲料用米糠饼的质量指标及分级标准。

本标准适用于以米糠为原料,以压榨法取油后的饲料用米糠饼。

2 引用标准

GB 5490～5539 粮食、油料及植物油脂检验

GB 6432～6439 饲料粗蛋白、粗脂肪、粗纤维等项测定方法

3 感官性状

本品呈淡黄褐色的片状或圆饼状,色泽新鲜一致,无发酵、霉变、结块及异味异嗅。

4 水分

4.1 水分含量不得超过 12.0%。

4.2 调拨运输的饲料用米糠饼的水分含量最大限度和安全贮存水分标准,可由各省、自治区、直辖市自行规定。

5 夹杂物

不得掺入饲料用米糠饼以外的物质,若加入抗氧化剂、防霉剂等添加剂时,应做相应的说明。

6 质量指标及分级标准

6.1 以粗蛋白质、粗纤维、粗灰分为质量控制指标,按含量分为三级,见表1。

表 1

质量指标　　　等级	一级	二级	三级
粗蛋白质,%	≥14.0	≥13.0	≥12.0
粗纤维,%	<8.0	<10.0	<12.0
粗灰分,%	<9.0	<10.0	<12.0

6.2 各项质量指标含量均以 88% 干物质为基础计算。

6.3 三项质量指标必须全部符合相应等级的规定。

6.4 二级饲料用米糠饼为中等质量标准,低于三级者为等外品。

中华人民共和国农业部1988-10-11批准 1989-09-01实施

7 检验

7.1 样品的扦取及杂质检验，按 GB 5490～5539 的有关规定执行。

7.2 水分、粗蛋白质、粗纤维、粗灰分的检验，按照 GB 6432～6439 的有关规定执行。

8 卫生标准

应符合中华人民共和国有关饲料卫生标准的规定。

9 包装、运输和储存

饲料用米糠饼的包装、运输和储存，必须符合保质、保量、运输安全和分类、分级储存的要求，严防污染。

附加说明：

本标准由中华人民共和国农业部、商业部提出。

本标准由全国饲料工业标准化技术委员会归口。

本标准由湖南省牧兽医研究所、中国农业科学院畜牧研究所负责起草。

本标准主要起草人俞火明、魏忠云、李四元、张子仪。

中华人民共和国国家标准

GB 10373—89

饲料用米糠粕

Rice bran(solvent) for feedstuffs

1 主题内容与适用范围

本标准规定了饲料用米糠粕的质量指标及分级标准。

本标准适用于以米糠为原料以浸取法或预压浸取法取油后的饲料用米糠粕。

2 引用标准

GB 6432～6439 饲料粗蛋白、粗脂肪、粗纤维等项测定方法

3 感官性状

本品呈淡灰黄色粉状,色泽新鲜一致,无发酵、霉变、虫蛀、结块及异味异嗅。

4 水分

4.1 水分含量不得超过 13.0%。

4.2 调拨运输的饲料用米糠粕的水分含量最大限度和安全贮存水分标准,可由各省、自治区、直辖市自行规定。

5 夹杂物

不得掺入饲料用米糠粕以外的物质,若加入抗氧化剂、防霉剂等添加剂时,应做相应的说明。

6 质量指标及分级标准

6.1 以粗蛋白质、粗纤维、粗灰分为质量控制指标,按含量分为三级,见表1。

表 1

质 量 指 标 　　　　等 级	一级	二级	三级
粗蛋白质,%	≥15.0	≥14.0	≥13.0
粗纤维,%	<8.0	<10.0	<12.0
粗灰分,%	<9.0	<10.0	<12.0

6.2 各项质量指标含量均以 87% 干物质为基础计算。

6.3 三项质量指标必须全部符合相应等级的规定。

6.4 二级饲料用米糠粕为中等质量标准,低于三级者为等外品。

7 检验

水分、粗蛋白质、粗纤维、粗灰分的检验,按照 GB 6432～6439 的有关规定执行。

中华人民共和国农业部 1988-10-11 批准　　　　　　　　　　　　　　　　1989-09-01 实施

8 卫生标准

应符合中华人民共和国有关饲料卫生标准的规定。

9 包装、运输和储存

饲料用米糠粕的包装、运输和储存,必须符合保质、保量、运输安全和分类、分级储存的要求,严防污染。

附加说明:

本标准由中华人民共和国农业部、商业部提出。

本标准由全国饲料工业标准化技术委员会归口。

本标准由湖南省畜牧兽医研究所、中国农业科学院畜牧研究所负责起草。

本标准主要起草人俞火明、魏忠云、李四元、张子仪。

中 华 人 民 共 和 国 国 家 标 准

GB 10374—89

饲 料 用 菜 籽 饼

Rapeseed meal(expeller) for feedstuffs

1 主题内容与适用范围

本标准规定了饲料用菜籽饼的质量指标及分级标准。

本标准适用于油菜籽经压榨取油后的饲料用菜籽饼。

2 引用标准

GB 6432～6439　饲料粗蛋白、粗脂肪、粗纤维等项测定方法

3 感官性状

褐色,小瓦片状、片状或饼状,具有菜籽饼油香味,无发酵、霉变及异味异嗅。

4 水分

水分含量不得超过 12.0％。

5 夹杂物

不得掺入饲料用菜籽饼以外的物质,若加入抗氧化剂、防霉剂等添加剂时,应做相应的说明。

6 质量指标及分级标准

6.1　以粗蛋白质、粗纤维、粗灰分及粗脂肪为质量控制指标,按含量分为三级,见表1。

表 1

质 量 指 标　　等 级	一级	二级	三级
粗蛋白质,％	≥37.0	≥34.0	≥30.0
粗纤维,％	<14.0	<14.0	<14.0
粗灰分,％	<12.0	<12.0	<12.0
粗脂肪,％	<10.0	<10.0	<10.0

6.2　各项质量指标含量均以 88％干物质为基础计算。

6.3　四项质量指标必须全部符合相应等级的规定。

6.4　二级饲料用菜籽饼为中等质量标准,低于三级者为等外品。

7 卫生标准

应符合中华人民共和国有关饲料卫生标准的规定。

中华人民共和国农业部 1988-10-11 批准　　　　　　　　　　　　　　1989-09-01 实施

8 检验

水分、粗蛋白质、粗纤维、粗灰分、粗脂肪的检验,按照 GB 6432~6439 的有关规定执行。

9 包装、运输和储存

饲料用菜籽饼的包装、运输和储存,必须符合保质、保量、运输安全和分类、分级储存的要求,严防污染。

附加说明:

本标准由中华人民共和国农业部、商业部提出。

本标准由全国饲料工业标准化技术委员会归口。

本标准由中国农业科学院畜牧研究所、安徽省农业科学院畜牧兽医研究所负责起草。

本标准主要起草人李建凡、姜云侠、王载焜、吴斌、张子仪。

中华人民共和国国家标准

饲料用向日葵仁粕

GB 10376—89

Sunflower meal(solvent)for feedstuffs

1 主题内容与适用范围

本标准规定了饲料用向日葵仁粕的质量指标及分级标准。

本标准适用于以向日葵仁(带部分壳)为原料,以浸提法取油后的饲料用向日葵仁粕。

2 引用标准

GB 6432~6439 饲料粗蛋白、粗脂肪、粗纤维等项测定方法

3 感官性状

本品呈淡灰白色或浅褐黄色的粉状、碎片状,色泽一致,无发酵、霉变、结块及异味异嗅。

4 水分

水分含量不得超过 12.0%。

5 夹杂物

不得掺入饲料用向日葵仁粕以外的物质,若加入抗氧化剂、防霉剂等添加剂时,应做相应的说明。

6 质量指标及分级标准

6.1 以粗蛋白质、粗纤维、粗灰分为质量控制指标,按含量分为三级,见表1。

表 1

等级 质量指标	一级	二级	三级
粗蛋白质,%	≥38.0	≥32.0	≥24.0
粗纤维,%	<16.0	<22.0	<28.0
粗灰分,%	<10.0	<10.0	<10.0

6.2 各项质量指标含量均以 88% 干物质为基础计算。

6.3 三项质量指标必须全部符合相应等级的规定。

6.4 二级饲料用向日葵仁粕为中等质量标准,低于三级者为等外品。

7 检验

水分、粗蛋白质、粗纤维、粗灰分的检验,按照 GB 6432~6439 的有关规定执行。

中华人民共和国农业部 1988-10-11 批准　　　　　　　　　　　　　　　1989-09-01 实施

8 卫生标准

应符合中华人民共和国有关饲料卫生标准的规定。

9 包装、运输和储存

饲料用向日葵仁粕的包装、运输和储存,必须符合保质、保量、运输安全和分类、分级储存的要求,严防污染。

附加说明:

本标准由中华人民共和国农业部、商业部提出。

本标准由全国饲料工业标准化技术委员会归口。

本标准由东北农学院畜牧系、中国农业科学院畜牧研究所负责起草。

本标准主要起草人韩友文、刁新平、吴成坤、张子仪。

中华人民共和国国家标准

饲料用向日葵仁饼

GB 10377—89

Sunflower meal(expeller)for feedstuffs

1 主题内容与适用范围

本标准规定了饲料用向日葵仁饼的质量指标及分级标准。

本标准适用于以向日葵仁(带部分壳)为原料,压榨法取油后的饲料用向日葵仁饼。

2 引用标准

GB 6432～6439 饲料粗蛋白、粗脂肪、粗纤维等项测定方法

3 感官性状

本品呈黄灰色或褐色的片状、块状,色泽一致,无发酵、霉变及异味异嗅。

4 水分

水分含量不得超过 12.0%。

5 夹杂物

不得掺入饲料用向日葵仁饼以外的物质,若加入抗氧化剂、防霉剂等添加剂时,应做相应的说明。

6 质量指标及分级标准

6.1 以粗蛋白质、粗纤维、粗灰分为质量控制指标,按含量分为三级,见表 1。

表 1

质量指标 \ 等级	一级	二级	三级
粗蛋白质,%	≥36.0	≥30.0	≥23.0
粗纤维,%	<15.0	<21.0	<27.0
粗灰分,%	<9.0	<9.0	<9.0

6.2 各项质量指标含量均以 88%干物质为基础计算。

6.3 三项质量指标必须全部符合相应等级的规定。

6.4 二级饲料用向日葵仁饼为中等质量标准,低于三级者为等外品。

7 检验

水分、粗蛋白质、粗纤维、粗灰分的检验,按照 GB 6432～6439 的有关规定执行。

中华人民共和国农业部1988-10-11批准

1989-09-01实施

8 卫生标准

应符合中华人民共和国有关饲料卫生标准的规定。

9 包装、运输和储存

饲料用向日葵仁饼的包装、运输和储存,必须符合保质、保量、运输安全和分类、分级储存的要求,严防污染。

附加说明:

本标准由中华人民共和国农业部、商业部提出。

本标准由全国饲料工业标准化技术委员会归口。

本标准由东北农学院畜牧系、中国农业科学院畜牧研究所负责起草。

本标准主要起草人韩友文、刁新平、吴成坤、张子仪。

中华人民共和国国家标准

饲料用大豆饼

GB 10379—89

Soybean meal(expeller)for feedstuffs

1 主题内容与适用范围

本标准规定了饲料用大豆饼的质量指标及分级标准。

本标准适用于以大豆为原料,以压榨法取油后所得饲料用大豆饼。

2 引用标准

GB 6432～6439 饲料粗蛋白、粗脂肪、粗纤维等项测定方法

GB 8622 大豆制品中尿素酶的活性测定

3 感官性状

本品呈黄褐色饼状或小片状。色泽新鲜一致,无发酵、霉变、虫蛀及异味异嗅。

4 水分

水分含量不得超过 13.0%。

5 夹杂物

不得掺入饲料用大豆饼以外的物质,若加入抗氧化剂、防霉剂等添加剂时,应做相应的说明。

6 质量指标及分级标准

6.1 以粗蛋白质、粗脂肪、粗纤维及粗灰分为质量控制指标,按含量分为三级,见表1。

表 1

质量指标　　　　　　等级	一级	二级	三级
粗蛋白质,%	≥41.0	≥39.0	≥37.0
粗脂肪,%	<8.0	<8.0	<8.0
粗纤维,%	<5.0	<6.0	<7.0
粗灰分,%	<6.0	<7.0	<8.0

6.2 各项质量指标含量均以 87% 干物质为基础计算。

6.3 四项质量指标必须全部符合相应等级的规定。

6.4 二级饲料用大豆饼为中等质量标准,低于三级者为等外品。

7 脲酶活性允许指标

7.1 脲酶活性定义:在 30±5℃ 和 pH 值等于 7 的条件下,每分钟每克大豆饼分解尿素所释放的氨态氮

中华人民共和国农业部 1988-10-11 批准   1989-09-01 实施

的毫克数。

7.2 饲料大豆饼的脲酶活性不得超过0.4。

8 检验

8.1 水分、粗蛋白质、粗脂肪、粗纤维、粗灰分的检验，按照 GB 6432～6439 的有关规定执行。

8.2 脲酶活性的检验按 GB 8622 执行。

9 卫生标准

应符合中华人民共和国有关饲料卫生标准的规定。

10 包装、运输和储存

饲料用大豆饼的包装、运输和储存，必须符合保质、保量、运输安全和分类、分级储存的要求，严防污染。

附加说明：
本标准由中华人民共和国农业部、商业部提出。
本标准由全国饲料工业标准化技术委员会归口。
本标准由黑龙江省农垦科学院红兴隆科学研究所、中国农业科学院畜牧研究所负责起草。
本标准主要起草人朱世勤、曹福池、许连元、徐克明、张子仪。

中华人民共和国国家标准

饲料用花生饼

Peanut meal(expeller)for feedstuffs

GB 10381—89

1 主题内容与适用范围

本标准规定了饲料用花生饼的质量指标及分级标准。

本标准适用于以脱壳花生果为原料,经压榨法所得饲料用花生饼。

2 引用标准

GB 6432~6439 饲料粗蛋白、粗脂肪、粗纤维等项测定方法

3 感官性状

小瓦片状或圆扁块状,色泽新鲜一致的黄褐色,无发酵、霉变、虫蛀、结块及异味异嗅。

4 水分

水分含量不得超过 12.0%。

5 夹杂物

不得掺入饲料用花生饼以外的物质,若加入抗氧化剂、防霉剂等添加剂时,应做相应的说明。

6 质量指标及分级标准

6.1 以粗蛋白质、粗纤维、粗灰分为质量控制指标,按含量分为三级,见表1。

表 1

质量指标 \ 等级	一级	二级	三级
粗蛋白质,%	≥48.0	≥40.0	≥36.0
粗纤维,%	<7.0	<9.0	<11.0
粗灰分,%	<6.0	<7.0	<8.0

6.2 各项质量指标含量均以 88% 干物质为基础计算。

6.3 三项质量指标必须全部符合相应等级的规定。

6.4 二级饲料用花生饼为中等质量标准,低于三级者为等外品。

7 检验

水分、粗蛋白质、粗纤维、粗灰分的检验,按照 GB 6432~6439 的有关规定执行。

中华人民共和国农业部1988-10-11批准   1989-09-01实施

8 卫生标准

应符合中华人民共和国有关饲料卫生标准的规定。

9 包装、运输和储存

饲料用花生饼的包装、运输和储存，必须符合保质、保量、运输安全和分类、分级储存的要求，严防污染。

附加说明：

本标准由中华人民共和国农业部、商业部提出。

本标准由全国饲料工业标准化技术委员会归口。

本标准由山东省农业科学院饲料研究所、中国农业科学院畜牧研究所负责起草。

本标准主要起草人陈雪秀、李秀兰、魏瑞兰、任素芳、张子仪。

中华人民共和国国家标准

饲料用花生粕

GB 10382—89

Peanut meal(solvent) for feedstuffs

1 主题内容与适用范围

本标准规定了饲料用花生粕的质量指标及分级标准。

本标准适用于以脱壳花生果为原料经有机溶剂浸提取油或预压-浸提取油后的饲料用花生粕。

2 引用标准

GB 6432～6439 饲料粗蛋白、粗脂肪、粗纤维等项测定方法

3 感官性状

碎屑状,色泽呈新鲜一致的黄褐色或浅褐色,无发酵、霉变、虫蛀、结块及异味异嗅。

4 水分

水分含量不得超过 12.0%。

5 夹杂物

不得掺入饲料用花生粕以外的物质,若加入抗氧化剂、防霉剂等添加剂时,应做相应的说明。

6 质量指标及分级标准

6.1 以粗蛋白质、粗纤维、粗灰分为质量控制指标,按含量分为三级,见表1。

表 1

质量指标 等级	一级	二级	三级
粗蛋白质,%	≥51.0	≥42.0	≥37.0
粗纤维,%	<7.0	<9.0	<11.0
粗灰分,%	<6.0	<7.0	<8.0

6.2 各项质量指标含量均以 88% 干物质为基础计算。

6.3 三项质量指标必须全部符合相应等级的规定。

6.4 二级饲料用花生粕为中等质量标准,低于三级者为等外品。

7 检验

水分、粗蛋白质、粗纤维、粗灰分的检验,按照 GB 6432～6439 的有关规定执行。

中华人民共和国农业部 1988-10-11 批准　　　　　　　　　　1989-09-01 实施

8 卫生标准

应符合中华人民共和国有关饲料卫生标准的规定。

9 包装、运输和储存

饲料用花生粕的包装、运输和储存,必须符合保质、保量、运输安全和分类、分级储存的要求,严防污染。

附加说明:

本标准由中华人民共和国农业部、商业部提出。

本标准由全国饲料工业标准化技术委员会归口。

本标准由山东省农业科学院饲料研究所、中国农业科学院畜牧研究所负责起草。

本标准主要起草人陈雪秀、李秀兰、魏瑞兰、任素芳、张子仪。

中华人民共和国国家标准

GB 10383—89

饲料用黑大豆

Black soybean for feedstuffs

1 主题内容与适用范围

本标准规定了饲料用黑大豆的质量指标及分级标准。

本标准适用于饲料用黑大豆籽实。

2 引用标准

GB 5490～5539 粮食、油料及植物油脂检验

GB 8622 大豆制品中尿素酶活性测定方法

3 感官性状

呈新鲜一致的黑色。无发酵、霉变、结块及异味异嗅。

4 水分

水分含量不得超过13.0%。

5 异色粒及饲料豆(秣食豆)的互混限度

5.1 异色粒限度为5.0%。

5.2 饲料豆(秣食豆)限度为1.0%。

6 夹杂物

不得掺入饲料用黑大豆以外的物质,若加入抗氧化剂、防霉剂等添加剂时,应做相应的说明。

7 质量指标及分级标准

7.1 以粗蛋白质、粗纤维、粗灰分为质量控制指标,按含量分为三级,见表1。

表 1

质量指标＼等级	一级	二级	三级
粗蛋白质,%	≥37.0	≥35.0	≥33.0
粗纤维,%	<6.0	<7.0	<8.0
粗灰分,%	<5.0	<5.0	<5.0

7.2 各项质量指标含量均以87%干物质为基础计算。

7.3 三项质量指标必须全部符合相应等级的规定。

中华人民共和国农业部1988-10-11批准　　　　　　　　　　1989-09-01实施

7.4 二级饲料用黑大豆为中等质量标准,低于三级者为等外品。

8 脲酶活性允许指标

8.1 脲酶活性定义为在 $30\pm0.5℃$ 和 pH7 的条件下,每分钟每克生黑大豆分解尿素所释放的氨态氮的毫克数。

8.2 饲料用黑大豆,须加热后使用,脲酶活性不得超过 0.4。

9 检验

9.1 样品扦取按照 GB 5490~5539 的有关规定执行。

9.2 水分、粗蛋白质、粗纤维、粗灰分的检验,按照 GB 6432~6439 的有关规定执行。

10 卫生标准

应符合中华人民共和国有关饲料卫生标准的规定。

11 包装、运输和储存

饲料用黑大豆的包装、运输和储存,必须符合保质、保量、运输安全和分类、分级储存的要求,严防污染。

附加说明:

本标准由中华人民共和国农业部、商业部提出。

本标准由全国饲料工业标准化技术委员会归口。

本标准由河北农业大学畜牧兽医系、中国农业科学院畜牧研究所负责起草。

本标准主要起草人张兆兰、澹台炳琰、张子仪。

中华人民共和国国家标准

饲料用豌豆

GB 10385—89

Peas for feedstuffs

1 主题内容与适用范围

本标准规定了饲料用豌豆的质量指标及分级标准。

本标准适用于饲料用豌豆籽实。

2 引用标准

GB 5490～5539 粮食、油料及植物油脂检验

GB 6432～6439 饲料粗蛋白、粗脂肪、粗纤维等项测定方法

3 感官性状

色泽新鲜一致,无发酵、霉变、结块及异味异嗅。

4 水分

水分含量不得超过 13.5%。

5 夹杂物

不得掺入饲料用豌豆以外的物质,若加入抗氧化剂、防霉剂等添加剂时,应做相应的说明。

6 质量指标及分级标准

6.1 以粗蛋白质、粗纤维、粗灰分为质量控制指标,按含量分为三级,见表1。

表 1

质量指标＼等级	一级	二级	三级
粗蛋白质,%	≥24.0	≥22.0	≥20.0
粗纤维,%	<7.0	<7.5	<8.0
粗灰分,%	<3.5	<3.5	<4.0

6.2 各项质量指标含量均以 86.5% 干物质为基础计算。

6.3 三项质量指标必须全部符合相应等级的规定。

6.4 二级饲料用豌豆为中等质量标准,低于三级者为等外品。

7 检验

7.1 样品的扦取及杂质检验,按 GB 5490～5539 的有关规定执行。

中华人民共和国农业部 1988-10-11 批准 　　　　　　　　　　　1989-09-01 实施

7.2 水分、粗蛋白质、粗纤维、粗灰分的检验,按照 GB 6432～6439 的有关规定执行。

8 卫生标准

应符合中华人民共和国有关饲料卫生标准的规定。

9 包装、运输和储存

饲料用豌豆的包装、运输和储存,必须符合保质、保量、运输安全和分类、分级储存的要求,严防污染。

附加说明:
本标准由中华人民共和国农业部、商业部提出。
本标准由全国饲料工业标准化技术委员会归口。
本标准由四川省畜牧兽医研究所、中国农业科学院畜牧研究所负责起草。
本标准主要起草人周梅卿、张纯、刘永钢、张子仪。

中华人民共和国国家标准

饲料用柞蚕蛹粉

GB 10386—89

Tussah chrysalis meal
for feedstuffs

1 适用范围

本标准适用于柞蚕茧经缫丝后所得饲料用柞蚕蛹粉。

2 引用标准

GB 6432～6439 饲料粗蛋白、粗脂肪、粗纤维等项测定方法。

3 感官性状

本品呈淡褐色粉状,无霉变及异味异嗅。

4 水分

水分不得超过 12.0%。

5 夹杂物

不得掺入饲料用柞蚕蛹粉以外的物质,若加入抗氧化剂、防霉剂等添加剂时,应做相应的说明。

6 质量指标及分级标准

6.1 以粗蛋白质、粗纤维、粗灰分为质量控制指标,按含量分为三级(见表)。

%

项 目	指 标 等 级	一级	二级	三级
粗蛋白质	≥	55	50	45.0
粗纤维	<	6.0	6	6
粗灰分	<	4	5	5

6.2 各项质量均以 88% 干物质为基础计算。

6.3 三项质量指标必须全部符合相应等级的规定。

6.4 二级饲料用柞蚕蛹粉为中等质量标准,低于三级者为等外品。

7 检验

水分、粗蛋白质、粗纤维、粗灰分的检验,按照 GB 6432～6439 的有关规定执行。

中华人民共和国 农业部 商业部 1989-02-22 批准　　　　1989-09-01 实施

8 卫生标准

应符合中华人民共和国有关饲料卫生标准的规定。

9 包装、运输和储存

饲料用柞蚕蛹粉的包装、运输和贮存,必须符合保质、保量、运输安全和分类、分级贮存的要求,严防污染。

附加说明:

本标准由中华人民共和国农业部、商业部提出。

本标准由全国饲料工业标准化技术委员会归口。

本标准由沈阳农业大学畜牧兽医系、中国农业科学院畜牧研究所负责起草。

本标准主要起草人王振兴、林祖崑、吴玉明、周太嫣、张子仪。

中华人民共和国国家标准

饲 料 用 蚕 豆

GB 10387—89

Horsebean for feedstuffs

1 主题内容与适用范围

本标准规定了饲料用蚕豆的质量指标及分级标准。

本标准适用于饲料用蚕豆籽实。

2 引用标准

GB 5490~5539 粮食、油料及植物油脂检验

GB 6432~6439 饲料粗蛋白、粗脂肪、粗纤维等项测定方法

3 感官性状

色泽一致,淡褐色到褐色或淡绿色到绿色,无发酵、霉变及异味异嗅。

4 水分

江苏、浙江、上海地区不超过 14.5%。其他地区水分含量不得超过 13.5%。

5 夹杂物

不得掺入饲料用蚕豆以外的物质,若加入抗氧化剂、防霉剂等添加剂时,应做相应的说明。

6 质量指标及分级标准

6.1 以粗蛋白质、粗纤维、粗灰分为质量控制指标,按含量分为三级,见表 1。

表 1

质 量 指 标　　　等　级	一级	二级	三级
粗蛋白质,%	≥25.0	≥23.0	≥21.0
粗纤维,%	<9.0	<10.0	<11.0
粗灰分,%	<3.5	<3.5	<4.5

6.2 各项质量指标含量均以 86.5% 干物质为基础计算。

6.3 三项质量指标必须全部符合相应等级的规定。

6.4 二级饲料用蚕豆质量为中等质量标准,低于三级者为等外品。

7 检验

7.1 样品的扦取按 GB 5490~5539 的有关规定执行。

中华人民共和国农业部 1988-10-11 批准　　　　　　　　　　　　　　1989-09-01 实施

7.2　水分、粗蛋白质、粗纤维、粗灰分的检验，按照 GB 6432～6439 的有关规定执行。

8　卫生标准

应符合中华人民共和国有关饲料卫生标准的规定。

9　包装、运输和储存

饲料用蚕豆的包装、运输和储存，必须符合保质、保量、运输安全和分类、分级储存的要求，严防污染。

附加说明：
本标准由中华人民共和国农业部、商业部提出。
本标准由全国饲料工业标准化技术委员会归口。
本标准由四川省畜牧兽医研究所、中国农业科学院畜牧研究所负责起草。
本标准主要起草人周梅卿、张纯、刘永钢、张子仪。

中华人民共和国国家标准

饲料用木薯叶粉

GB 10388—89

Cassava leafmeal for feedstuffs

1 主题内容与适用范围

本标准规定了饲料用木薯叶粉的质量指标及分级标准。

本标准适用于以新鲜木薯叶(含部分叶柄)为原料,经干燥加工成的饲料用木薯叶粉。

2 引用标准

GB 6432～6439 饲料粗蛋白、粗脂肪、粗纤维等项测定方法

3 感官性状

粉状或颗粒状,色泽呈深绿色或略带黄绿色,无发酵、霉变、结块及异味异嗅。

4 水分

水分含量不得超过13.0%。

5 夹杂物

不得掺入饲料用木薯叶粉以外的物质,若加入抗氧化剂、防霉剂等添加剂时,应做相应的说明。

6 质量指标及分级标准

6.1 以粗蛋白质、粗纤维、粗灰分为质量控制指标,按含量分为三级,见表1。

表 1

质量指标 \ 等级	一级	二级	三级
粗蛋白质,%	≥17.0	≥14.0	≥11.0
粗纤维,%	<17.0	<20.0	<23.0
粗灰分,%	<9.0	<9.0	<9.0

6.2 各项质量指标含量均以87%干物质为基础计算。

6.3 三项质量指标必须全部符合相应等级的规定。

6.4 二级饲料用木薯叶粉为中等质量标准,低于三级者为等外品。

7 检验

水分、粗蛋白质、粗纤维、粗灰分的检验,按照GB 6432～6439的有关规定执行。

中华人民共和国农业部1988-10-11批准 　　　　　　1989-09-01实施

8 卫生标准

应符合中华人民共和国有关饲料卫生标准的规定。

9 包装、运输和储存

饲料用木薯叶粉的包装、运输和储存,必须符合保质、保量、运输安全和分类、分级储存的要求,严防污染。

附加说明:
本标准由中华人民共和国农业部、商业部提出。
本标准由全国饲料工业标准化技术委员会归口。
本标准由华南农业大学畜牧系、中国农业科学院畜牧研究所负责起草。
本标准主要起草人张樵、郑诚、蒲英远、张子仪。

中华人民共和国国家标准

饲料用白三叶草粉

White clover meal for feedstuffs

1 主题内容与适用范围

本标准规定了饲料用白三叶草粉的质量指标及分级标准。

本标准适用于饲料用白三叶草粉。

2 引用标准

GB 6432～6439 饲料粗蛋白、粗脂肪、粗纤维等项测定方法

3 感官性状

粉状、颗粒状或饼状。绿色、暗绿色或褐绿色,无发酵、霉变、结块及异味异嗅。

4 水分

水分含量不得超过 13.0%。

5 夹杂物

不得掺入饲料用白三叶草粉以外的物质,若加入抗氧化剂、防霉剂等添加剂时,应做相应的说明。

6 质量指标及分级标准

6.1 以粗蛋白质、粗纤维、粗灰分为质量控制指标,按含量分为三级,见表1。

表 1

质 量 指 标 \ 等 级	一级	二级	三级
粗蛋白质,%	≥22.0	≥17.0	≥14.0
粗纤维,%	<17.0	<20.0	<23.0
粗灰分,%	<11.0	<11.0	<11.0

6.2 各项质量指标含量均以 87% 干物质为基础计算。

6.3 三项质量指标必须全部符合相应等级的规定。

6.4 二级饲料用白三叶草粉为中等质量标准,低于三级者为等外品。

7 检验

水分、粗蛋白质、粗纤维、粗灰分的检验,按照 GB 6432～6439 的有关规定执行。

8 卫生标准

应符合中华人民共和国有关饲料卫生标准的规定。

9 包装、运输和储存

饲料用白三叶草粉的包装、运输和储存,必须符合保质、保量、运输安全和分类、分级储存的要求,严防污染。

附加说明:

本标准由中华人民共和国农业部、商业部提出。

本标准由全国饲料工业标准化技术委员会归口。

本标准由贵州农学院、中国农业科学院畜牧研究所负责起草。

本标准主要起草人胡迪先、封朝壁、张子仪。

中华人民共和国国家标准

GB 10391—89

饲料用甘薯叶粉

Sweet potato leafmeal for feedstuffs

1 主题内容与适用范围

本标准规定了饲料用甘薯叶粉的质量指标及分级标准。

本标准适用于以新鲜甘薯叶、叶柄及部分甘薯茎为原料,经人工干燥、晾干或晒干再经粉碎、加工后的饲料用甘薯叶粉。

2 引用标准

GB 6432～6439 饲料粗蛋白、粗脂肪、粗纤维等项测定方法

3 感官性状

粉状或颗粒状。色泽呈深绿色或略带褐色。无发酵、霉变、结块及异味异嗅。

4 水分

水分含量不得超过 13.0%。

5 夹杂物

不得掺入饲料用甘薯茎、叶(含叶柄)粉以外的物质,若加入抗氧化剂、防霉剂等添加剂时,应做相应的说明。

6 质量指标及分级标准

6.1 以粗蛋白质、粗纤维、粗灰分为质量控制指标,按含量分为三级,见表1。

表 1

质量指标 \ 等级	一级	二级	三级
粗蛋白质,%	≥15.0	≥13.0	≥11.0
粗纤维,%	<13.0	<18.0	<23.0
粗灰分,%	<13.0	<13.0	<13.0

6.2 各项质量指标含量均以 87% 干物质为基础计算。

6.3 三项质量指标必须全部符合相应等级的规定。

6.4 二级饲料用甘薯叶粉为中等质量标准,低于三级者为等外品。

7 检验

水分、粗蛋白质、粗纤维、粗灰分的检验,按照 GB 6432～6439 的有关规定执行。

中华人民共和国农业部 1988-10-11 批准　　　　　　　　　　1989-09-01 实施

8 卫生标准

应符合中华人民共和国有关饲料卫生标准的规定。

9 包装、运输和储存

饲料用甘薯叶粉的包装、运输和储存,必须符合保质、保量、运输安全和分类、分级储存的要求,严防污染。

附加说明:

本标准由中华人民共和国农业部、商业部提出。

本标准由全国饲料工业标准化技术委员会归口。

本标准由中国农业科学院畜牧研究所、江苏徐州甘薯研究室负责起草。

本标准主要起草人杜荣、陈雪秀、刘孝君、袁宝忠、张子仪。

中华人民共和国国家标准

饲料用蚕豆茎叶粉

GB 10392—89

Horsebean leafmeal for feedstuffs

1 主题内容与适用范围

本标准规定了饲料用蚕豆茎叶粉的质量指标及分级标准。

本标准适用于以蚕豆籽实成熟前摘收的叶片及少量嫩茎,收获籽实后的叶片为原料,经干燥后制成的饲料用蚕豆茎叶粉。

2 引用标准

GB 6432~6439 饲料粗蛋白、粗脂肪、粗纤维等项测定方法

3 感官性状

粗粉状或颗粒状,色泽一致,呈暗绿色,无发酵、霉变、结块及异味异嗅。

4 水分

水分含量不得超过 13.0%。

5 夹杂物

不得掺入饲料用蚕豆茎叶粉以外的物质,若加入抗氧化剂、防霉剂等添加剂时,应做相应的说明。

6 质量指标及分级标准

6.1 以粗蛋白质、粗纤维、粗灰分为质量控制指标,按含量分为三级,见表1。

表 1

质量指标　　　　　等级	一级	二级	三级
粗蛋白质,%	≥22.0	≥19.0	≥16.0
粗纤维,%	<13.0	<15.5	<18.0
粗灰分,%	<15.0	<15.0	<15.0

6.2 各项质量指标含量均以 87% 干物质为基础计算。

6.3 三项质量指标必须全部符合相应等级的规定。

6.4 二级饲料用蚕豆茎叶粉为中等质量标准,低于三级者为等外品。

7 检验

水分、粗蛋白质、粗纤维、粗灰分的检验,按照 GB 6432~6439 的有关规定执行。

中华人民共和国农业部1988-10-11批准　　　　　　　　　　　　　　　　1989-09-01实施

8 卫生标准

应符合中华人民共和国有关饲料卫生标准的规定。

9 包装、运输和储存

饲料用蚕豆茎叶粉的包装、运输和储存,必须符合保质、保量、运输安全和分类、分级储存的要求,严防污染。

附加说明:

本标准由中华人民共和国农业部、商业部提出。

本标准由全国饲料工业标准化技术委员会归口。

本标准由重庆市畜牧兽医研究所、中国农业科学院畜牧研究所负责起草。

本标准主要起草人李绥章、黄明华、李晖、张子仪。

中华人民共和国农业行业标准

NY/T 210—92

饲 料 用 裸 大 麦

1 主题内容与适用范围

本标准规定了饲料用裸大麦的质量指标及分级标准。

本标准适用于饲料用商品裸大麦(米大麦、元麦、青稞)。

2 引用标准

GB 5490～5539 粮食、油料及植物油脂检验

GB 6432～6439 饲料粗蛋白、粗脂肪、粗纤维等项测定方法

ZB 22007 米大麦(元麦、青稞)

3 感官性状

籽粒整齐,色泽新鲜一致,无发酵、霉变、结块及异味异嗅。

4 水分

4.1 水分含量不得超过 13.0%。

4.2 各商品流通环节中的饲料用裸大麦的水分含量最大限度和安全贮存水分标准,可由各省、自治区、直辖市自行规定。

5 夹杂物

不得掺入饲料用裸大麦以外的物质,若加入抗氧化剂、防霉剂等添加剂时,应做相应的说明。

6 质量指标及分级标准

6.1 以粗蛋白、粗纤维、粗灰分为质量控制指标,按含量分为三级,见表1。

表 1

质量指标 \ 等级	一 级	二 级	三 级
粗蛋白,%	≥13.0	≥11.0	≥9.0
粗纤维,%	<2.0	<2.5	<3.0
粗灰分,%	<2.0	<2.5	<3.5

6.2 各项质量指标含量均以 87% 干物质为基础计算。

6.3 三项质量指标必须全部符合相应等级的规定。

6.4 二级饲料用裸大麦为中等质量标准,低于三级者为等外品。

中华人民共和国农业部1992-09-03批准

1993-03-01实施

7 检验

7.1 样品的扦取,按 GB 5490～5539 的有关规定执行。

7.2 水分、粗蛋白、粗纤维、粗灰分的检验,按 GB 6432～6439 的有关规定执行。

8 卫生标准

应符合中华人民共和国有关饲料卫生标准的规定。

9 包装、运输和贮存

饲料用裸大麦的包装、运输和贮存,必须符合保质、保量、运输安全和分类、分级贮存的要求,严防污染。

附加说明:

本标准由中华人民共和国农业部、商业部提出。

本标准由中国农业科学院草原研究所、中国农业科学院畜牧研究所负责起草。

本标准主要起草人拾方坚、杜荣、郭孝、田玉山、张子仪。

中华人民共和国农业行业标准

NY/T 211—92

饲 料 用 次 粉

1 主题内容与适用范围

本标准规定了饲料用次粉的质量指标及分级标准。

本标准适用于以各种小麦为原料,磨制精粉后除去小麦麸、胚及合格面粉以外的部分即饲料用次粉。

2 引用标准

GB 6432～6439 饲料粗蛋白、粗脂肪、粗纤维等项测定方法

3 感官性状

粉状。粉白色至浅褐色,色泽新鲜一致。无发酵、霉变、结块及异味异嗅。

4 水分

4.1 水分含量不得超过 13.0%。

4.2 各商品流通环节中的饲料用次粉的水分含量最大限度和安全贮存水分标准可由各省、自治区、直辖市自行规定。

5 夹杂物

不得掺入饲料用次粉以外的物质。若加入抗氧化剂、防霉剂等添加剂时,应做相应的说明。

6 质量指标及分级标准

6.1 以粗蛋白、粗纤维及粗灰分为质量控制指标,按含量分为三级,见表1。

表 1

质量指标 \ 等级	一 级	二 级	三 级
粗蛋白,%	≥14.0	≥12.0	≥10.0
粗纤维,%	<3.5	<5.5	<7.5
粗灰分,%	<2.0	<3.0	<4.0

6.2 各项质量指标均以 87% 干物质为基础计算。

6.3 三项质量指标必须全部符合相应等级的规定。

6.4 二级饲料用次粉为中等质量标准,低于三级者为等外品。

7 检验

水分、粗蛋白质、粗纤维、粗灰分的检验按 GB 6432～6439 的有关规定执行。

中华人民共和国农业部 1992-09-03 批准　　　　　　　　　　　　　　　　1993-03-01 实施

8 卫生标准

应符合中华人民共和国有关饲料卫生标准的规定。

9 包装、贮存及运输

饲料用次粉的包装、运输和贮存必须符合保质、保量、运输安全和分类、分级贮存的要求,严防污染。

附加说明:

本标准由中华人民共和国农业部、商业部提出。

本标准由天津市农业科学院畜牧兽医研究所、中国农业科学院畜牧研究所负责起草。

本标准主要起草人张九如、王文杰、李义海、刘兰兰、任鹏、张子仪。

中华人民共和国农业行业标准

NY/T 212—92

饲　料　用　碎　米

1　主题内容与适用范围

本标准规定了饲料用碎米的质量指标及分级标准。

本标准适用于饲料用碎米。

2　引用标准

GB 5490~5539　粮食、油料及植物油脂检验

GB 6432~6439　饲料粗蛋白、粗脂肪、粗纤维等项测定方法

3　感官性状

呈碎籽粒状、白色、无发酵、霉变、结块及异味异嗅。

4　水分

4.1　水分含量不得超过14.0%。

4.2　各商品流通环节中的饲料用碎米的水分含量最大限度和安全贮存水分标准可由各省、自治区、直辖市自行规定。

5　夹杂物

不得掺入饲料用碎米以外的物质。若加入抗氧化剂、防霉剂等添加剂时,应做相应的说明。

6　质量指标及分级标准

6.1　以粗蛋白、粗纤维及粗灰分为质量控制指标,按含量分为三级,见表1。

表 1

等级 质量指标	一　级	二　级	三　级
粗蛋白,%	≥7.0	≥6.0	≥5.0
粗纤维,%	<1.0	<2.0	<3.0
粗灰分,%	<1.5	<2.5	<3.5

6.2　各项质量指标含量均以86%干物质为基础计算。

6.3　三项质量指标必须全部符合相应等级的规定。

6.4　二级饲料用碎米为中等质量标准,低于三级者为等外品。

7　检验

水分、粗蛋白质、粗纤维、粗灰分的检验按照GB 6432~6439的有关规定执行。

中华人民共和国农业部1992-09-03批准　　　　　　　　　　1993-03-01实施

8 卫生标准

应符合中华人民共和国有关饲料卫生标准的规定。

9 包装、贮存及运输

饲料用碎米的包装、运输和贮存,必须符合保质、保量、运输安全和分类、分级贮存的要求,严防污染。

附加说明:
本标准由中华人民共和国农业部、商业部提出。
本标准由湖南农学院畜牧水产系、中国农业科学院畜牧研究所负责起草。
本标准主要起草人汤玮如、田科雄、黄美华、贺建华、任鹏、张子仪。

中华人民共和国农业行业标准

NY/T 213—92

饲 料 用 粟 （谷 子）

1 主题内容与适用范围

本标准规定了饲料用未经脱壳的粟（谷子）的质量指标及分级标准。

本标准适用于带谷壳饲料用谷子。

2 引用标准

GB 5490～5539 粮食、油料及植物油脂检验

GB 6432～6439 饲料粗蛋白质、粗脂肪、粗纤维等项测定方法

3 感官性状

籽粒整齐、均匀,色泽鲜亮、呈黄、或少量黑色。无发酵、霉变、结块及异味异嗅。

4 水分

4.1 水分含量不得超过 13.5%。

4.2 各商品流通环节中的饲料用粟（谷子）的水分含量最大限度和安全贮存水分标准可由各省、自治区、直辖市自行规定。

5 夹杂物

不得掺入饲料用谷子以外的物质。若加入抗氧化剂、防霉剂等添加剂时,应做相应的说明。

6 质量指标及分级标准

6.1 以粗蛋白、粗纤维及粗灰分为质量控制指标,见表1。

表1

质 量 指 标	含 量
粗蛋白,%	≥8.0
粗纤维,%	<8.5
粗灰分,%	<3.5

6.2 各项质量指标均以 86.5% 干物质为基础计算。

6.3 三项质量指标全部符合者为合格。

7 检验

7.1 样品的扦取及杂质检验,按照 GB 5490～5539 的有关规定执行。

7.2 水分、粗蛋白质、粗纤维、粗灰分的检验,按照 GB 6432～6439 的有关规定执行。

中华人民共和国农业部 1992-09-03 批准　　　　　　　　　　　　　　　　1993-03-01 实施

8 卫生标准

应符合中华人民共和国有关饲料卫生标准的规定。

9 包装、贮存及运输

饲料用谷子的包装、运输和贮存必须符合保质、保量、运输安全和分类、分级贮存的要求,严防污染。

附加说明:

本标准由中华人民共和国农业部、商业部提出。

本标准由吉林省农业科学院畜牧研究所、中国农业科学院畜牧研究所负责起草。

本标准主要起草人赵洪儒、于秀芳、生群、王书宁、任鹏、张子仪。

中华人民共和国农业行业标准

NY/T 214—92

饲 料 用 胡 麻 籽 饼

1 主题内容与适用范围

本标准规定了饲料用胡麻籽饼的质量指标及分级标准。

本标准适用于以亚麻籽为主体并混有部分芸芥籽等油料作物籽实,经压榨取油后的饲料用胡麻籽饼。

2 引用标准

GB 6432～6439 饲料粗蛋白质、粗脂肪、粗纤维等项测定方法

3 感官性状

褐色,瓦片状,小薄片或饼状。有油香味,无发酵、霉变、结块及异味异嗅。

4 水分

4.1 水分含量不得超过 12.0%。

4.2 各商品流通环节中的饲料用胡麻籽饼的水分含量最大限度和安全贮存水分标准可由各省、自治区、直辖市自行规定。

5 夹杂物

不得掺入饲料用胡麻籽饼以外的物质。若加入抗氧化剂、防霉剂等添加剂时,应做相应的说明。

6 质量指标及分级标准

6.1 以粗蛋白、粗纤维及粗灰分为质量控制指标,按含量分为三级,见表1。

表 1

等级 质量指标	一 级	二 级	三 级
粗蛋白,%	≥34.0	≥32.5	≥31.0
粗纤维,%	<9.0	<10.0	<11.0
粗灰分,%	<7.0	<8.0	<9.0

6.2 各项质量指标含量均以 88% 干物质为基础计算。

6.3 三项质量指标必须全部符合相应等级的规定。

6.4 二级饲料用胡麻籽饼为中等质量标准,低于三级者为等外品。

7 检验

水分、粗蛋白质、粗纤维、粗灰分的检验,按照 GB 6432～6439 的有关规定执行。

中华人民共和国农业部 1992-09-03 批准　　　　　　　　　　　　　　　　1993-03-01 实施

8 卫生标准

应符合中华人民共和国有关饲料卫生标准的规定。

9 包装、贮存及运输

饲料用胡麻籽饼的包装、运输和贮存必须符合保质、保量、运输安全和分类、分级贮存的要求,严防污染。

附加说明:

本标准由中华人民共和国农业部、商业部提出。

本标准由宁夏农林学院畜牧兽医研究所、中国农业科学院畜牧研究所负责起草。

本标准主要起草人胡皋、吴懋本、张国玲、谢金花、李共群、任鹏、陈雪秀、张子仪。

中华人民共和国农业行业标准

NY/T 215—92

饲 料 用 胡 麻 籽 粕

1 主题内容与适用范围

本标准规定了饲料用胡麻籽粕的质量指标及分级标准。

本标准适用于以亚麻籽为主体并混有部分芸芥籽等油料作物籽实,经预压—浸提或有机溶剂浸提取油后的饲料用胡麻籽粕。

2 引用标准

GB 6432～6439 饲料粗蛋白质、粗脂肪、粗纤维等项测定方法

3 感官性状

浅褐或黄色,碎片或粗粉状,具有油香味,无发酵、霉变、结块及异味异嗅。

4 水分

4.1 水分含量不得超过12.0%。

4.2 各商品流通环节中的饲料用胡麻籽粕的水分含量最大限度和安全贮存水分标准可由各省、自治区、直辖市自行规定。

5 夹杂物

不得掺入饲料用胡麻籽粕以外的物质。若加入抗氧化剂、防霉剂等添加剂时应做相应的说明。

6 质量指标及分级标准

6.1 以粗蛋白、粗纤维及粗灰分为质量控制指标,按含量分为三级,见表1。

表1

等级 质量指标	一 级	二 级	三 级
粗蛋白,%	≥36.0	≥34.0	≥32.0
粗纤维,%	<10.0	<11.0	<12.0
粗灰分,%	<8.0	<9.0	<10.0

6.2 各项质量指标含量均以88%干物质为基础计算。

6.3 三项质量指标必须全部符合相应等级的规定。

6.4 二级饲料用胡麻籽粕为中等质量标准,低于三级者为等外品。

7 检验

水分、粗蛋白质、粗纤维、粗灰分的检验,按照GB 6432～6439的有关规定执行。

中华人民共和国农业部1992-09-03批准

1993-03-01实施

8 卫生标准

应符合中华人民共和国有关饲料卫生标准的规定。

9 包装、贮存及运输

饲料用胡麻籽粕的包装、运输和贮存必须符合保质、保量、运输安全和分类、分级贮存的要求,严防污染。

附加说明:

本标准由中华人民共和国农业部、商业部提出。

本标准由宁夏农林科学院畜牧兽医研究所、中国农业科学院畜牧研究所负责起草。

本标准主要起草人胡皋、吴懋本、张国玲、谢金花、李共群、任鹏、陈雪秀、张子仪。

中华人民共和国农业行业标准

饲料用亚麻仁饼

1 主题内容与适用范围

本标准规定了饲料用亚麻仁饼的质量指标及分级标准。

本标准适用于以亚麻籽为原料,以压榨法取油后的饲料用亚麻仁饼。

2 引用标准

GB 6432~6439 饲料粗蛋白质、粗脂肪、粗纤维等项测定方法

3 感官性状

本品呈褐色的大圆饼、厚片和粗粉状,色泽新鲜一致,有油香味,无发酵、霉变及异味异嗅。

4 水分

4.1 水分含量不得超过12.0%。

4.2 各商品流通环节中的饲料用亚麻仁饼的水分含量最大限度和安全贮存水分标准可由各省、自治区、直辖市自行规定。

5 夹杂物

不得掺入饲料用亚麻仁饼以外的物质。若加入抗氧化剂、防霉剂等添加剂时,应做相应的说明。

6 质量指标及分级标准

6.1 以粗蛋白、粗纤维及粗灰分为质量控制指标,按含量分为三级,见表1。

表 1

质量指标　　　等级	一级	二级	三级
粗蛋白,%	≥32.0	≥30.0	≥28.0
粗纤维,%	<8.0	<9.0	<10.0
粗灰分,%	<6.0	<7.0	<8.0

6.2 各项质量指标含量均以88%干物质为基础计算。

6.3 三项质量指标必须全部符合相应等级的规定。

6.4 二级饲料用亚麻仁饼为中等质量标准,低于三级者为等外品。

7 检验

水分、粗蛋白质、粗纤维、粗灰分的检验,按照GB 6432~6439的有关规定执行。

中华人民共和国农业部1992-09-03批准　　　　　　　　　　　　　　　　1993-03-01实施

8 卫生标准

应符合中华人民共和国有关饲料卫生标准的规定。

9 包装、贮存及运输

饲料用亚麻仁饼的包装、运输和贮存必须符合保质、保量、运输安全和分类、分级贮存的要求,严防污染。

附加说明:

本标准由中华人民共和国农业部、商业部提出。

本标准由宁夏农林学院畜牧兽医研究所、中国农业科学院畜牧研究所负责起草。

本标准主要起草人胡皋、吴懋本、张国玲、谢金花、李共群、任鹏、陈雪秀、张子仪。

中华人民共和国农业行业标准

NY/T 217—92

饲料用亚麻仁粕

1 主题内容与适用范围

本标准规定了饲料用亚麻仁粕的质量指标及分级标准。

本标准适用于以亚麻籽为原料,经预压—浸提或有机溶剂浸提取油后的饲料用亚麻仁粕。

2 引用标准

GB 6432～6439 饲料粗蛋白质、粗脂肪、粗纤维等项测定方法

3 感官性状

本品呈浅褐色或黄色,碎片或粗粉状,具有油香味,无发酵、霉变、结块及异味。

4 水分

4.1 水分含量不得超过 12.0%。

4.2 各商品流通环节中的饲料用亚麻仁粕的水分含量最大限度和安全贮存水分标准可由各省、自治区、直辖市自行规定。

5 夹杂物

不得掺入饲料用亚麻仁粕以外的物质。若加入抗氧化剂、防霉剂等添加剂时应做相应的说明。

6 质量指标及分级标准

6.1 以粗蛋白、粗纤维及粗灰分为质量控制指标,按含量分为三级,见表1。

表 1

质量指标 \ 等级	一 级	二 级	三 级
粗蛋白,%	≥35.0	≥32.0	≥29.0
粗纤维,%	<9.0	<10.0	<11.0
粗灰分,%	<8.0	<8.0	<8.0

6.2 各项质量指标含量均以 88% 干物质为基础计算。

6.3 三项质量指标必须全部符合相应等级的规定。

6.4 二级饲料用亚麻仁粕为中等质量标准,低于三级者为等外品。

7 检验

水分、粗蛋白质、粗纤维、粗灰分的检验,按照 GB 6432～6439 的有关规定执行。

中华人民共和国农业部 1992-09-03 批准   1993-03-01 实施

8 卫生标准

应符合中华人民共和国有关饲料卫生标准的规定。

9 包装、贮存及运输

饲料用亚麻仁粕的包装、运输和贮存必须符合保质、保量、运输安全和分类、分级贮存的要求，严防污染。

附加说明：

本标准由中华人民共和国农业部、商业部提出。

本标准由宁夏农林科学院畜牧兽医研究所、中国农业科学院畜牧研究所负责起草。

本标准主要起草人胡皋、吴懋本、张国玲、谢金花、李共群、任鹏、陈雪秀、张子仪。

中华人民共和国农业行业标准

NY/T 218—92

饲 料 用 桑 蚕 蛹

1 主题内容与适用范围

本标准规定了饲料用桑蚕蛹的质量指标及分级标准。

本标准适用于桑蚕茧经缫丝后所得饲料用商品桑蚕蛹。

2 引用标准

GB 6432～6439 饲料粗蛋白、粗脂肪、粗纤维等项测定方法

3 感官性状

呈褐色蛹粒状及少量碎片,色泽新鲜一致。无发酵霉变、结块及异味异嗅。

4 水分

4.1 水分含量不得超过 12.0%。

4.2 各商品流通环节中的饲料用桑蚕蛹的水分含量最大限度和安全贮存水分标准可由各省、自治区、直辖市自行规定。

5 夹杂物

不得掺入饲料用桑蚕蛹以外的物质。若加入抗氧化剂、防霉剂等添加剂时应做相应的说明。

6 质量指标及分级标准

6.1 以粗蛋白质、粗纤维、粗灰分为质量控制指标,按含量分为三级,见表1。

表 1

质量指标 \ 等级	一 级	二 级	三 级
粗蛋白质,%	≥50.0	≥45.0	≥40.0
粗纤维,%	<4.0	<5.0	<6.0
粗灰分,%	<4.0	<5.0	<6.0

6.2 各项质量指标含量均以 88% 干物质为基础计算。

6.3 三项质量指标必须全部符合相应等级的规定。

6.4 二级饲料用桑蚕蛹为中等质量标准,低于三级者为等外品。

7 检验

水分、粗蛋白质、粗纤维、粗灰分的检验按照 GB 6432～6439 中的有关规定执行。

中华人民共和国农业部 1992-09-03 批准　　　　　　　　　　　　　　　　1993-03-01实施

8 饲料卫生要求

应符合中华人民共和国有关饲料卫生标准的规定。

9 包装、运输和贮存

饲料用桑蚕蛹的包装、运输和贮存,必须符合保质、保量、运输安全和分类、分级贮存的要求,严防污染。

附加说明:

本标准由中华人民共和国农业部、商业部提出。

本标准由重庆市畜牧兽医研究所、中国农业科学院畜牧研究所起草。

本标准主要起草人李绶章、李镭、刘大珍、任鹏、张子仪。

前　　言

　　"双低"油菜籽加工后的饼（粕）中抗营养物质低于普通菜籽饼（粕），蛋白质含量高，氨基酸组成合理，是很好的饲料源。随着我国"双低"油菜品种的不断推广种植，以其饼粕作为饲料源的饲料加工业也将日益繁荣，因此，特制定饲料用低硫苷菜籽饼（粕）的质量标准，以规范低硫苷菜籽饼（粕）的饲用、市场流通及出口等。

　　本标准的制定以行业标准 NY/T 125—1989《饲料用菜籽饼》（原 GB 10374—1989）、NY/T 126—1989《饲料用菜籽粕》（原 GB 10375—1989）所规定的质量指标和国家标准 GB 13078—1991《饲料卫生标准》所规定的卫生指标为基础，修改了异硫氰酸酯和恶唑烷硫酮含量指标。

　　本标准由农业部种植业管理司提出。

　　本标准由农业部种植业管理司技术归口。

　　本标准起草单位：农业部油料及制品质量监督检验测试中心。

　　本标准主要起草人：李培武、李光明、李云昌、杨湄、张文。

中华人民共和国农业行业标准

饲料用低硫苷菜籽饼(粕)

NY/T 417—2000

Low glucosinolates rapeseed meal for feedstuff

1 范围

本标准规定了饲料用低硫苷菜籽饼(粕)的定义、质量指标、检测方法及分级标准和包装、运输与储存要求。

本标准适用于低硫苷油菜籽压榨取油后的饲料用菜籽饼和预榨-浸出取油后的饲料用菜籽粕。本标准不适用于非饲料用菜籽饼(粕),也不适用于经脱毒后的普通菜籽饼(粕)。

2 引用标准

下列标准所包含的条文,通过在本标准中引用而构成为本标准的条文。本标准出版时,所示版本均为有效。所有标准都会被修订,使用本标准的各方应探讨使用下列标准最新版本的可能性。

GB/T 6432—1994 饲料中粗蛋白测定方法

GB/T 6433—1994 饲料中粗脂肪测定方法

GB/T 6434—1994 饲料中粗纤维测定方法

GB/T 6438—1992 饲料中粗灰分的测定方法

GB 13078—1991 饲料卫生标准

GB/T 13087—1991 饲料中异硫氰酸酯的测定方法

GB/T 13089—1991 饲料中恶唑烷硫酮的测定方法

3 定义

本标准采用下列定义。

3.1 硫苷

油菜籽中所含硫代葡萄糖苷(简称硫苷),以每克饼粕(水分含量8.5%)中所含硫苷总量微摩尔数表示。

3.2 异硫氰酸酯、恶唑烷硫酮

硫苷降解产物,分别简称ITC、OZT,具有一定毒性。以每千克干基饼粕中所含的毫克数表示。

3.3 低硫苷油菜籽

油菜籽中硫苷含量≤45.00 μmol/g饼。

4 感官性状

褐色或浅褐色,小瓦片状、片状或饼状、粗粉状,具有低硫苷菜籽饼(粕)油香味,无溶剂味,引爆试验合格,不焦不糊,无发酵、霉变、结块。

5 质量指标及分级标准

5.1 以异硫氰酸酯(ITC)和恶唑烷硫酮(OZT)、粗蛋白质、粗纤维、粗灰分及粗脂肪为质量控制指标,按粗蛋白质含量分为三级(见表1)。

表1 低硫苷饲料用菜籽饼(粕)质量指标

质量指标 \ 产品名称		低硫苷菜籽饼			低硫苷菜籽粕		
		一级	二级	三级	一级	二级	三级
ITC+OZT,mg/kg	≤	4 000	4 000	4 000	4 000	4 000	4 000
粗蛋白质,%	≥	37.0	34.0	30.0	40.0	37.0	33.0
粗纤维,%	<	14.0	14.0	14.0	14.0	14.0	14.0
粗灰分,%	<	12.0	12.0	12.0	8.0	8.0	8.0
粗脂肪,%	<	10.0	10.0	10.0	—	—	—

5.2 ITC+OZT 质量指标含量以饼(粕)干重为基础计算,其余各项质量指标含量均以88%干物质为基础计算。

5.3 五项质量指标必须全部符合相应等级的规定。

5.4 水分含量不超过12.0%。

5.5 不得掺加饲料用低硫苷菜籽饼(粕)以外的夹杂物质。加入抗氧化剂、防毒剂等添加剂时,应做相应的说明。

5.6 二级饲料用菜籽饼(粕)为中等质量,低于三级者为等外品,不适于作饲料用。

6 卫生标准

应符合 GB 13078 的规定。

7 检验方法

7.1 低硫苷饼(粕)中异硫氰酸酯的测定按照 GB/T 13087 执行。

7.2 低硫苷饼(粕)中恶唑烷硫酮的测定按照 GB/T 13089 执行。

7.3 低硫苷饼(粕)中粗蛋白的测定按 GB/T 6432 执行。

7.4 低硫苷饼(粕)中粗脂肪的测定按 GB/T 6433 执行。

7.5 低硫苷饼(粕)中粗纤维的测定按 GB/T 6434 执行。

7.6 低硫苷饼(粕)中粗灰分的测定按 GB/T 6438 执行。

8 包装、运输和储存

饲料用低硫苷菜籽饼(粕)的包装、运输和储存,必须符合保质、保量、运输安全和分类、分级储存的要求,严防污染。

ICS 65.120
B 20

中华人民共和国农业行业标准

NY/T 685—2003

饲料用玉米蛋白粉

Corn gluten meal for feedstuffs

2003-07-30 发布

2003-10-01 实施

中华人民共和国农业部　发布

前　言

本标准非等效采用美国玉米湿磨行业 SIC 2046《饲料用玉米蛋白粉》标准。

本标准由中华人民共和国农业部提出。

本标准由全国饲料工业标准化技术委员会归口。

本标准起草单位：辽宁省乡镇企业信息咨询服务中心、沈阳农业大学、诸城兴贸玉米开发有限公司、长春大成玉米开发有限公司。

本标准主要起草人：张春红、吴玥、杨洪嘉、刘长江、马岩松、李新华、车芙蓉、马涛。

饲料用玉米蛋白粉

1 范围

本标准规定了饲料用玉米蛋白粉的有关定义、要求、抽样、试验方法、检验规则、标签、包装、运输和贮存。

本标准适用于玉米经脱胚、粉碎、去渣、提取淀粉后的黄浆水,再经脱水制成的饲料用玉米蛋白粉。

2 规范性引用文件

下列文件中的条款通过本标准的引用而成为本标准的条款。凡是注日期的引用文件,其随后所有的修改单(不包括勘误的内容)或修订版均不适用于本标准,然而,鼓励根据本标准达成协议的各方研究是否可使用这些文件的最新版本。凡是不注明日期的引用文件,其最新版本适用于本标准。

GB/T 6432 饲料中粗蛋白测定方法(GB/T 6432—1994,eqv ISO 5983:1979)

GB/T 6433 饲料粗脂肪测定方法(GB/T 6433—1994,eqv ISO 5983:1979)

GB/T 6434 饲料粗纤维测定方法(GB/T 6434—1994,eqv ISO 5983:1979)

GB/T 6435 饲料水分的测定方法(GB/T 6435—1986,neq ISO 6496:1983)

GB/T 6438 饲料中粗灰分的测定方法(GB/T 6438—1992,idt ISO 5984:1978)

GB 10648 饲料标签

GB 13078 饲料卫生标准

GB/T 14698 饲料显微镜检查方法

GB/T 14699.1 饲料采样方法(GB/T 14699.1—1993,neq ISO 7002:1986)

3 术语和定义

下列术语和定义适用于本标准。

3.1

玉米蛋白粉 corn gluten meal

是以玉米为原料,经脱胚、粉碎、去渣、提取淀粉后的黄浆水,再经浓缩和干燥得到的富含蛋白质的产品。

4 要求

4.1 感官性状

4.1.1 性状

本品呈粉状或颗粒状、无发霉、结块、虫蛀。

4.1.2 气味

本品具有本制品固有气味、无腐败变质气味。

4.1.3 色泽

本品呈淡黄色至黄褐色、色泽均匀。

4.1.4 夹杂物

本品不含砂石等杂质;不得掺入非蛋白氮等物质,若加入抗氧化剂、防霉剂等添加剂时,应在饲料标签上做相应的说明。

4.2 理化指标

质量指标及分级见表 1。

表 1　饲料用玉米蛋白粉质量指标及分级　　　　　　%

项　目		指　标		
		一级	二级	三级
水分	≤	12.0	12.0	12.0
粗蛋白质(干基)	≥	60.0	55.0	50.0
粗脂肪(干基)	≤	5.0	8.0	10.0
粗纤维(干基)	≤	3.0	4.0	5.0
粗灰分(干基)	≤	2.0	3.0	4.0
注:一级饲料用玉米蛋白粉为优等质量标准,二级饲料用玉米蛋白粉为中等质量标准,低于三级者为等外品。				

5　卫生指标

应符合 GB 13078 的规定。

6　抽样

每批产品采样按 GB/T 14699.1 执行。

7　试验方法

7.1　感官性状

采用目视、鼻嗅方法检测,必要时夹杂物按 GB/T 14698 规定的方法检测。

7.2　水分

按 GB/T 6435 规定的方法测定。

7.3　粗蛋白质

按 GB/T 6432 规定的方法测定。

7.4　粗脂肪

按 GB/T 6433 规定的方法测定。

7.5　粗纤维素

按 GB/T 6434 规定的方法测定。

7.6　粗灰分

按 GB/T 6438 规定的方法测定。

8　检验规则

8.1　本标准规定的所有项目为型式检验项目,要求五项质量指标应全部符合相应等级的规定。

8.2　本标准规定的感官检验、水分和粗蛋白质为出厂检验项目,其中水分、粗蛋白质应随生产按班抽样检验。

8.3　检验样品应妥善保管至保质期后一个月,以备复查。

8.4　饲料用玉米蛋白粉产品的粒度,应根据使用方要求或由供需双方商定。

8.5　销售时每 250 t 作为一个检验批次,不足 250 t 也作为一个检验批次。

8.6　如果在检验中有一项指标不符合本标准规定时应重新抽样,抽样量是原来的两倍。产品重新检验结果即使有一项指标不合格,应视为不合格产品。

8.7　供需双方有异议时,应仲裁检验。

9 标签

本品采用符合 GB 10648 规定的标签。

10 包装、运输和贮存

饲料用玉米蛋白粉的包装、运输和贮存,应符合保质、保量、运输安全和分类、分级贮存的要求,严防污染。

本产品的保质期为 12 个月。

宜兴市天石饲料有限公司
SKYSTONE FEED CO., LTD

为全球提供优质饲料添加剂

专注，做好饲料调味剂

广州汇标检测技术中心

◆ 产品质量检测

◆ 品质控制专家培养

◆ 企业产品质量标准建立

◆ 企业质量管理水平能力提升

广州汇标检测技术中心成立于2004年，10年来汇标一直专注于饲料行业的检测服务，同时积极参与研发饲料的新检测方法，参与起草了GB/T 23187—2008等多项国家标准、行业标准、地方标准。

自2004年汇标成立以来，检测中心一直严格按照CNAS CL01和ISO 17025 检测和校准实验室能力认可准则的要求运行，先后通过了CMA国家计量认证、CMAF食品检验机构资质认定、CATL农产品质量安全检测机构考核。具备了饲料中的常规营养成分、卫生指标、违禁药物、活性成分等全面的检测能力。

10年的发展，汇标打破传统检测机构只提供单一检测服务这一传统，为饲料及饲料添加剂企业提供全方位的定制服务：如制定企业标准咨询，培养检测、质量管理方面人才，实验室管理体系能力建设，综合质量管理能力提升等一站式服务。

交流平台：

电话：020-34301383 34301783

传真：020-85283745

邮箱：huibiaotesting@126.com ; gzhbtesting@126.com

网址：http://www.gzsttc.com

地址：广州市科学城尖塔山路1号(总部)

　　　广州市海珠区新港西路152号第一工业实训楼2楼,6楼(测试中心)

微信WeiXin：hbtesting

江西联大科技有限公司

JIANG XI LEADER SCIENCE AND TECHNOLOGY TECH CO., LTD.

江西联大科技有限公司是由研究所高级工程师创建的科技型股份制企业，专业从事饲料加工机械和成套工程、仓储设备及成套工程、工业自动包装称、自动配料称等工业自动化的研究设计，设备制造和安装调试。为用户提供交钥匙工程（一条龙）服务。

近年来，我公司为湖南九鼎集团、湖南浏阳河集团、湖南正虹集团、江西正邦集团、江西格力特集团、江西华达集团、希望集团、山东六和集团、广东旺大集团、广东大台农公司、广东昌达饲料有限公司、广西春茂集团、广西永新集团、铁骑力士集团、湖北中科农业股份有限公司、新疆天牧农投资集团等单位承建的饲料厂工程达一百多套。联大成套工程以其优良的性价比、先进的生产工艺和及时的售后服务深得用户的喜爱。

目前在国内饲料机械行业，我公司是少数能同时生产机械设备、电气控制设备、自动定量包装称和软件开发的企业之一，真正实现了饲料加工设备机电一体化。

联大人在团结、发奋、求实、创新的企业精神鼓舞下，一如既往追求将一流的产品、一流的服务提供给用户的宗旨，竭诚提供精良的设备和优质的服务。

公司部分成功案例外景图片展示

公司制造的部分产品展示

专家设计　专业制造　专职服务

企业精神：团结　发奋　求实　创新
企业思想：诚信　务实　专一　专业
经营宗旨：质量第一　客户至上
服务理念：将一流的产品提供给用户　将一流的服务提供给用户
企业口号：品质——是获得信任的砝码，是竞争致胜的关键，是永无止境的追求和尊严的起点。创优质品牌，铸一流企业形象，追求品质卓越，尽显企业精华。

地址：江西省南昌市小蓝经济开发区富山大道528号
电话/传真：0791-85297098/0791-85297096　13907002348　E-mail：jxldkj@126.com　网址：www.jxld.cn